基于模型预测控制的
多能流耦合系统关键技术研究

张启龙　著

东北大学出版社
·沈　阳·

ⓒ 张启龙　2025

图书在版编目（CIP）数据

基于模型预测控制的多能流耦合系统关键技术研究／
张启龙著. -- 沈阳：东北大学出版社，2025.6.
ISBN 978-7-5517-3809-5

Ⅰ. TK01

中国国家版本馆 CIP 数据核字第 2025N3Q757 号

出 版 者：	东北大学出版社
地　址：	沈阳市和平区文化路三号巷 11 号
邮编：	110819
电话：	024-83683655（总编室）
	024-83687331（营销部）
网址：	http://press.neu.edu.cn
印 刷 者：	辽宁一诺广告印务有限公司
发 行 者：	东北大学出版社
幅面尺寸：	170 mm×240 mm
印　　张：	19.75
字　　数：	359 千字
出版时间：	2025 年 6 月第 1 版
印刷时间：	2025 年 6 月第 1 次印刷
责任编辑：	汪子珺
责任校对：	初　茗
封面设计：	潘正一
责任出版：	魏　巍

ISBN 978-7-5517-3809-5　　　　　　　　　　　　定　价：88.00 元

作者简介

张启龙，贵州省兴义市人，贵州大学电气工程学院控制科学与工程专业工学硕士，六盘水师范学院讲师，主要从事综合能源系统的优化与控制研究。主持并完成了贵州省教育厅自然科学研究项目"基于风/氢互补分布式供能系统的风电消纳方法研究"（项目编号：黔教合KY字〔2022〕047号）；参与建设六盘水师范学院学科团队（项目编号：LPSSY2023XKTD12）、六盘水师范学院省级一流本科专业建设点项目（项目编号：GZSylzy202104）。主要参与并完成国家自然科学基金项目（项目编号：51867007）和贵州省科技厅基金项目（项目编号：黔科合J字〔2015〕2034号）。已发表学术论文19篇，其中以第一作者或通信作者发表SCI论文4篇、EI论文2篇、中文核心期刊论文3篇。

前 言

随着全球能源需求的增长和问题的日益严重，能源系统面临着巨大的挑战。在此背景下，多能流耦合系统作为综合能源利用的一项创新而出现。它可以实现多种能源形式（如电能、热能、冷能、天然气等）之间的协同优化和互补利用。它提供了有效的解决方案，以提高能源效率、提升碳排放效率，并确保能源供应的可靠性和灵活性。

本书主要研究基于模型预测控制的多能流耦合系统关键技术。旨在深入探索如何使用先进的控制策略和优化算法来充分挖掘多能流耦合系统的潜力，实现高效和可管理的能量。在多能流耦合系统中，每个能量子系统都是相互关联和相互影响的，其运行特性复杂多变，给系统建模和控制带来了许多困难。模型预测控制（MPC）作为一种先进的控制方法，具有处理多变量、约束条件和动态优化问题的能力。它可以根据系统的当前状态和未来的预测信息在线求解最优控制策略，为多能流耦合系统的优化运行提供有力支持。

本书分为12章。第1章对多能流耦合系统进行了全面的概述，包括其概念、组成、结构、研究现状和关键技术等，为后续章节的研究奠定了基础。第2章至第6章重点介绍了多能流耦合系统中可再生能源（如风能和太阳能）发电的预测技术。从硬件设备设计、不同算法模型构建和多算法融合优化的角度，提高了可再生能源发电预测的准确性和可靠性，为系统运行和调度提供了重要参考。第7章至第10章重点介绍了综合能源系统的电力负荷和多能源负荷的预测，深化了负荷特征，提出了基于数据挖掘、深度学习和组合模型的各种预测方法，这将有助于合理安排能源生产和供应，提高能源系统的经济性和稳定性。第11章和第12章重点介绍了考虑风电消耗并基于风电光伏和氢能储存的多能流耦合系统的模型预测控制策略。通过详细的系统建模、MPC 策略设计和数值算例，验证了所提出方法在提高可再生能源消费能力和优化系统运行性能方面的有效性。

  在撰写本书的过程中，著者参考了一些国内外文献，结合最新的研究成果和实际项目，力求本书内容的科学性、系统性、实用性。希望本书能为从事能源系统领域的科研人员、工程技术人员以及高校相关专业的师生提供有益的参考和借鉴，共同推动多能流耦合系统的技术和应用，为实现能源目标作出贡献。同时，由于著者水平有限，本书难免存在不足，敬请读者批评指正。

著 者

2025 年 3 月

目 录

第 1 章　多能流耦合系统 ·· 1

1.1　多能流耦合系统的概述 ······································· 1
1.2　多能流耦合系统的研究现状 ··································· 2
1.3　多能流耦合系统的关键技术 ··································· 3
1.4　多能流耦合系统的模型预测控制 ······························· 5
1.5　总结 ··· 7

第 2 章　基于单片机与 CRC 算法的风-光气象环境智能采集装置 ········ 8

2.1　概述 ··· 8
2.2　系统总体设计 ··· 8
2.3　系统硬件设计 ··· 9
2.4　系统软件设计 ·· 13
2.5　系统功能测试 ·· 21
2.6　结论 ·· 29

第 3 章　基于遗传算法优化 BP 神经网络模型的风电功率短期预测 ······ 30

3.1　概述 ·· 30
3.2　算法原理 ·· 30
3.3　算法实现 ·· 32

3.4 算例分析 ·· 32
3.5 结论 ·· 39

第 4 章 基于多算法融合优化模型的风电功率短期预测 ············ 41
4.1 概述 ·· 41
4.2 算法原理 ·· 41
4.3 算法实现 ·· 44
4.4 算例分析 ·· 46
4.5 结论 ·· 53

第 5 章 数据深度挖掘驱动下多模型融合的短期光伏功率预测 ··· 54
5.1 概述 ·· 54
5.2 算法原理 ·· 55
5.3 算法实现 ·· 59
5.4 算例分析 ·· 64
5.5 结论 ·· 76

第 6 章 基于特征降维技术与组合模型构建的短期光伏功率预测 ·· 77
6.1 概述 ·· 77
6.2 算法原理 ·· 79
6.3 算法实现 ·· 83
6.4 算例分析 ·· 86
6.5 结论 ·· 96

第 7 章 基于二次分解技术与混合深度学习模型的短期电力负荷预测 ·· 98
7.1 概述 ·· 98
7.2 分解技术及预测算法分析 ································· 99
7.3 CEEMDAN-VMD-CNN-BiLSTM 模型的构建与评价指标 ············ 102
7.4 算例分析 ··· 105

7.5 结论 ·· 110

第 8 章 基于特征选择与组合模型构建的综合能源系统多能短期负荷预测 ··· 112

8.1 概述 ·· 112
8.2 多能负荷气象特征的选择方法 ·· 113
8.3 GVMD-RSSA-LSSVM 组合预测模型的搭建 ······················· 114
8.4 算例分析 ·· 121
8.5 结论 ·· 133

第 9 章 融合改进二分解技术与 CNN-BiLSTM-Attention 的短期负荷预测 ·· 134

9.1 概述 ·· 134
9.2 研究方法 ·· 135
9.3 预测算法原理 ·· 138
9.4 预测模型 ·· 141
9.5 算例分析 ·· 142
9.6 结论 ·· 154

第 10 章 基于特征综合相关与混合深度学习的综合能源系统多元负荷双阶段预测 ·· 155

10.1 概述 ··· 155
10.2 IES 结构及特征综合相关性分析 ·· 156
10.3 日前-日内 CNN-BiLSTM-Attention 预测模型 ···················· 159
10.4 算例分析 ··· 163
10.5 结论 ··· 196

第 11 章 考虑风电消纳的多能流系统模型预测控制方法 ············ 198

11.1 概述 ··· 198
11.2 多能流系统描述 ··· 200
11.3 多能流系统模型 ··· 202

11.4 多能流系统 MPC 策略的实现 …………………………………… 206
11.5 算例分析 …………………………………………………………… 214
11.6 结论 ………………………………………………………………… 228

第 12 章 基于模型预测控制的多能流耦合系统可再生能源消纳研究 ………………………………………………………………… 229

12.1 概述 ………………………………………………………………… 229
12.2 风电-光伏与氢储能的多能流耦合系统构建 …………………… 233
12.3 风电-光伏与氢储能的多能流耦合系统模型 …………………… 234
12.4 风电-光伏与氢储能的多能流耦合系统 MPC 策略实现 ……… 240
12.5 算例分析 …………………………………………………………… 254
12.6 结论 ………………………………………………………………… 283

参考文献 ……………………………………………………………………… 284

后　记 ………………………………………………………………………… 304

第1章 多能流耦合系统

◆ 1.1 多能流耦合系统的概述

多能流耦合系统是一种能将多种不同形式的能量流(如电能、热能、冷能、气能等形式的能流)进行有机整合和协同优化的复杂能源消纳系统[1],大致结构如图1.1所示。在多能流耦合系统中,不同能量流形式能源之间通过先进的能源转换设备和智能控制技术实现相互连接和转换[2]。例如,电能可以通过热泵转换为热能,热能可以通过热电联产装置(CHP)转换为电能和热能的组合输出,天然气可以通过燃气轮机或燃料电池转为电能等[3]。

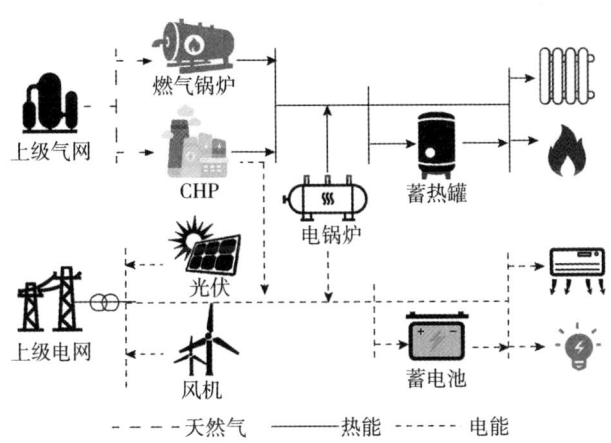

图1.1 多能流耦合系统结构图

多能流耦合系统在通常情况下有如下几个重要特点:
①能源综合利用效率高:通过多种类型能源的协同优化和互补利用,可以最大限度地提升能源的总体利用效率,减少能源浪费。

②灵活性和稳定性增强：不同能量源形式之间的相互转换和备份，可以提高系统在面对能源供应波动、设备故障等情况时的灵活性和稳定性。

③促进可再生能源消纳：可以更好地整合可再生能源，如太阳能、风能等，将其与传统能源系统进行有机结合，提高可再生能源的消纳能力。

④促进节能减排：有助于减少单一能源的依赖，降低温室气体排放和环境污染。

多能流耦合系统在能源互联网、智能微电网、综合能源服务等领域具有广泛的应用前景，对于实现能源的可持续发展和高效利用具有重要意义。因此，本章基于模型预测控制对多能流耦合系统关键技术进行研究意义重大。

1.2 多能流耦合系统的研究现状

多能流耦合系统作为能源领域中较前沿的研究方向，近年来在多个方面都取得了显著进展，总的来说，其特点主要体现为系统结构类型多样性、研究方法多元化。

1.2.1 多样化系统结构类型

为了进一步促进可再生能源的清洁利用，研究者们在大量分析各微源的特性之后，以互补微源交叉组合的方式构建了多能流耦合系统。具体如下：

①工业与产业园区多能流耦合系统。

②考虑特定资源与机制的多能流耦合系统。

③基于区域能源与特定场景的多能流耦合系统。

④不同技术与能源形式的多能流耦合系统。

1.2.2 多元化的研究方法

在有关多能流耦合系统的研究中，为了深入了解系统的运行机理，优化系统性能，解决实际应用中的问题，研究人员采用了多种研究方法，涵盖了理论、实验研究和数值模拟等方面。

该理论是研究多能流耦合系统的基础。实验研究在多能流耦合系统的研究中起着关键作用。借助计算机软件和仿真工具，数值模拟为多能流耦合系统的研究提供了一种高效、灵活、经济的方法[4]。此外，随着人工智能和机器学习技术的快速发展,这些技术逐渐应用于多能流耦合系统的研究。例如,神经网络算法用于学习和求和多能流耦合系统的运行数据,并建立系统性能预测模型,为系统的预防性维护和优化运行提供支持,以应对系统可能出现的故障或性能下降[5]。同时,采用基于强化学习的算法对多能流耦合系统的实时运行控制策略进行优化,使系统能够根据实时能源市场价格、用户需求变化等因素独立运行设备,实现系统的智能运行[6]。

综上所述,多元研究相辅相成、相互验证,为多能流耦合系统的研发提供了坚实的技术支持,促进了多能流耦合系统从理论研究到实践应用的不断进步。

1.3 多能流耦合系统的关键技术

多能流耦合系统的高效运行和广泛应用依赖于一系列关键技术的支持。这些技术涵盖了能量转换、能量存储、能量传输、系统集成和最优控制等多个方面[7]。它们共同努力,确保多能流耦合系统能够实现多种能源的协调运行,提高能源利用效率,满足用户多样化的能源需求。接下来,重点介绍储能、输电、系统集成和最优控制。

1.3.1 能源存储技术

储能技术在平衡能源供需、提高多能流耦合系统的稳定性和可靠性方面发挥着关键作用。电池技术是储能领域应用最广泛的技术之一[8]。目前,锂离子电池因其高能量密度、长循环寿命和低自放电率,已成为多能流耦合系统中的主要电池类型[9]。此外,储热技术很常见。对于储气库而言,高压气罐和地下储气库是主要的储气方式。

除了上述电池、储热和储气技术外,氢储能技术作为一种具有巨大潜力的新兴储能技术,正逐渐受到广泛关注。氢能储存主要通过电解水产生氢气将电能转化为化学能,并在需要时使用燃料电池或其他形式的能量将氢气转化为电能或热能。电解水制氢技术是实现氢能储存的关键环节之一[10]。它利用电能将水分解成氢气和氧气。根据电解槽的类型,可分为碱性电解水、质子交换膜电解水(PEMWE)和固体氧化物电解水等技术路线。其中,PEMWE具有电流密度高、电解槽结构紧凑、启动快等优点,适用于可再生能源发电的波动性和间歇性场景中的快速响应氢气生产。

氢氧燃料电池是氢能储存系统中实现化学能转化为电能的核心设备。它使用氢气作为燃料，氧气作为氧化剂，通过电化学反应直接将化学能转化为电能。它具有能量转换效率高、零排放污染、运行噪声低的优点。根据电解质的不同，氢氧燃料电池可分为质子交换膜燃料电池(PEMFC)、碱性燃料电池、磷酸燃料电池、熔融碳酸盐燃料电池和固体氧化物燃料电池(SOFC)等类型[11]。后续文中用到的 PEMFC 具有启动快、功率密度高、工作温度低等特点，适用于交通运输、分布式发电等领域。

1.3.2 能源传输技术

能量传输技术确保多能流耦合系统中的不同能源能够在各个子系统之间安全高效地传输，从而实现能量的合理分配和利用。

在电力传输方面，高压输电技术是长距离、大容量电力传输的主要手段。通过增加传输电压，可以减小传输线中的电流，从而降低线路损耗，提升传输效率。目前，常见的高压输电电压等级包括 110，220，500，750 kV 甚至更高[12]。热传输主要通过热管网进行。天然气传输依赖于天然气管道网络。

在上述电力、热力和燃气输送技术的基础上，氢气和氧气的输送也是多能流耦合系统中涉及氢储能和氢氧燃料电池应用时需要考虑的重要环节。氢气运输主要有两种类型，即气体运输和液体运输。氧气的传输相对简单。在工业应用中，氧气主要通过管道输送到各个用气点，如钢铁厂和化工厂。

在多能流耦合系统中，氢气和氧气的传输技术需要与其他能源传输技术相协调，共同构建安全、高效、可靠的能源传输网络。同时，随着氢能的不断应用，能源需求和能源转换要求不断增长，氢气和氢气传输技术的研究和创新将不断深化。

1.3.3 系统集成与优化控制技术

在系统集成方面，还需要考虑能源互补和协同作用。不同的能量形式有其自身的特点和优势，如电力的灵活性、热量的稳定性和气体的高能量密度。通过合理的系统集成，可以充分利用这些能源的优势，实现能源的互补利用。例如，当冬季供暖需求较大时，可以提高使用燃气供暖的比例，燃气发电产生的废热可用于补充供暖，以提高整体供暖效率；在夏季制冷需求高峰期，结合电动制冷设备和废热驱动的吸收式制冷机，灵活地制冷和制冷成本取决于能源价格和设备运行条件[13]。

对于最优控制技术，先进的控制策略是实现系统高效运行的关键。模型预测控制（MPC）是一种常用的最优控制。基于系统的动态模型，MPC能够预测未来一段时间内的系统行为，并根据预测结果优化当前的控制决策。在多能流耦合系统中，MPC可以综合考虑电力、热力、燃气等能流、能源供需的动态变化，制定最优的设备运行方案[14]。例如，通过预测电力负荷曲线、热需求变化和次日的天然气供应，MPC可以确定分布式能源发电设备的启动和停止时间、储能设备的充放电策略以及能量转换设备的工作，以确保系统在满足能源需求的同时，将能源成本和影响降至最低[15]。

◆ 1.4 多能流耦合系统的模型预测控制

作为一种先进的控制策略，MPC在多能流耦合系统中具有重要的应用价值。其核心思想是基于系统的动态模型预测未来一段时间内的系统行为，并根据预测结果优化每个控制循环中的控制动作，从而实现系统的最优运行。

1.4.1 模型预测控制的基本原理

MPC的基本原理涉及三个关键环节：预测模型、滚动优化和反馈校正。

预测模型是MPC的基础，MPC用于描述多能流耦合系统的动态行为。根据系统的物理特性和运行规律，建立数学模型来预测系统未来的输出。在多能流耦合系统中，预测模型需要考虑功率、热量、气体和其他能流之间的关系，以及系统中设备的动态特性。常见的预测模型包括状态空间模型、传递函数模型和神经网络模型。其中，状态空间模型能够清晰地描述系统的内部状态和输入输出之间的关系，适用于复杂的多能流耦合系统建模；传递函数模型作为频域模型，利用拉普拉斯变换表征输入输出关系，在单输入单输出线性时不变系统中具有解析建模直观的优势；神经网络模型具有很强的非线性映射能力，对具有复杂非线性特性的系统具有建模效果。

滚动优化是MPC的核心步骤。在每个控制周期开始时，MPC根据当前系统状态和预测模型，在未来的有限时域内优化系统性能指标，确定一系列控制动作序列，使系统性能在预测时域内达到最佳。

反馈校正是保证MPC控制效果的重要环节。由于系统的不确定性（如负荷预测误差、设备故障、变化等），预测模型和实际系统之间可能存在偏差。因此，在每个控制周期结束时，MPC 根据实际测量的系统输出和预测输出之间的误差来校正预测模型，更新系统状态信息，并提高下一次预测的准确性。反馈校正可以采用多种方式，如卡尔曼滤波器、状态观测器等。通过反馈校正，MPC 可以及时控制策略，适应系统的实际运行，增强系统的鲁棒性和稳定性。

1.4.2 模型预测控制在多能流耦合系统中的应用优势

MPC 在多能流耦合系统中的应用具有显著优势，是实现系统高效运行和优化管理的重要手段。

首先，MPC 可以处理多变量耦合问题。多能流耦合系统中有许多相互关联的变量，如电力系统中的电压、电流、温度、压力、流量，热力系统中的温度、压力和流量，以及气体系统中的压力和流量。这些变量相互影响和制约。通过建立包括所有相关变量的预测模型，MPC 可以有效地协调各种变量的控制，并通过考虑优化过程中多个变量的动态变化和相互关系来实现系统的整体优化。

其次，MPC 具有良好的动态响应性能。多能流耦合系统的运行条件复杂多变，如电力负荷的峰谷变化、热需求的季节性波动和可再生能源发电的间歇性。根据实时系统状态和未来负荷预测，MPC 可以快速控制策略，适应系统的动态变化。

再次，MPC 可以考虑约束进行优化。多能流耦合系统的设备和运行过程中存在各种约束，如设备的容量限制、能源供应的上下限、设备的最小运行时间和最小停机时间等。当 MPC 优化控制动作时，会考虑这些约束，以确保控制策略的可行性和安全性。

最后，MPC 可以实现经济优化。通过在优化目标函数中引入能源成本和设备运维成本等经济因素，MPC 可以在系统能源需求的前提下使系统的运行成本最小化。例如，根据电力市场价格的峰谷变化，MPC 可以合理安排储能设备的充放电时间，在电价较低时储存电能，在电价高峰时释放电能，进而缩减用电成本；同时，优化能量转换设备的运行，提高能源利用效率，减少能源浪费，从而实现系统的经济运行。

1.5 总结

作为一种创新的能源系统架构，多能流耦合系统在当今能源领域显示出巨大的潜力和重要性。通过概述、研究现状、关键技术和MPC，可以清楚地认识到它在提高能源效率、优化能源分配和实现能源可用性方面的显著优势。

区域综合能源系统、冷热电联供系统、能源互联网等多样化的系统结构类型，为不同规模和应用场景的能源需求提供了灵活的解决方案。理论、实验和数值模拟等多种研究从多个角度深入探讨了多能流耦合系统的运行机理和性能优化，为该系统提供了坚实的理论基础和技术支持。

在关键技术方面，能量转换技术实现了不同能源形式之间的高效转换，储能技术平衡了能源供需的波动，能量传输技术确保了能量的安全高效传输，系统集成和优化控制技术协调了各子系统和设备的整体运行，实现了系统的最佳性能。作为一种先进的控制策略，MPC凭借其多变量耦合处理、良好的动态响应、考虑约束优化和实现经济运行等优点，在多能流耦合系统中发挥着重要作用。

尽管多能流耦合系统取得了重大进展，但仍存在一些挑战。例如，多能源系统的深度整合需要进一步解决不同能源和系统之间的兼容性和互操作性问题，可再生能源的大规模接入对系统的稳定性和可靠性提出了更高要求，能源市场的复杂性和不确定性也给系统的优化运行带来了困难。其中，大量大规模波动能量进入电网对电力系统的稳定性和可靠性造成的影响是最需要解决的关键问题。因此，在后续章节中，将进一步讨论多能流耦合系统在实际应用中遇到的问题及其解决方案，包括后续的性能能量预测、负载预测及系统的稳定可靠控制技术。通过对这些方面的研究，希望为多能流耦合系统的广泛应用提供更全面、更深入的理论依据和实践指导。

第 2 章　基于单片机与 CRC 算法的风-光气象环境智能采集装置

◆◇ 2.1　概述

在科技持续迅猛前行的进程中，气象观测领域正在迈入从传统的人工监测向全自动化处理的革新，推动了气象观测的现代化进程[16-17]。这种革新主要得益于先进的技术手段，如遥感技术、自动化仪器和传感器的广泛应用[18]。

当下，分布式能源蓬勃发展，分布式电站日益增多，关于分布式站点气象环境数据获取困难[19]。除此之外，随着智慧农业的兴起，对局部气象环境参数质量的要求越来越高。传统获取装置要么体积庞大而无法搬运，要么由于机组采用短距离传输而无法获取较全面且准确的数据[20]。针对以上问题，设计制作一套能够便于携带且高效准确获取气象数据的装置将意义重大。

基于以上论述，本章以微控制器单元 STM32 MCU 为控制核心，提出了以下解决方法并实现了相应的功能：

①采用多传感器融合技术实现了风、光气象环境的有效监测；
②采用"一主机、多副机"模式实现了风、光气象环境监测范围的扩大；
③采用 MODBUS-RTU 协议实现了增强通信系统的稳定性；
④采用 CRC 算法实现了数据传输准确率的提高，保证数据的有效上传。

◆◇ 2.2　系统总体设计

本装置(气象环境采集装置)结合一个主机(STM32F429)、多个副机(STM32F103)和多个传感器来实现上述功能。本装置由主机系统、副机系统、数据采集系统、显示系统和无线传输系统组成[21]。通过数据采集系统中传感器的检测与采集，无线传输系统将采集得到的数据进行上传，在显示系统中显示，同时可通过显示系统对历史数据进行查询与下载。具体系统总体框架如图2.1所示。

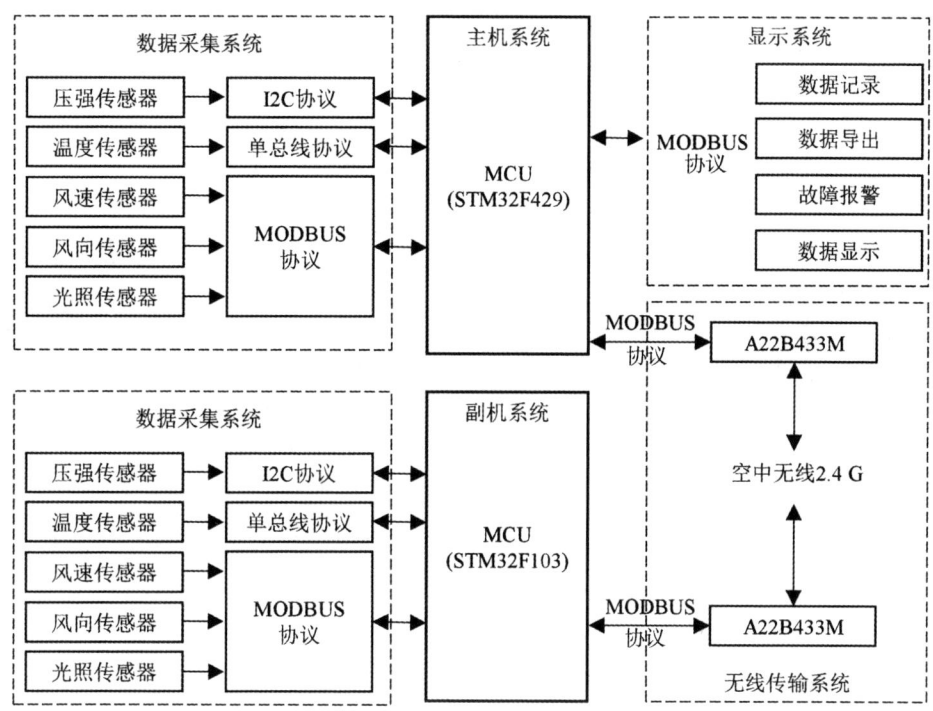

图 2.1 系统总体框架图

◆◆ 2.3 系统硬件设计

由图 2.1 可知，系统硬件设计包含 MCU(micro controller unit，微控制器)硬件电路的设计(包括主机和副机)、温度测量电路设计、气象采集电路设计、触摸屏与通信电路设计和电源电路设计。

2.3.1 MCU硬件设计

(1)主机硬件设计

在主机 MCU STM32F429IGT6 设计中需要考虑以下问题,如时钟电路、复位电路、下载电路、BOOT 设置电路及电源等。其中,时钟电路分为外部低速时钟和外部高速时钟;复位电路设计电容 C5 作为硬件滤波作用,可以防止按下复位按钮之后单片机检测到多次复位信号;而 BOOT 设置电路分别由 BOOT0 和 BOOT1 使用二进制的形式设置其启动时所使用的 ROM。

(2)副机硬件设计

在副机 MCU STM32F103C8T6 外设电路中,和主机一样需要设计其时钟电路、复位电路、下载电路、BOOT 设置电路及电源等。

2.3.2 温度测量电路设计

系统中的温度测量部分选用 DS18B20 传感器,其供电方式为 DC 3.3 V。为了保证其电源工作稳定性,增加 3 个电容作为 DS18B20 的旁路滤波作用,其中,C14 和 C15 可以滤除电源中的高频干扰信号,C16 则滤除低频干扰信号,有效提升其工作稳定性。主机和副机共设 10 个 DS18B20 传感器[22]。DS18B20 详细电路如图 2.2 所示。

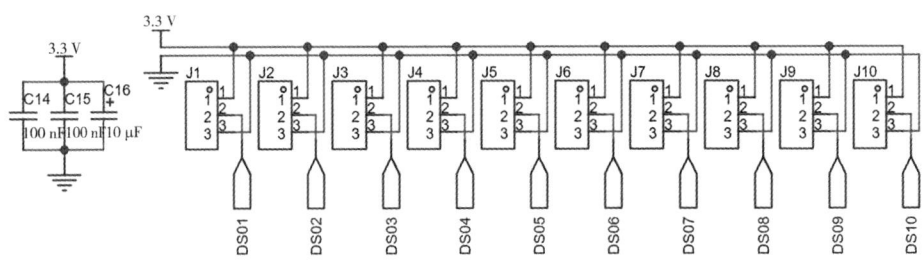

图 2.2　DS18B20 电路图

2.3.3 气象采集电路设计

在本设计的结构中,风速、风向、太阳辐射传感器均采用 DC 24 V 供电,且都是使用 RS485 通信,按照其通信协议设计,每个设备都必须配备独立的 ID

地址,将其所有传感器并联构成电路,如图 2.3 所示,电路图简单,便于焊接与维护[23]。

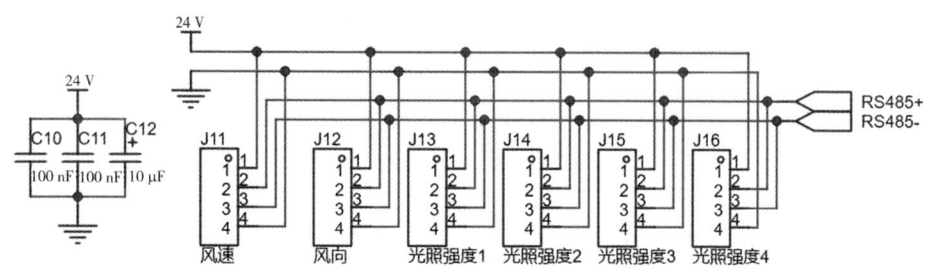

图 2.3　风速、风向、太阳辐射传感器电路图

2.3.4　触摸屏与通信电路设计

工业触摸屏 MCGS 与无线串口模块 A22B433A20D1a 均使用 RS485 接口协议,且都配备唯一 ID 地址,故这两个数据通信链接方式一样。其硬件连接如图 2.4 所示。

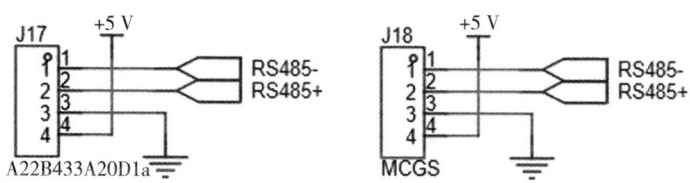

图 2.4　MCGS 与 A22B433A20D1a 电路图

2.3.5　电源电路设计

按照各个传感器和模块的电源需求不同,整个系统使用了三个电压等级对各个模块进行供电,在采用了 12 V 的直流电池供电之后,需要分别对其进行降压和升压处理[24]。

(1) DC 3.3 V 电源设计

为获得稳定的 3.3 V 电压输出,选用 AMS1086CD 直流线性降压稳压芯片,在 5 V 直流电源的输出端进行降压,可以满足 MCU、BMP280 和 DS18B20 等器件对 DC 3.3 V 电压的供电需求。这样的设计能够有效地解决为 MCU 和传感器提供所需的电源。

由于 C34 的主要作用是过滤掉电源中的低频干扰信号，C29 的作用是过滤电源中的高频干扰信号。确保 C34 与 C29 在正常工作状态下能够稳定可靠运行。其电路设计如图 2.5 所示。

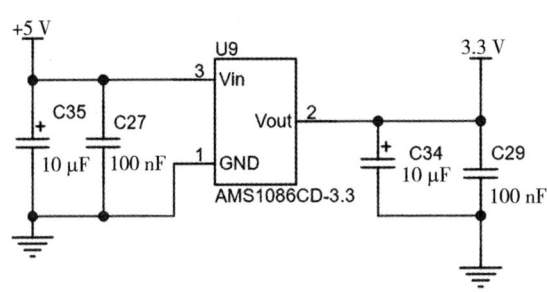

图 2.5　直流升压稳压 3.3 V 电路图

(2) DC 5 V 电源设计

A22B433A20D1a 无线模块需要 DC 5 V 电压进行供电，因此其适配电压等级要符合 DC 5 V。RT7272BGSP 高频降压芯片能够将 DC-CD，12 V 转 5 V 降压稳压。在此选用 RT7272BGSP 高频降压芯片。该芯片最大输出功率可以达到 15 W。其电路设计如图 2.6 所示。

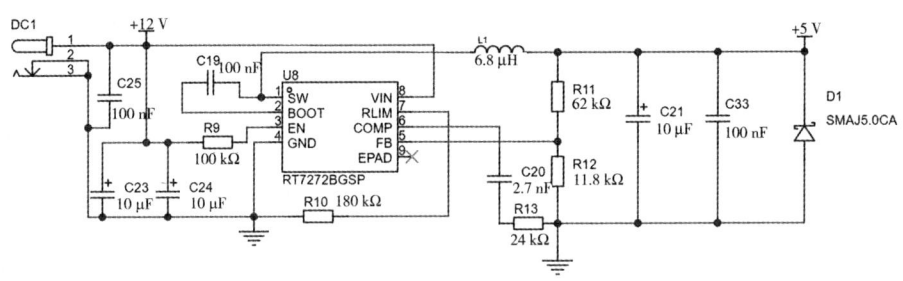

图 2.6　直流稳压降压 5 V 电路图

(3) DC 24 V 电源设计

由于触摸屏、风速、风向、太阳辐射等传感器所供电的等级是 DC 24 V 电源,在此选用 LM2577S 线性升压稳压芯片,该芯片最大输出功率高达 120 W,能够满足所有传感器供电需求。其电路设计如图 2.7 所示。

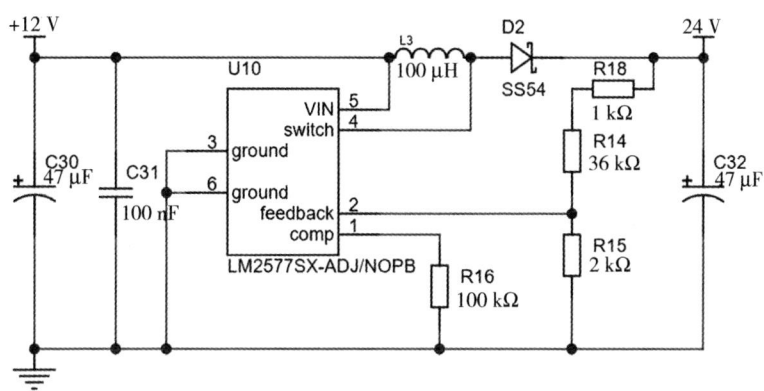

图 2.7　直流升压稳压 24 V 电路图

◆ 2.4　系统软件设计

由于本系统设计采用一个主机并联多个副机的方式进行多点数据采集,主机和副机用无线串口透传模块作为通信方式,通信协议采用高稳定性的 MODBUS RTU 模式,故主机和副机的程序需要分开设计,主机作为发送查询命令端,副机作为接收命令响应端。此外,需对温度测量、气象采集、MODBUS RTU 通信程序设计以及 CRC(cyclic redundancy check,循环冗余校验)算法进行介绍。

2.4.1　主机程序设计

采用 MCU STM32F429IGT6 作为主机的主控芯片,其需要使用 UART、SPI、I2C 等串行通信接口。其工作流程首先是进行通信初始化配置、传感器初始化配置、主机系统初始化配置。接着,当主机系统初始化完成之后,会向主机上挂载的所有传感器进行数据读取,并且将数据储存到数据库中,再向各个副机依次发送读取命令(0x03)。最后,在读取所有副机传感器数据之后,统一将数据进行打包处理，再将已经打包完成的数据全部发送至 MCGS 触摸屏，之后还会对触摸屏的数据进行一次读取操作，用于人机交互或人工设置系统参数等。具体主机程序流程如图 2.8 所示。

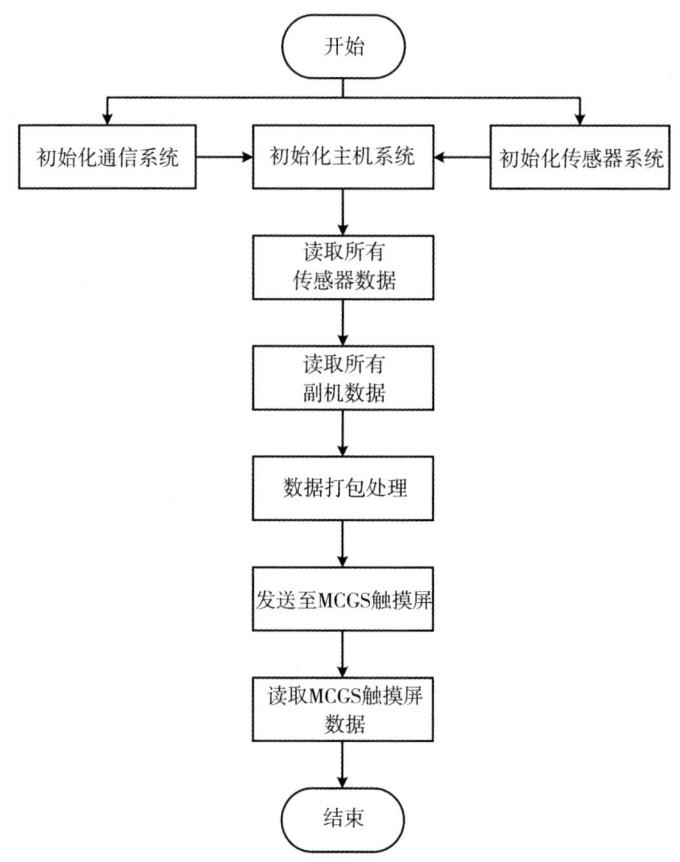

图 2.8　主机程序流程图

2.4.2　副机程序设计

采用 MCU STM32F103C8T6 作为副机的主控芯片，需要使用两个 UART 串口对主机和传感器之间进行通信，其中，一个作为副机处理消息输出，另一个作为 RS485 通信接口。

从程序一开始，就会对副机系统以及副机所链接的所有传感器进行初始化配置，在初始化配置完成之后将读取副机上挂载的所有传感器数据并进行储存。传感器数据完成每次读取之后,副机会开启串口接收回调中断,如有主机针对该副机发送读取数据指令(0x03),则副机响应主机将所读取到传感器的数据发送至主机,发送完成后副机又会重新读取传感器数据和主机指令。具体副机程序流程如图 2.9 所示。

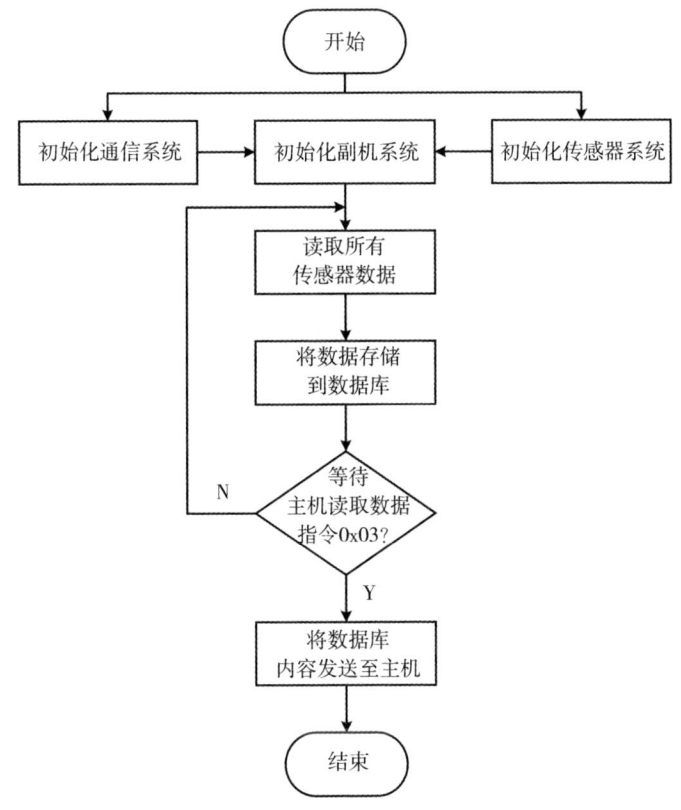

图 2.9　副机程序流程图

2.4.3　温度采集程序设计

该设计系统的温度采集功能选用 DS18B20 传感器,DS18B20 的实现过程严格遵守逻辑时序,即必须经过程序初始化、写字节和读字节三个步骤[22]。具体实现温度采集的程序设计流程如图 2.10 所示。

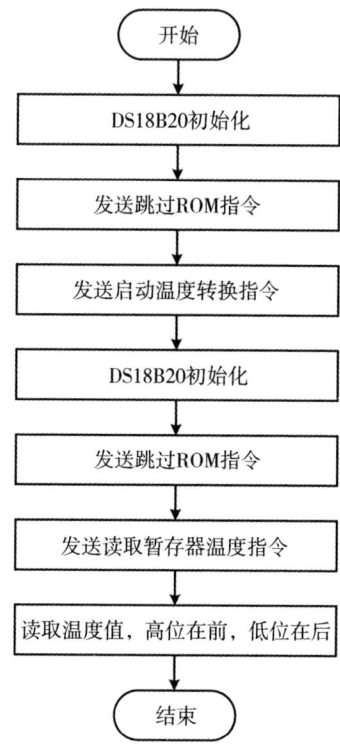

图 2.10 温度采集程序流程图

2.4.4 气象采集程序设计

气象采集包括采集风速、风向、太阳辐射量,应用到了风速、风向、太阳辐射传感器,采集过程是通过单片机查询各传感器收集数据的方式,实现气象采集的程序设计流程如图 2.11 所示。

2.4.5 MODBUS RTU 通信程序设计

主机和副机部分以及传感器之间的通信使用的是 MODBUS RTU(remote terminal unit,远程终端单元)协议,MODBUS RTU 是一种串行通信协议,主要用于工业自动化和控制系统中设备之间的通信[25-26]。它是 MODBUS 协议的一种变体,采用二进制编码在串行线路上传输数据。在使用 MODBUS RTU 协议前,需要对 MCU 的硬件时钟、串口和端口进行初始化操作[27]。

第 2 章 基于单片机与 CRC 算法的风-光气象环境智能采集装置

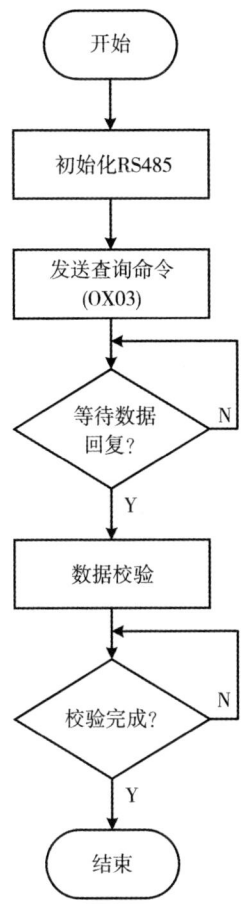

图 2.11 气象采集程序流程图

(1) MODBUS RTU 主机程序设计

在主机使用 MODBUS RTU 时,主机主动对副机发送数据帧,然后等待副机数据响应,如果 1 秒内没有数据响应,则主机会立即重新发送直到有数据响应为止,当有响应数据返回时,程序会进入串口回调函数,并禁止接收数据,再清空接收完成标志,最后分析响应回来的数据即可。MODBUS RTU 主机程序流程如图 2.12 所示。

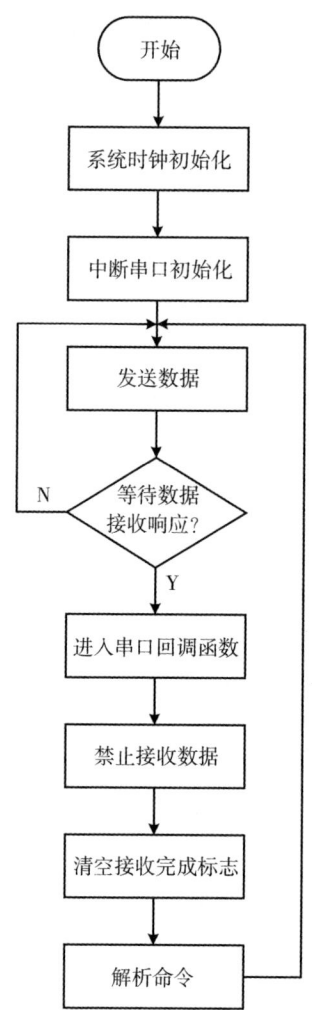

图 2.12 MODBUS RTU 主机程序流程图

(2) MODBUS RTU 副机程序设计

在副机使用 MODBUS RTU 时,副机会实时接收主机发送来的数据,如有数据接收完成,则会进入串口回调函数。MODBUS RTU 副机程序流程如图 2.13 所示。

(3) MODBUS RTU 解析命令程序设计

每一次的数据接收完成之后,会对每一次收集的数据进行一次解析,判定此次数据是否有效,若此次数据有效,则直接写入程序数据库;否则判定此次数据无效，数据则直接被遗弃，不再对本次数据进行解析操作。MODBUS RTU 解析程序流程如图 2.14 所示。

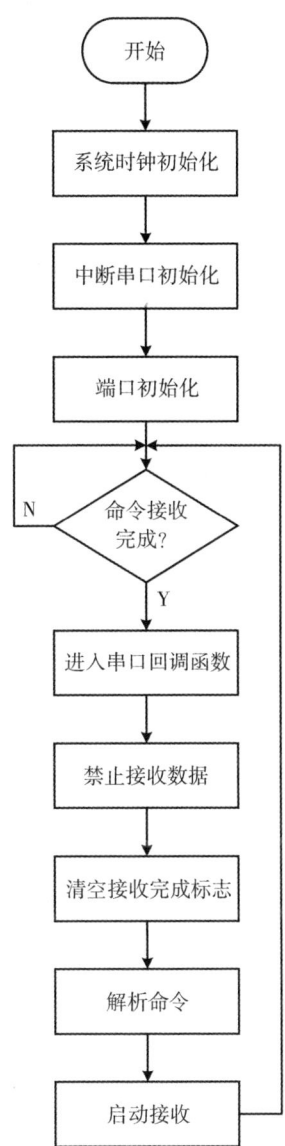

图 2.13　MODBUS RTU 副机程序流程图

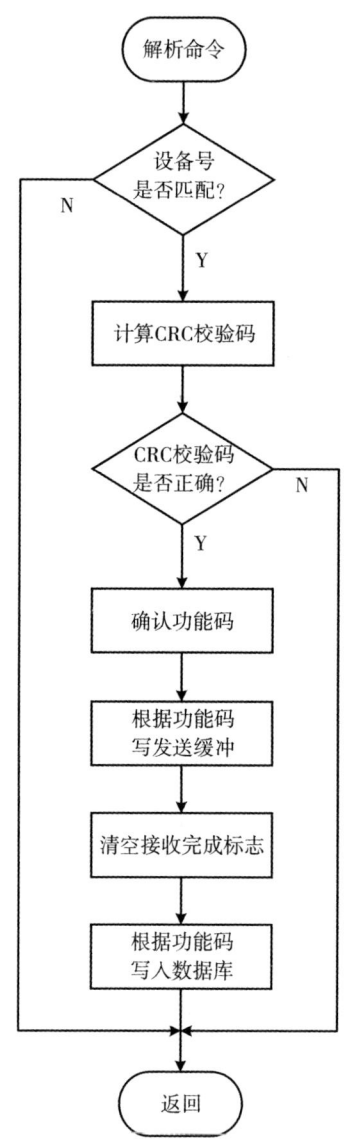

图 2.14 MODBUS RTU 解析程序流程图

2.4.6 CRC 算法

本设计多处使用 MODBUS RTU 数据通信协议,之所以对数据之间的通信采用 CRC 算法,是为了保证数据每次传输的准确率,这是一种常用的校验方法[28]。

CRC 算法主要运用于检测数据传输过程中引入的错误,如噪声、干扰或其他因素导致的位翻转[29]。通过使用 CRC 算法,接收方可以快速检测到传输过程中是否发生了错误,从而及时采取相应的纠正或重传措施。CRC 算法实现流程如图 2.15 所示。

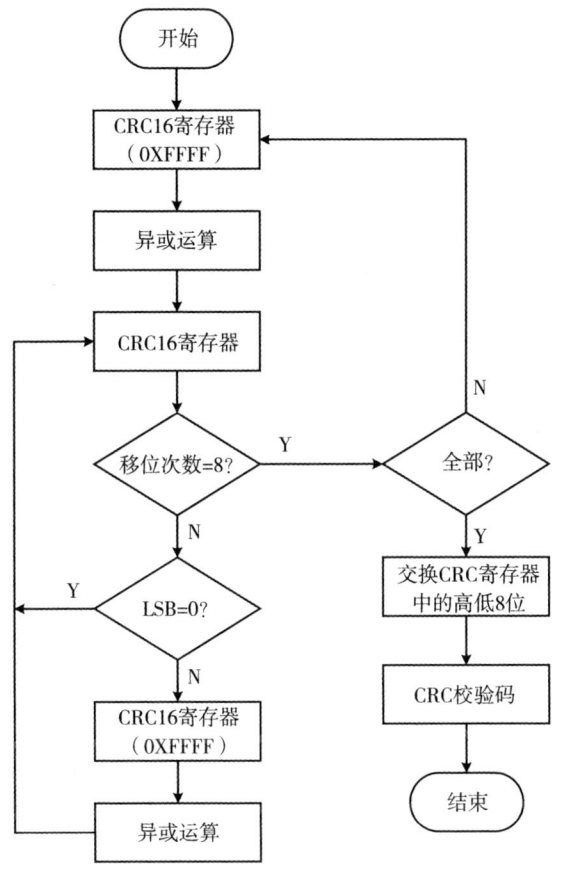

图 2.15　CRC 算法实现流程图

◆ 2.5　系统功能测试

在完成硬件和软件的设计之后,制作的装置实物如图 2.16 和图 2.17 所示。主机为了方便携带采用了便携式箱体设计,将整个系统引荐电路集成于便携式手提箱内,并且在手提箱侧面增加了充电和开关功能;在考虑经济性的情况下,所有传感器采用模块化插拔设计;在箱体外部有总设计温度传感器9个、太阳辐射传感器4个、风速传感器4个、风向传感器1个,均采用插拔式设计,可以随时增加或者减少所使用的传感器;在箱体内部设计了一个可以存放传感器的空位,从而提升设备便携性;还嵌入了一块10英寸的触摸屏以便更好地进行人机交互和系统数据调试。此外,还独立设计了1个USB接口,用于将所检测的数据进行导出到U盘,其数据导出格式为CVS,可以直接使用办公软件进行处理。

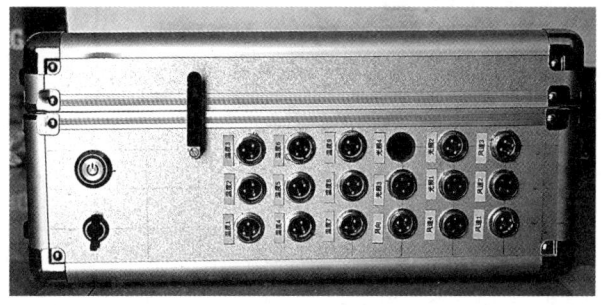

图 2.16 装置主视图

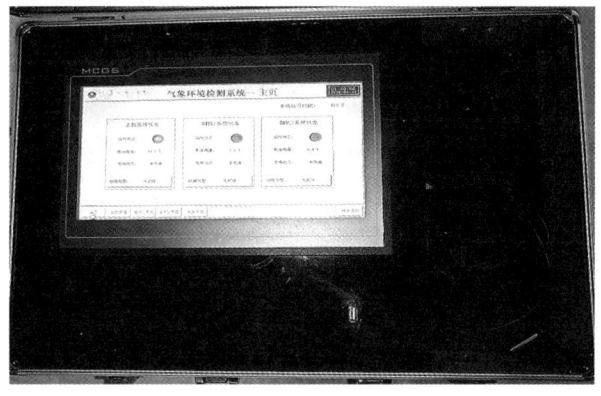

图 2.17 装置俯视图

对该装置的一切初始化参数调整完毕后进行了实地测试,如图 2.18 所示。上位机界面及数据导出界面如图 2.19 所示。

如图 2.19(a)所示,将主机和副机 1 电源打开,在设备上默认进入主页,主页会显示所有设备的工作状态。当前是主机和副机 1 系统在运行状态,显示主机电池电压 12.2 V,副机 1 电池电压 3.2 V,设备的充电状态均为未充电状态,设备无故障。

如图 2.19(b)所示,在点击主机界面时设备会进入主机界面,并显示设备状态和设备所检测的数据。此时插入温度 2 传感器和风向传感器,可以在屏幕上看到所插入传感器检测到的数据。

如图 2.19(c)所示,点击副机 1 界面时屏幕将会跳转到该界面,在副机 1 设备上插入温度 3 传感器和风速 1 传感器,该界面将会显示相应传感器值。

如图 2.19(d)所示,用户根据需要可以自定义时间范围和导出数量,以便灵活地获取所需数据。此外,导出界面还提供了查看主机和副机 1 的历史数据选项,用户可以轻松地浏览过去的记录。对于历史数据的查看,用户可以通过上下、左右翻页的方式快速导航,同时还可以利用快速跳转功能直接回到数据记录的首行或结尾,以提高操作效率。另外,为了确保系统的数据存储得到合理的维护和管理,导出界面还设计了历史存盘数据删除功能,使用户能够管理存档数据。这样的设计不仅提供了便利的数据导出和查看功能,同时也保证了系统数据管理和维护的完整性和可靠性。

图 2.18　装置实地测试图(1)

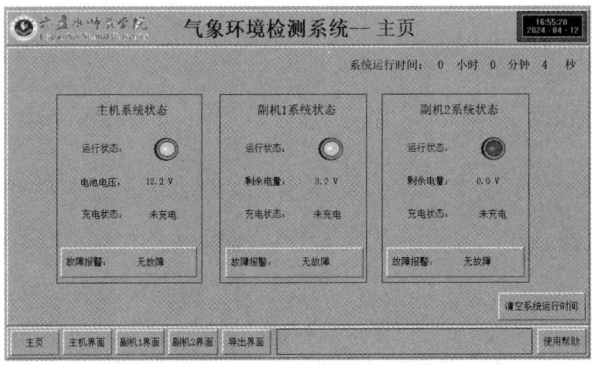

(a) 主页

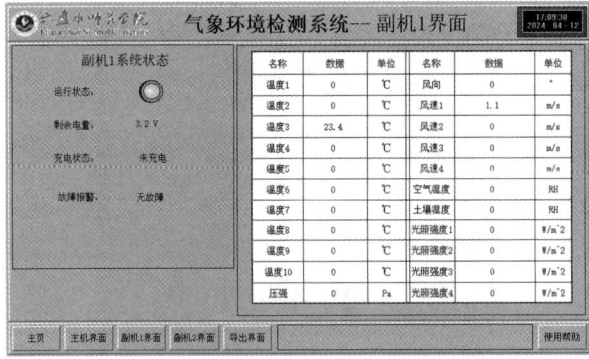

(b) 主机界面

(c) 副机 1 界面

▶ 第 2 章　基于单片机与 CRC 算法的风–光气象环境智能采集装置

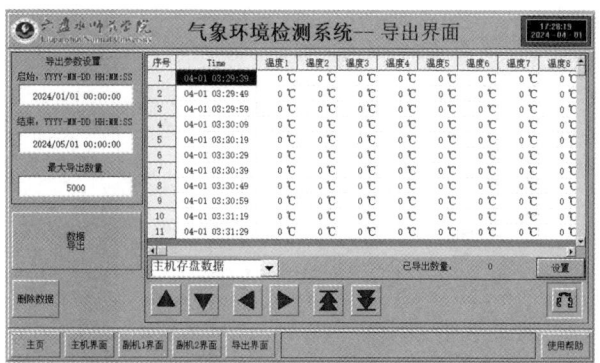

(d) 导出界面

图 2.19　装置实地测试图(2)

测试出的部分数据如图 2.20 所示。从测试数据中可以看出，该装置性能稳定、测试功能完全。

综上所述，该装置的测试结果能较好地实现上述功能。

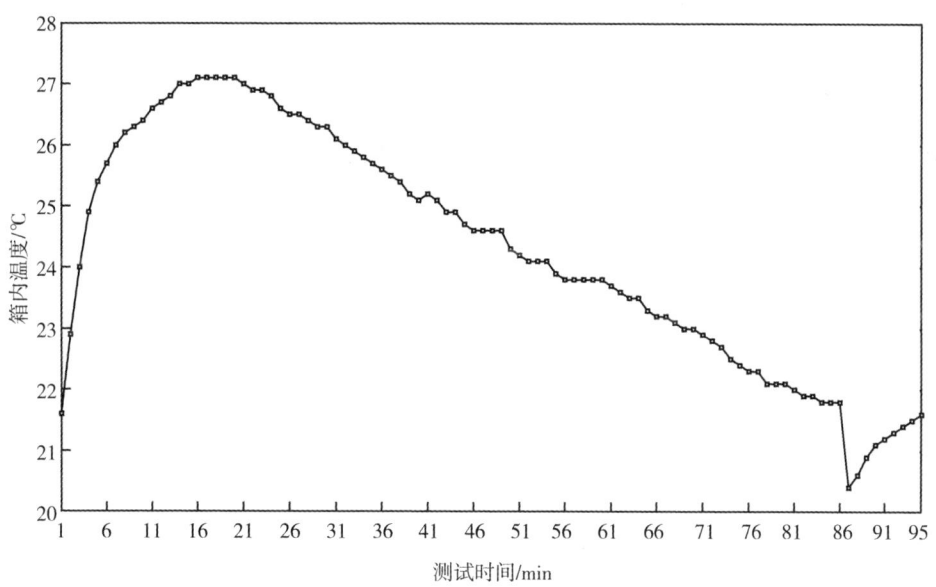

(a) 箱内温度

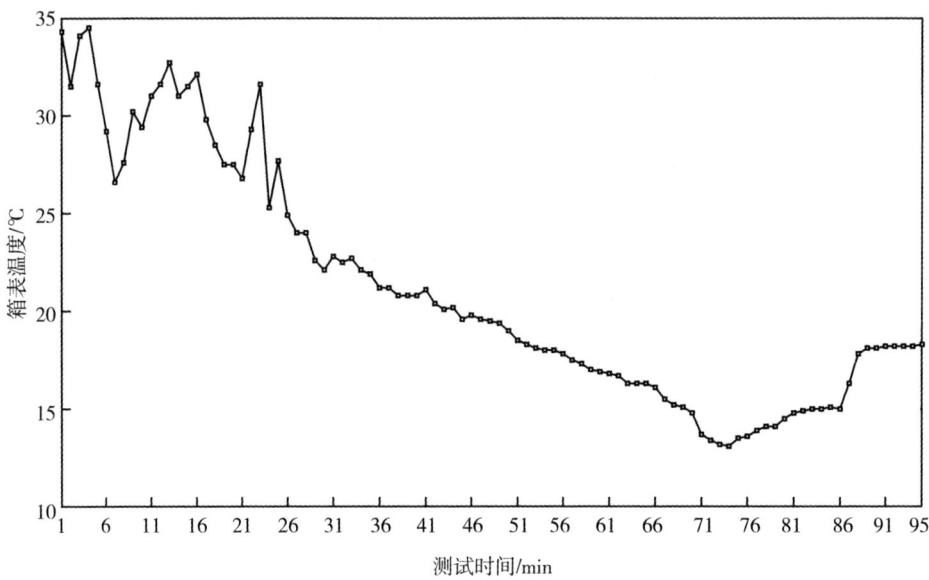

(b)箱表温度

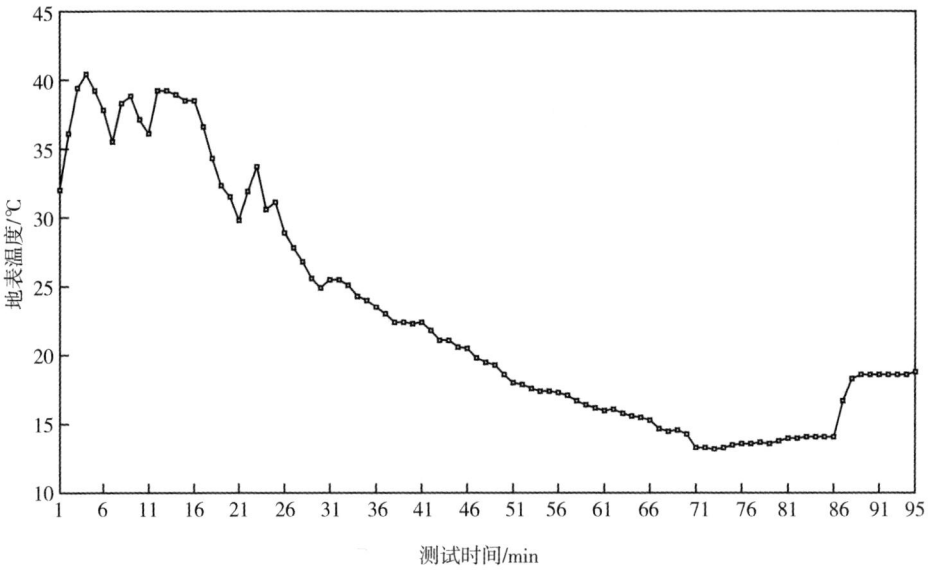

(c)地表温度

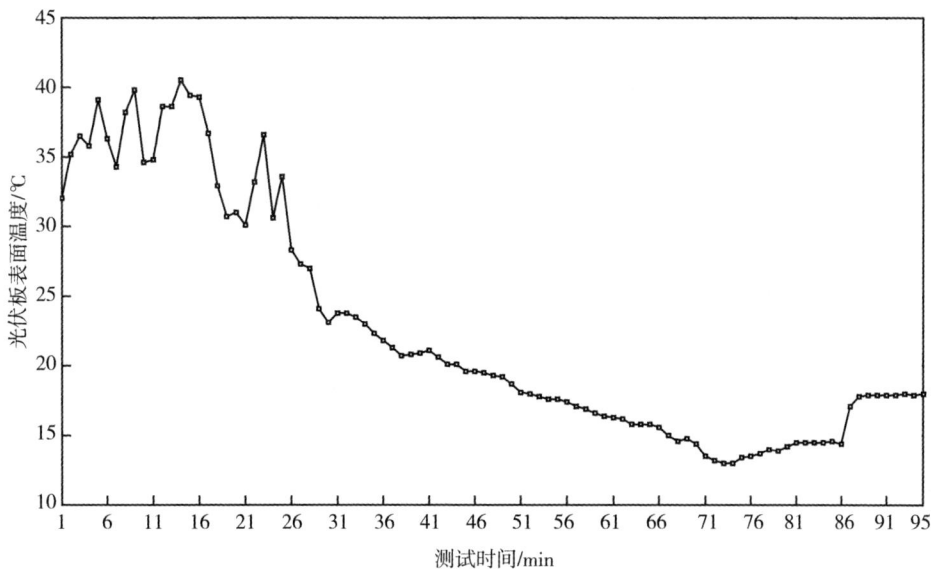

(d) 光伏板表面温度

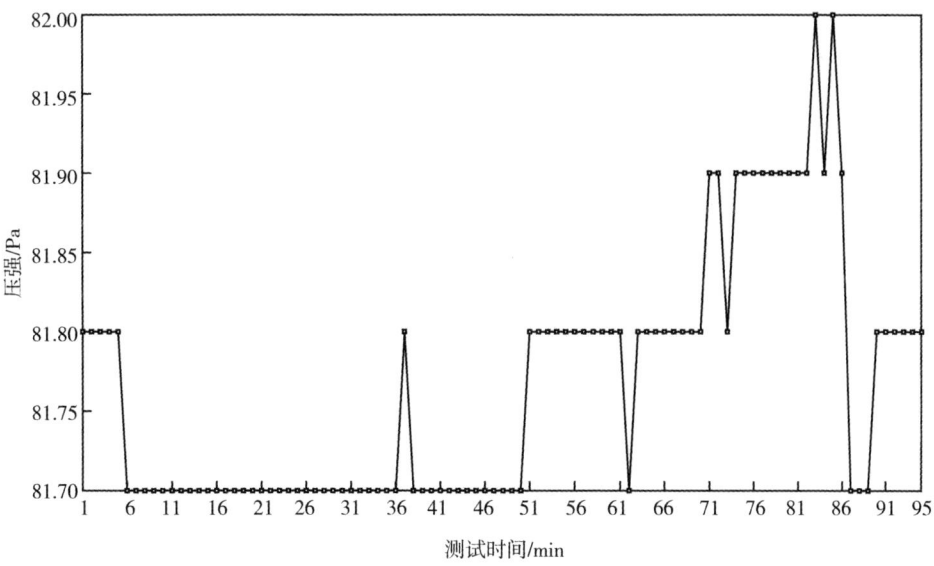

(e) 压强

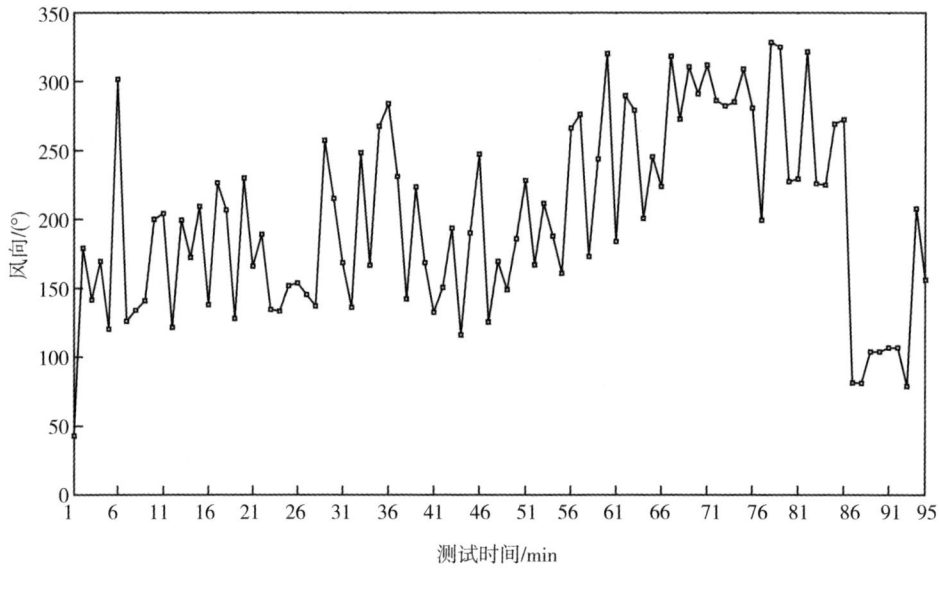

(f) 风向

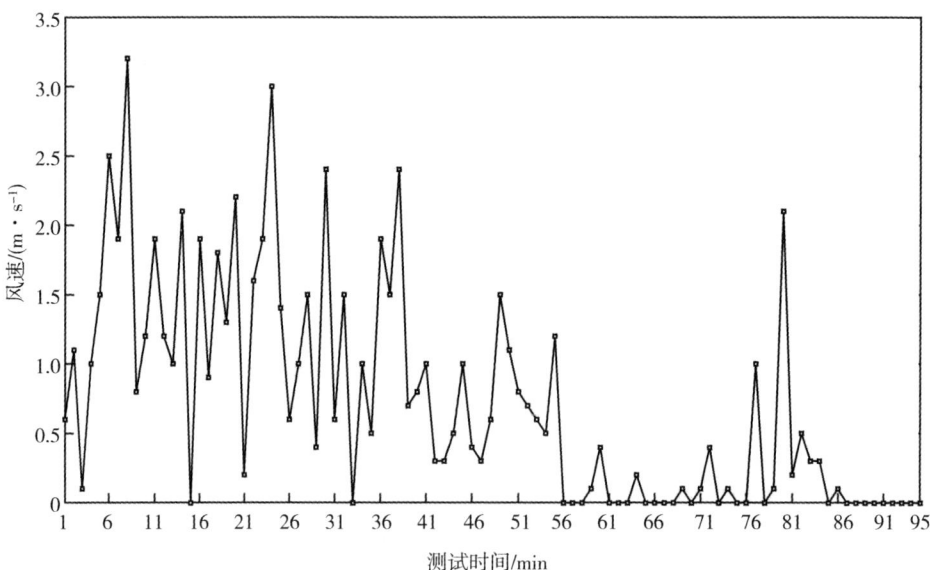

(g) 风速

● 第 2 章 基于单片机与 CRC 算法的风-光气象环境智能采集装置

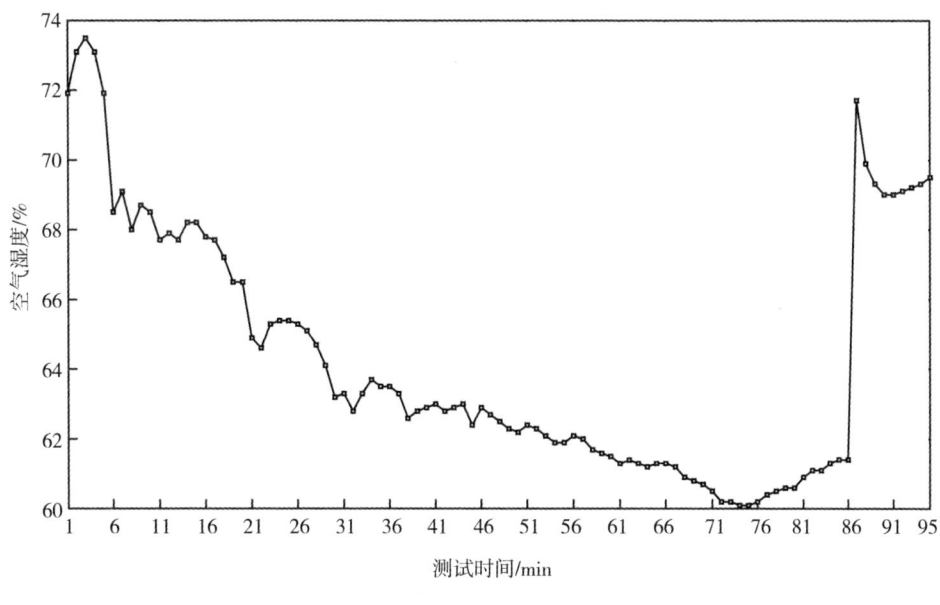

(h)空气湿度

图 2.20 部分测试结果图

◆ 2.6 结论

本章中便携式气象环境智能采集装置以 STM32F4 和 STM32F4F1 系列单片机为控制器,结合 CRC 算法设计和制作而成。该装置具有温度测量、气象环境采集、远程控制、可视化界面、数据导出等功能。首先,本章对气象环境智能采集系统的硬件设计和软件设计进行了详细的介绍;其次,已制作完成前文提及的实物装置;然后,对气象环境智能采集装置进行了实地测试;最后,测试结果表明该装置能够稳定、高效地实现上述功能。气象环境智能采集装置结构简单、功能齐全、使用方便,能够实现对农业种植基地、气象站、风电站、光伏电站等周围环境因素的采集,以上种种证明该装置具有较强实用价值,市场前景广阔。

第3章　基于遗传算法优化BP神经网络模型的风电功率短期预测

◆ 3.1　概述

处于当今时代进程中，发展新能源已成为必然趋势，风能作为新能源领域的支柱力量，其发展备受瞩目[30]。然而，风电的不可控性与电网运行遵循可控可调的原则形成鲜明冲突，给风电并网消纳带来严峻挑战[31]。因此，对于拥有一个稳定的输出功率预估模型是极为重要且不可忽视的[32]。

本章采用统计预测方法，将历史实际风电功率以及风速(参考)作为BP神经网络的输入参数，以此为基础，构建基础模型框架。与此同时，借助遗传算法针对BP神经网络的核心参数(权值和阈值)执行优化操作，进而构造出了GA-BP神经网络风电输出功率预测模型。为了切实验证该模型的有效性，还进行了实际案例对比分析工作，通过对结论的深入分析得出本章构建模型能够有效提升预测精度。

◆ 3.2　算法原理

本章拟采用GA(遗传算法)，其源自达尔文的生命进化论(包含繁殖、交配和突变)[33-34]。在GA的框架下，其运作机制是依靠种群的繁殖行为，进而在进化过程中逐步筛选得到最优解。

对于GA而言，有三种类型的遗传算子，即选择、交叉和变异。

(1)选择操作

选择操作的本质是在一系列特定数据集中按照既定的规则选取特定的数据，以此作为下一轮运算的算子。较为常见的有轮盘赌法、锦标赛法等，就本

章具体情况而言,采用轮盘赌法[35]:

$$f_i = \frac{k}{F_i} \tag{3.1}$$

$$p_i = \frac{f_i}{\sum_{i=1}^{N} f_i} \tag{3.2}$$

式中,f_i——个体 i 的适应度值;

p_i——i 的选择概率;

k——系数;

N——种群个体数目。

(2)交叉操作

交叉操作的机制是对遗传重组过程执行模拟操作,目的在于把当前的最佳基因有效传递给下一个群体当中,进而创造出全新的个体。交叉算子的具体步骤如下:

①随机对象选定。

②凭借所选对象长度,通过随机选择机制确定交叉位置。

③定义一个交叉概率 $p_c(0<p_c\leq 1)$,当满足条件时运行交叉算子来对基因进行改变操作。具体实例而言,第 k 个染色体 a_k 以及染色体一号 a_{kl} 在 j 位的相互交错如下:

$$\begin{cases} a_{ki} = a_{ki}(1-b) + a_{lj}b \\ a_{li} = a_{li}(1-b) + a_{kj}b \end{cases} \tag{3.3}$$

式中,b——在区间 $0\sim 1$ 内的随机数。

(3)变异操作

变异操作旨在针对生物领域中的基因突变现象进行模拟操作,依据预先设定的突变概率(变异概率)p_m 随机创造全新个体。具体实例而言,第 i 个个体的第 j 个基因 a_{ij} 的变异执行步骤如下:

$$a_{ij} = \begin{cases} a_{ij} + (a_{ij} - a_{\max}) \times f(g), & r > 0.5 \\ a_{ij} + (a_{\min} - a_{ij}) \times f(g), & r \leq 0.5 \\ f(g) = r_2 \left(\dfrac{1-g}{G_{\max}}\right)^2 \end{cases} \quad (3.4)$$

式中，$a_{\max}$——基因 a_{ij} 存在的最大值；

$a_{\min}$——基因 a_{ij} 存在的最小值；

r_2——随机数符号；

g——当前迭代次数；

$G_{\max}$——最大进化次数；

r——位于[0，1]之间的随机数[36-37]。

◆ 3.3 算法实现

在模式识别[38]领域以及信号处理[39]领域等诸多方面，BP 神经网络都展现出极大的影响力，然而其网络如何设计（网络结构如何确定）是一直阻碍其发展的难题[40]。在本章的研究内容中，将借助 GA 来针对神经网络的连接权值和阈值进行优化，旨在确定其核参值。随后采用 GA 优化过后的 BP 神经网络执行预测任务，详细的 GA-BP 神经网络算法流程如图 3.1 所示。

◆ 3.4 算例分析

为了深入探究并有效验证前文所构建的 GA-BP 网络模型的优越性，本章选取荷兰某风电场 2011 年的风电功率实测数据展开详尽的研究与分析工作。在研究过程中，忽略环境因素的影响，仅针对 3 月 1 日至 15 日时段内每日 24 h 内的实际风电功率进行预测操作。换而言之，其中，2928 组参数视作训练样本，另外 360 组参数视作测试样本，同时把 1 h 设置为时序间隔。基于上述内容设定各类相关参数，针对该模型执行拟合操作。

第 3 章 基于遗传算法优化 BP 神经网络模型的风电功率短期预测

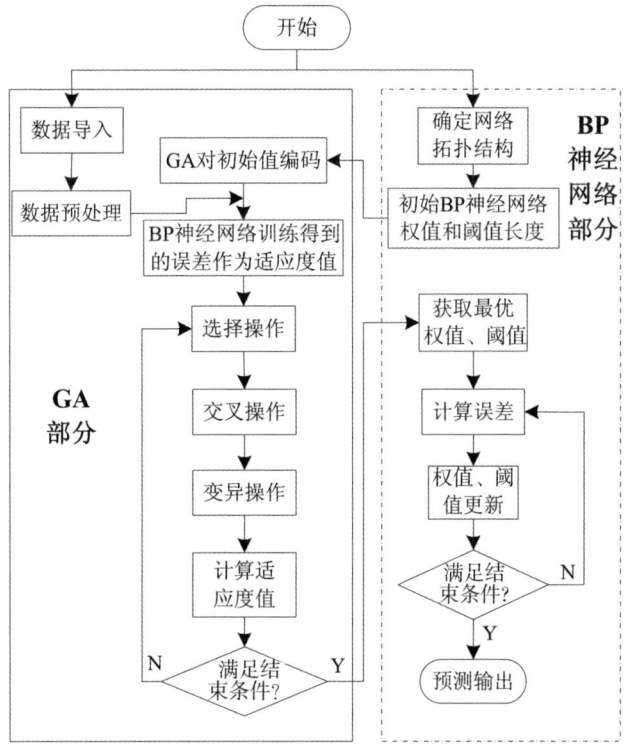

图 3.1 GA-BP 神经网络算法流程图

3.4.1 数据处理与建模仿真

基于上文构建的模型以及设定的参数,实验设置具体参数如表 3.1 所列。

表 3.1 模拟实验初始数据设定

数据名称	数据值
种群规模	50
学习率	0.1
交叉概率	0.4
变异概率	0.2
训练次数	100
最大迭代次数	1000
参数维度	5
BP 网络结构	1-5-1

3.4.2 结果分析

为了验证本章所提出的模型的优越性，将传统 BP 神经网络模型与 GA-BP 模型进行了全面的对比分析，其中，设置最大允许误差 $\varepsilon = 10^{-6}$。通过对 3 月 1 日至 7 日的风电功率进行预测，得到 BP 和 GA-BP 预测回归图，如图 3.2、图 3.3 所示，适应度曲线如图 3.4 所示，功率预测曲线如图 3.5 所示，预测误差对比曲线如图 3.6 所示。

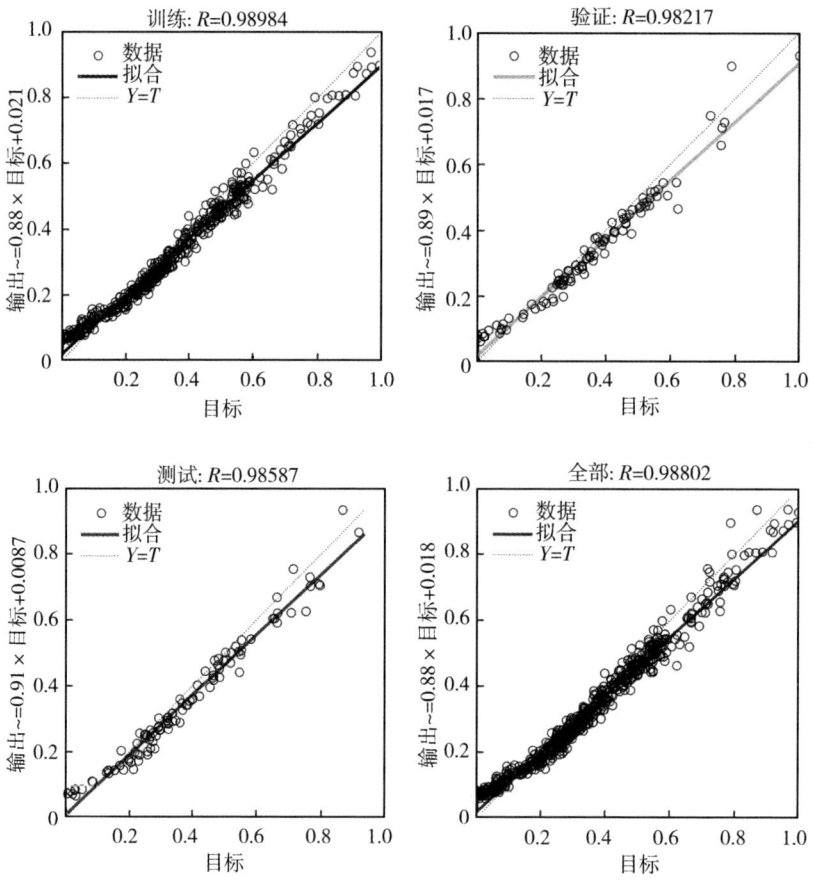

图 3.2　BP 预测回归图

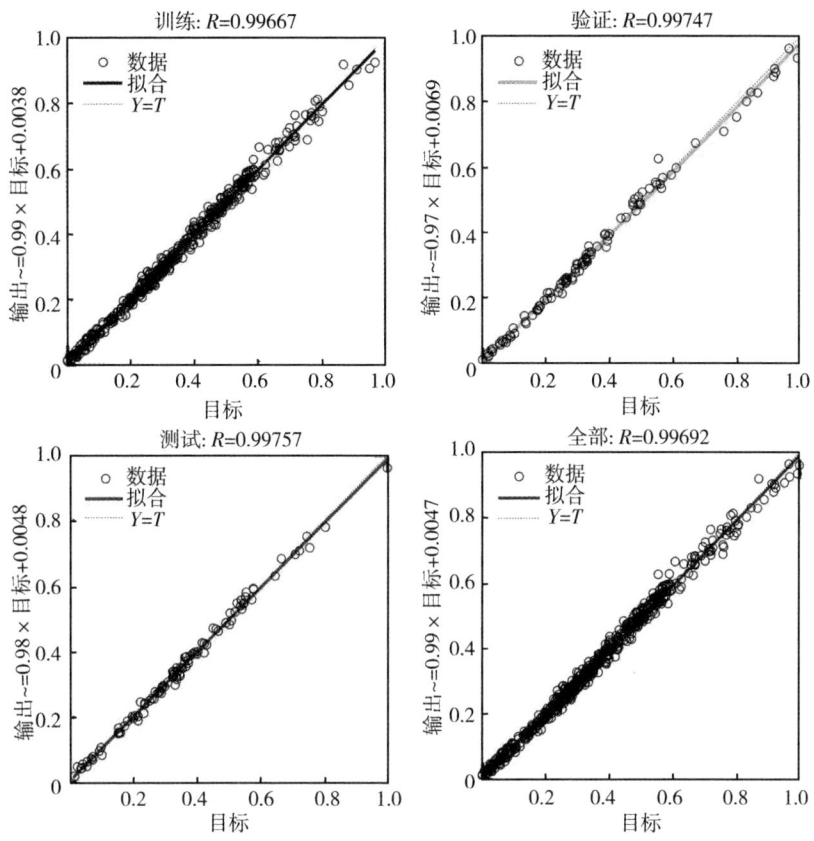

图 3.3 GA-BP 预测回归图

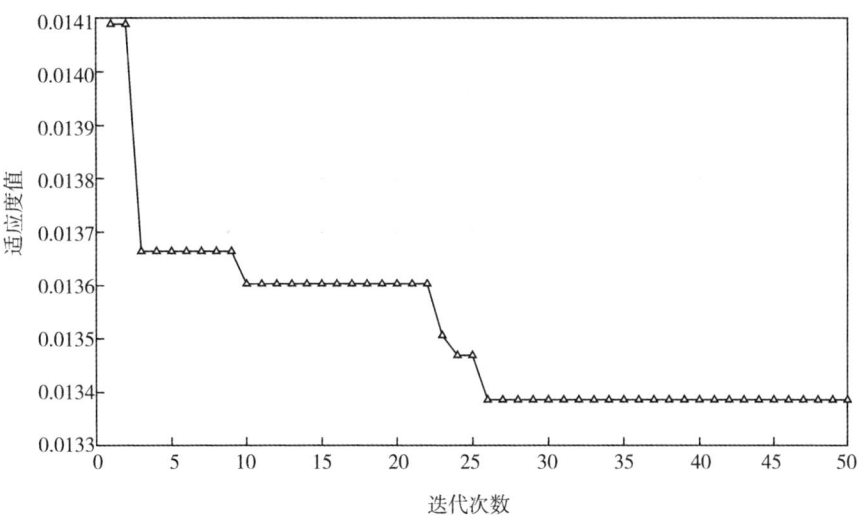

图 3.4 适应度曲线

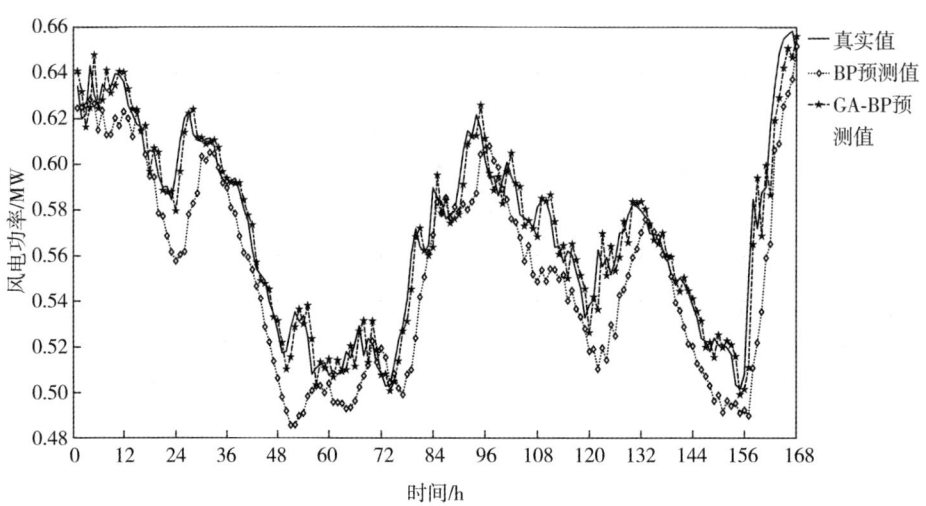

图 3.5 功率预测曲线

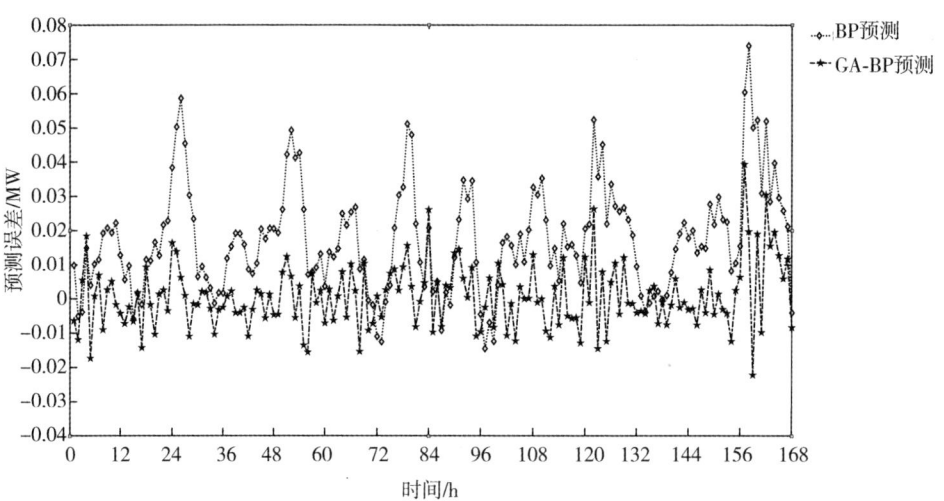

图 3.6 预测误差对比曲线

综合图 3.2 和图 3.3 可知，GA-BP 预测模型的测试样本值拟合较好，几乎都落在拟合线上；由图 3.4 可知，当优化算法迭代到 26 次时达到优化误差要求，优化速度较快；由图 3.5 可知，在整个时域中风电功率波动较大，BP 预测模型能够大致跟随风电功率真实值的变化趋势。相较于 BP 而言，GA-BP 预测模型的预测效果更佳，其能较好地拟合真实值；由图 3.6 可知，GA-BP 预测模型预测误差较小，在整个时域中最大预测误差仅 0.04 MW，而 BP 预测误差最大可达 0.075 MW。图 3.2 至图 3.6 仅能定性地判断 GA-BP 预测模型的预测效果最佳，定量判断的结果如表 3.2 所列，由于本书篇幅所限，此处仅展示一天 24 h 的预测结果，从表 3.2 中可知，GA-BP 预测模型在每个时间节点上预测误差都比 BP 预测误差小。

表 3.2　实验部分预测结果

时间序列/h	真实值/MW	BP 预测值/MW	GA-BP 预测值/MW	BP 预测误差/MW	GA-BP 预测误差/MW
1	0.6254	0.6152	0.6246	0.0102	0.0008
2	0.6352	0.6236	0.6282	0.0115	0.0069
3	0.6322	0.6130	0.6412	0.0192	−0.0090
4	0.6339	0.6131	0.6313	0.0208	0.0026
5	0.6397	0.6204	0.6346	0.0193	0.0051
6	0.6391	0.6169	0.6408	0.0221	−0.0017
7	0.6362	0.6232	0.6404	0.0129	−0.0042
8	0.6220	0.6122	0.6243	0.0098	−0.0023
9	0.6063	0.5947	0.5969	0.0115	0.0093
10	0.6056	0.5943	0.6072	0.0112	−0.0017
11	0.5951	0.5785	0.6054	0.0166	−0.0103
12	0.5900	0.5772	0.5886	0.0127	0.0014
13	0.5903	0.5687	0.5877	0.0216	0.0026
14	0.5845	0.5617	0.5880	0.0228	−0.0035
15	0.5960	0.5577	0.5796	0.0383	0.0164
16	0.6107	0.5604	0.5968	0.0503	0.0139
17	0.6204	0.5617	0.6141	0.0586	0.0063
18	0.6234	0.5780	0.6224	0.0454	0.0010

表3.2(续)

时间序列/h	真实值/MW	BP预测值/MW	GA-BP预测值/MW	BP预测误差/MW	GA-BP预测误差/MW
19	0.6133	0.5829	0.6242	0.0304	−0.0109
20	0.6106	0.5872	0.6120	0.0234	−0.0014
21	0.5928	0.5810	0.5921	0.0118	0.0007
22	0.5939	0.5785	0.5916	0.0154	0.0023
23	0.5879	0.5686	0.5919	0.0193	−0.0040
24	0.5804	0.5613	0.5844	0.0191	−0.0040

凌驾于传统神经网络基础之上，本章运用 e_{MAPE} 预测误差函数来对其实施定量性质的评价工作，具体函数如式(3.5)所列。鉴于实际应用的需要，为了保证能够全面且精确地预衡量预测算法的性能表现，进而采用均方根误差 Z、准确率 r、合格率 W 等诸多评价指标，过程如下：

$$e_{\text{MAPE}} = \frac{1}{N} \left| \frac{O(k) - T(k)}{O(k)} \right| \times 100\% \tag{3.5}$$

$$Z = \sqrt{\frac{\sum_{k=1}^{168}(T_{1k} - T_{Ok})^2}{168}} \tag{3.6}$$

$$r = \left[1 - \sqrt{\frac{1}{N} \sum_{k=1}^{N} \left(\frac{T_{1k} - T_{Ok}}{T_{OP}} \right)^2} \right] \times 100\% \tag{3.7}$$

$$\begin{cases} W = \dfrac{1}{N} \sum_{k=1}^{N} F_k \times 100\% \\ F_k = \begin{cases} 1, & 1 - \sqrt{\left(\dfrac{T_{1k} - T_{Ok}}{T_{OP}}\right)^2} \geqslant 0.7 \\ 0, & 1 - \sqrt{\left(\dfrac{T_{1k} - T_{Ok}}{T_{OP}}\right)^2} < 0.7 \end{cases} \end{cases} \tag{3.8}$$

式中，k——时序，共计 168 个时序点；

T_{1k}——第 k 个时间点的预测值；

T_{Ok}——第 k 个时间点的实测值；

T_{OP}——168 个实测值的平均值。

各预测方法的评价指标如表 3.3 所列。

表 3.3 各预测方法的评价指标

算法类型	e_{MAPE}/%	Z	r/%	W/%
BP 模型	5.1359	0.0729	92.1356	93.6937
GA-BP 模型	1.2115	0.0094	98.4122	99.0991

通过对表 3.3 中呈现的预测结果进行分析，可以清晰地发现：采用 GA 优化的 BP 神经网络与历史数据之间更为契合，换而言之，预测结果更为准确；进一步对比表 3.3 中两种算法类型在 e_{MAPE}、Z、r 及 W 这几个关键指标的表现，清晰可见两种算法类型在预测性能上的差异，借助 GA 优化的 BP 神经网络模型的 e_{MAPE} 低至 1.2115%，相较于传统 BP 模型足足降低了 3.9244%；Z 也低至 0.0094，相较于传统 BP 模型预测精度大幅提高 87.1056%；r 高达 98.4122%，相较于传统 BP 模型提高了 6.2766%；W 高达 99.0991%，相较于传统 BP 模型提高了 5.4054%。综合上述各指标对比分析情况，有力证明了 GA-BP 模型在预测性能上明显优于传统的 BP 模型。

3.5 结论

风能发电过程中受自然因素的影响明显，像风速、气压、温度等，这些因素的存在导致风电呈现出随动性特性，进而造成精准数学模型构建困难。在 BP 神经网络处理复杂系统时存在固有缺陷（预测误差大）的基础之上，秉持多算法融合的理念，提出了一种 GA-BP 组合预测模型，进行算例对比分析，得出以下三个结论。

①针对 BP 神经网络在复杂系统预测中存在误差较大的固有缺陷，本章基于多算法融合思想，创新性地构建了 GA-BP 组合预测模型，有效提升了风电功率预测精度。

②创新性地提出将遗传算法引入 BP 神经网络的训练环节之中,借助 GA 迭代优化确定 BP 神经网络的不定参数,能够提升模型的寻优能力。

③通过算例分析,相较于单一的 BP 神经网络算法,预测准确率足足提高了 6.2766%,合格率提高了 5.4054%,平均百分比误差大幅降低了 3.9244%,均方根误差降低了 0.0635。

因此,本章提出的组合模型具有更高的预测精度。然而遗传算法易陷入局部最优,因此下一章将继续研究该问题的解决办法。

第4章 基于多算法融合优化模型的风电功率短期预测

◆◇ 4.1 概述

近年来,化石燃料的枯竭引起了全世界的极大关注。中国成为开发清洁能源创新技术的主要贡献者。风能、太阳能、水能和生物能源等资源具有清洁、丰富、低污染的性质,但具有时空间歇性和高度的气象依赖性[41]。以风能为例,它被广泛认为是一种有前景的可再生资源,然而,由于风力发电的间歇性而导致的弃风成为其应用中的关键问题之一。为了解决这些问题,开发准确的风电预测方法引起了人们的广泛关注。

目前,不管国内的还是国外的科研人员,都对于风电的预测方法做了大量研究,总结归纳为物理方法、统计方法以及神经网络方法[42-43]。这三种方法各有利弊,但通过大量的对比研究和相关文献证明,采用神经网络方法是相对较好的,因为它泛化能力强,能够处理回归问题[44-45]。基于此,本章也采用此种方法,基于多数据融合的思路,探寻多算法融合使用,即本章预采用粒子群优化(particle swarm optimization,PSO)算法和BP结合,建立一种PSO-BP的组合预测模型,以提高传统BP预测模型的精确度。

◆◇ 4.2 算法原理

粒子群优化算法被归类为基于种群或随机优化技术的智能算法[46]。1995年,美国两位心理学家Eberhart和Kennedy研究了鸟群中的群体行为,并开发了PSO算法[47-48]。

4.2.1 粒子群优化算法原理

PSO算法的基本思想是模拟社会,为特定目标找到最优解。它以作为组(粒子)成员的初始随机解开始,解空间中的每个粒子都有自己的位置和速度,它们可以通过更新代数来搜索最优解[49-50]。对于微粒的具体寻优手段,接下来利用一个典型例子展开分析。

不妨设想存在一个 S 维的目标搜索空间,在此空间中包含有 Z 个粒子,那么,其中第 i 个粒子能够借助式(4.1)进行表示:

$$\vec{x_i} = (x_{i1}, x_{i2}, \cdots, x_{is}), i=1, 2, \cdots, N \tag{4.1}$$

对于第 i 个粒子而言,其"飞翔"的速度能够借助式(4.2)进行表示:

$$\vec{V_i} = (V_{i1}, V_{i2}, \cdots, V_{is}), i=1, 2, \cdots, N \tag{4.2}$$

对于第 i 个粒子而言,其到目前为止所探寻到的最佳位置被定义为个体极值,进而能够借助式(4.3)进行表示:

$$\vec{P_{iS}} = (P_{1S}, P_{2S}, \cdots, P_{iS}), i=1, 2, \cdots, N \tag{4.3}$$

相较于个体极值,在粒子群的整个空间内,还存在一个相对整个空间而言的最优位置,被视作全局极值,能够借助式(4.4)进行表示:

$$\vec{P_{gS}} = (P_{1S}, P_{2S}, \cdots, P_{iS}), i=1, 2, \cdots, N \tag{4.4}$$

不妨假设 $f(x)$ 为要实现最小化的目标函数,在此基础之上,最优粒子 i 能够借助式(4.5)确定:

$$P_i(t+1) = \begin{cases} P_i(t) \to f(x_i(t+1)) \geq f(P_i(t)) \\ X_i(t+1) \to f(x_i(t+1)) < f(P_i(t)) \end{cases} \tag{4.5}$$

或是以式(4.6)和式(4.7)更新自己的速度和位置：

$$v_{is}(t+1)=v_{is}(t)+c_1r_{1s}(t)[P_{is}(t)-x_{is}(t)]+c_2r_{2s}(t)[P_{gs}(t)-x_{is}(t)] \quad (4.6)$$

$$x_{is}(t+1)=x_{is}(t)+\omega v_{is}(t+1) \quad (4.7)$$

式中，ω——惯性权重；

s——粒子飞行的空间，$s=1,2,\cdots,S$；

i——粒子的序号，$i=1,2,\cdots,N$；

t——此时此刻的迭代次数；

c_1，c_2——学习因子，非负常数；

r_1，r_2——随机数，r_1，$r_2 \in [0,1]$；

v_{is}——更新后的所有粒子的飞行速度，$v_{is} \in [-v_{\max},v_{\max}]$。

4.2.2 粒子群优化算法实现流程

基本的PSO算法流程图如图4.1所示。PSO算法的实现主要涵盖五个关键步骤，即参数的初始设定、适应度函数值的求解、$\vec{P}_{ls}$和$\vec{P}_{gs}$的比较、粒子速度与位置的更新迭代及终止条件的判定[47]。具体操作流程如下：

①粒子群的初始化操作。首先，设置最大迭代次数$K_{\max}$，设定群体中的粒子数N，确定加速因子c_1和c_2。接着，针对每一个粒子的速度$v_i(t)$和位置$x_i(t)$执行初始化赋值操作。

②针对每一个粒子，依据适应度函数求解各粒子适应度值$Fit[i]$。

③比较$\vec{P}_{ls}$和$\vec{P}_{gs}$。如果$Fit[i]$比$\vec{P}_{ls}$更优，则把该值赋给$\vec{P}_{ls}$；同理，如果$Fit[i]$比$\vec{P}_{gs}$更优，则用$Fit[i]$替换掉$\vec{P}_{gs}$。

④粒子速度和位置的更新迭代操作。根据式(4.6)和式(4.7)更新粒子的速度v_i和位置x_i。

⑤终止条件的判定操作。检验算法当前运行状态，判定条件满足则退出，否则返回②。

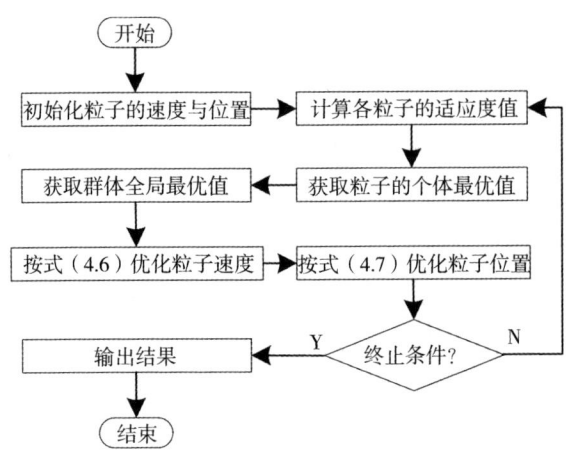

图 4.1 PSO 算法流程图

◆◇ 4.3 算法实现

BP 神经网络的最优权值是通过梯度下降法多次的训练修正得出的[51],网络对初始权值异常敏感,不同的初始值就会对应不同的结果[52-53],因此权值取值不当,就会使网络长时间震荡而不收敛,同时,易陷入局部最优而无法得到最优值[54]。

基于此,在本章内容中,鉴于 PSO 算法具有寻优速度快和全局搜索能力强劲的显著优势,本章采取将 PSO 算法与 BP 神经网络相结合的方式,构建出 PSO-BP 组合模型。具体而言,借助 PSO 算法来针对神经网络的权值 ω_i 和阈值 b_i 实施优化操作。在完成模型构建之后,进一步借助 PSO-BP 组合模型对风电功率展开预测,PSO-BP 神经网络算法流程如图 4.2 所示。预测模型的预测算法流程可分为 BP 神经网络和 PSO 算法两部分。

(1) BP 神经网络构建

初始化 BP 神经网络的权值 ω_i 和阈值 b_i,根据所选样本数据输入输出的特点来确定 BP 神经网络的结构,从而去初始化权值 ω_i 和阈值 b_i 的长度。

(2) PSO 算法实现

PSO 算法的实现过程在 4.2.2 节做了详细阐述,具体的步骤大致如下:

① 对 BP 神经网络的权值、阈值进行编码。

② 初始化粒子群。

③ 粒子适应度值 $Fit[i]$ 的计算。

④ 比较 $\vec{P}_{lS}$ 和 $\vec{P}_{gS}$。如果 $Fit[i]$ 比 $\vec{P}_{lS}$ 更优,则把该值赋给 $\vec{P}_{lS}$;同理,如果 $Fit[i]$ 比 $\vec{P}_{gS}$ 更优,则用 $Fit[i]$ 替换掉 $\vec{P}_{gS}$。

⑤ 粒子速度和位置的更新迭代操作。根据式(4.6)和式(4.7)更新粒子的速度 v_i 和位置 x_i。

⑥ 终止条件的判定操作。检验算法当前运行状态,判定条件满足则退出,否则返回③。

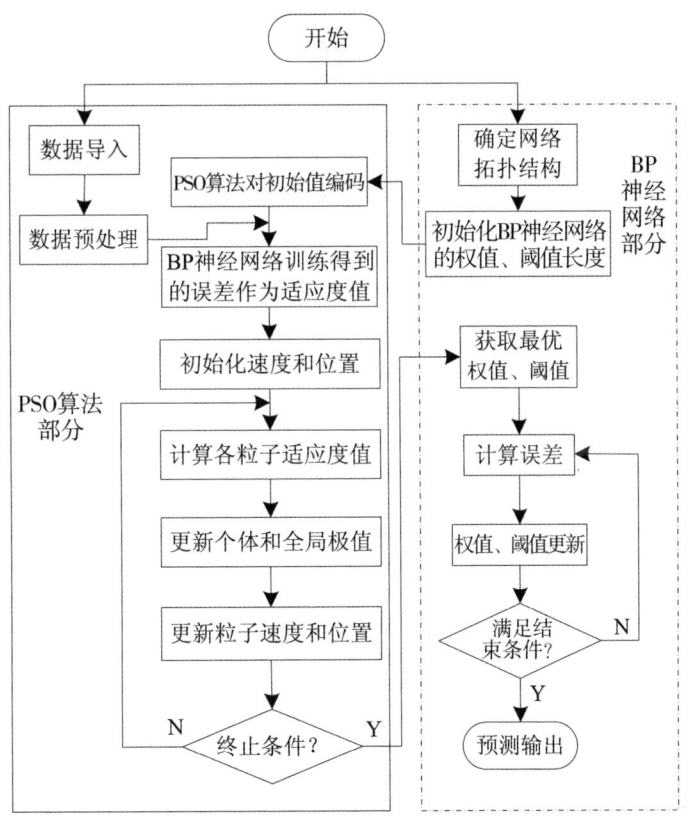

图 4.2　PSO-BP 神经网络算法流程图

4.4 算例分析

为验证 PSO-BP 组合模型对输出的风电功率预测的能力，本章以实际测量数据为基础，为了更好地对比 PSO-BP 与 GA-BP 预测模型的预测效果，采用第 3 章的风电功率实时测量值进行相关的研究分析，忽略某些自然不利条件的影响，采样周期为 1 h。在上述特定参数确定的基础之上，针对已经建好的模型进行拟合操作和检验工作[55]。

4.4.1 数据处理与建模仿真

为了更好地分析所建预测模型的性能，对预测的数据做相关的处理，这里引入标幺值的概念，即将原始输出功率除以此风电场额定输出功率，该风电场的额定装机容量为 10 MW，接下来把处理好的数据导入模型进行反复训练，再经过参数数次的调试之后，得到的模型具体仿真参数如表 4.1 所列。

表 4.1 仿真实验参数设置

参数名称	参数值
种群规模	50
惯性因子 ω	1.4
加速系数 c_1 和 c_2	4.494
粒子速度范围	[-2, 2]
粒子位置范围	[-1, 1]
最大迭代次数	1000
参数维度	5
BP 网络结构	1-5-1
训练次数	100
学习率	0.01

4.4.2 结果分析

为了更为充分地体现本章拟提出的组合模型(PSO-BP)的精确度远高于其他模型,本章同时搭建了传统的 BP 神经网络模型作为对比,经 MATLAB 仿真计算所得到的 BP 回归预测和 PSO-BP 回归预测效果如图 4.3、图 4.4 所示,适应度函数曲线如图 4.5 所示,功率预测曲线如图 4.6 所示,以及功率预测误差曲线如图 4.7 所示。为了更直观地看出曲线拟合的程度,实验预测具体结果如表 4.2 所列。

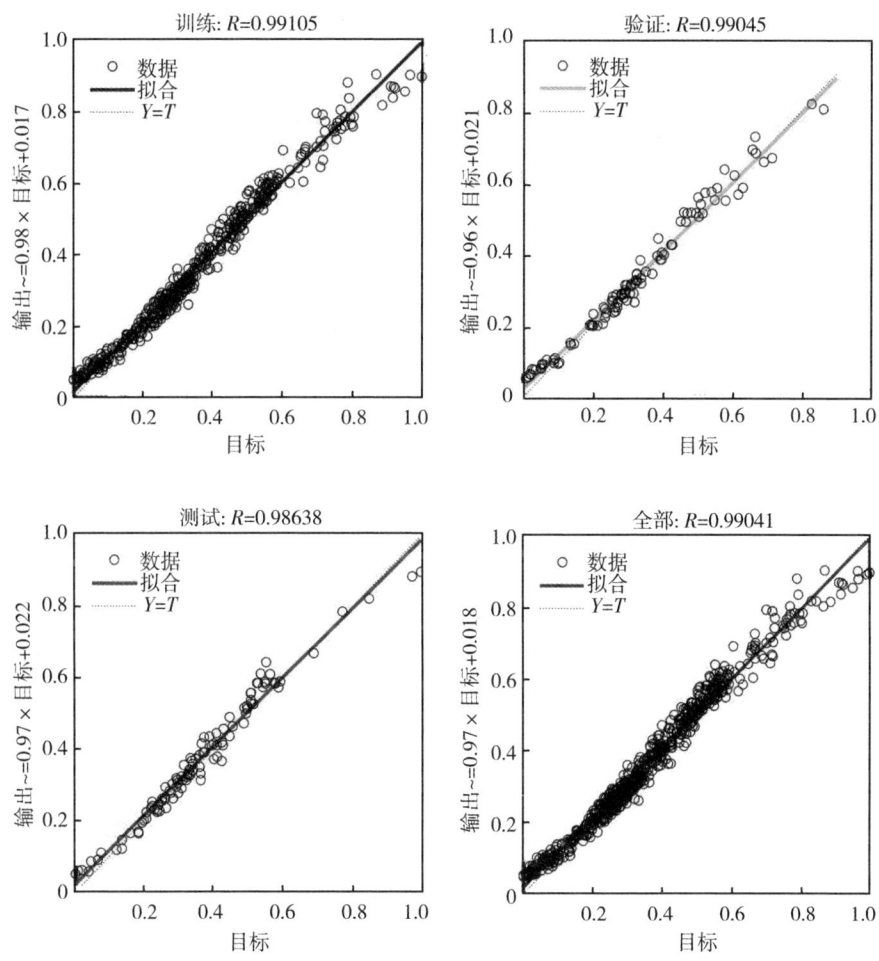

图 4.3　BP 预测回归曲线

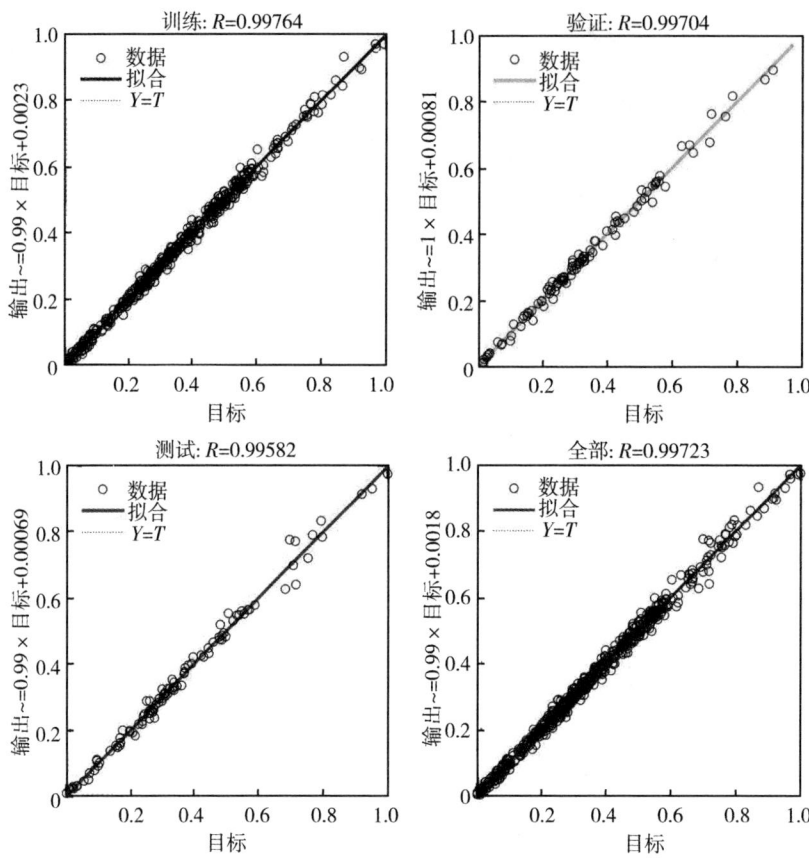

图 4.4　PSO-BP 预测回归曲线

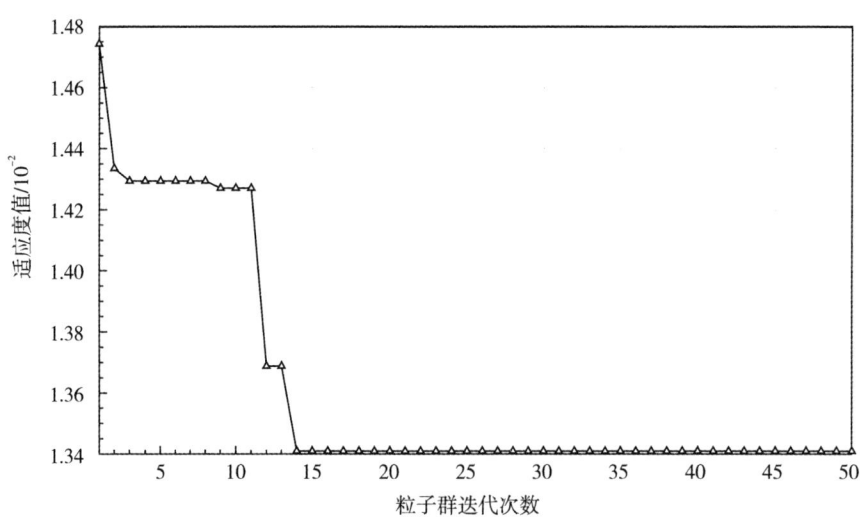

图 4.5　适应度函数曲线

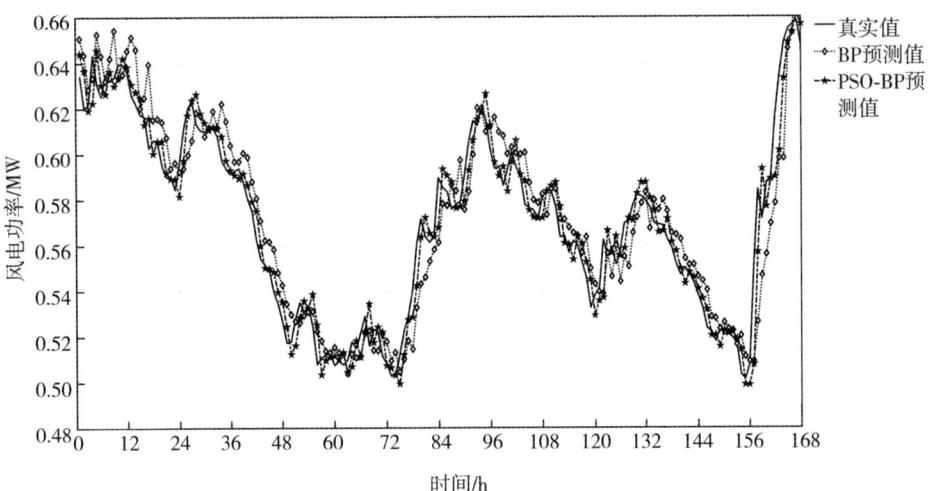

图 4.6 功率预测曲线

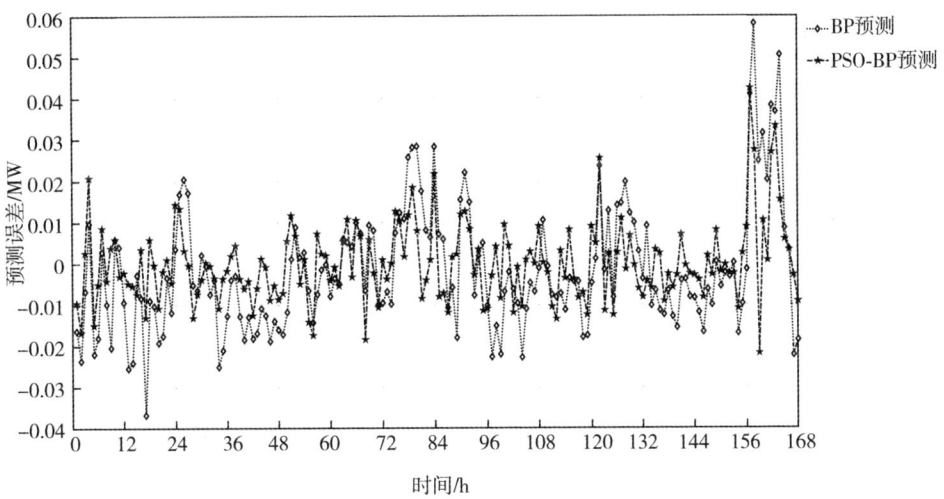

图 4.7 功率预测误差曲线

综合图 4.3 和图 4.4 可知,PSO-BP 预测模型的测试样本值拟合较好,几乎都落在拟合线上;由图 4.5 可知,当优化算法迭代到 14 次时达到优化误差要求,优化速度较 GA 快;由图 4.6 可知,在整个时域中风电功率波动较大,BP 预测模型能够大致跟随风电功率真实值的变化趋势,相较于 BP 而言,PSO-BP 预测模型的预测效果更佳,其能较好地拟合真实值;由图 4.7 可知,PSO-BP 预测模型预测误差较小,在整个时域中最大预测误差仅 0.042 MW,而 BP 预测误差最大可达 0.06 MW。图 4.3 至图 4.7 仅能定性地判定 PSO-BP 预测模型的预测效果最佳,定量判断的结果如表 4.2 所列,由于本书篇幅所限,此处仅展示一天 24 h 的预测结果,从表 4.2 中可知,PSO-BP 预测模型在每个时间节点上预测误差都比 BP 预测误差小,其中本章采用的 PSO-BP 预测模型比传统 BP 预测精准度提升约 59.44%。

表 4.2 实验预测结果

时间序列/h	实际值/MW	BP 预测值/MW	PSO-BP 预测值/MW	BP 预测误差/MW	PSO-BP 预测误差/MW	预测精准度提升率/%
1	0.6254	0.6434	0.6305	−0.0180	−0.0051	71.67
2	0.6352	0.6266	0.6323	0.0086	0.0029	66.28
3	0.6322	0.6421	0.6364	−0.0099	−0.0042	57.58
4	0.6339	0.6544	0.6301	−0.0204	0.0038	81.37
5	0.6397	0.6338	0.6336	0.0059	0.0057	3.39
6	0.6391	0.6350	0.6422	0.0041	−0.0031	24.39
7	0.6362	0.6455	0.6384	−0.0094	−0.0023	75.53
8	0.6220	0.6461	0.6275	−0.0240	−0.0054	77.50
9	0.6063	0.6152	0.6004	−0.0090	0.0059	34.44
10	0.6056	0.6159	0.6059	−0.0103	−0.0004	96.12
11	0.5951	0.6142	0.6059	−0.0192	−0.0108	43.75
12	0.5900	0.6075	0.5919	−0.0175	−0.0020	88.57
13	0.5903	0.5938	0.5893	−0.0035	0.0010	71.43
14	0.5845	0.5963	0.5892	−0.0118	−0.0047	60.17
15	0.5960	0.5816	0.5924	0.0144	0.0036	75.00
16	0.6107	0.5938	0.5973	0.0169	0.0134	20.71
17	0.6204	0.5998	0.6172	0.0206	0.0032	84.47

表4.2(续)

时间序列/h	实际值/MW	BP 预测值/MW	PSO-BP 预测值/MW	BP 预测误差/MW	PSO-BP 预测误差/MW	预测精准度提升率/%
18	0.6234	0.6062	0.6238	0.0172	−0.0004	97.67
19	0.6133	0.6264	0.6184	−0.0132	−0.0052	60.61
20	0.6106	0.6181	0.6172	−0.0074	−0.0065	12.16
21	0.5928	0.5968	0.5909	−0.0040	0.0019	52.50
22	0.5939	0.5894	0.5969	0.0045	−0.0030	33.33
23	0.5879	0.6006	0.5916	−0.0127	−0.0037	70.87
24	0.5804	0.5989	0.5865	−0.0185	−0.0061	67.03

关于预测效率的评价指标，不同文献均有列举，而对于传统的神经网络算法来说，它们均采用式(4.8)中的平均百分比误差 e_{MAPE}，进而在本章的研究中，将选取均方根误差 Z、准确率 r、合格率 W 及相对熵值 E 这四个指标开展算法定量评估工作，过程如下：

$$e_{\text{MAPE}} = \frac{1}{N} \left| \frac{O(k) - T(k)}{O(k)} \right| \times 100\% \tag{4.8}$$

$$Z = \sqrt{\frac{\sum_{k=1}^{240}(T_{1k} - T_{Ok})^2}{240}} \tag{4.9}$$

$$r = \left[1 - \sqrt{\frac{1}{N}\sum_{k=1}^{N}\left(\frac{T_{1k} - T_{Ok}}{T_{OP}}\right)^2}\right] \times 100\% \tag{4.10}$$

$$\begin{cases} W = \dfrac{1}{N}\sum_{k=1}^{N} F_k \times 100\% \\ F_k = \begin{cases} 1, & 1 - \sqrt{\left(\dfrac{T_{1k} - T_{Ok}}{T_{OP}}\right)^2} \geq 0.7 \\ 0, & 1 - \sqrt{\left(\dfrac{T_{1k} - T_{Ok}}{T_{OP}}\right)^2} < 0.7 \end{cases} \end{cases} \tag{4.11}$$

$$E = \sum_{k=1}^{N} \left\{ T(k) \ln \frac{T(k)}{O(k)} + [1-T(k)] \ln \frac{1-T(k)}{1-O(k)} \right\} \quad (4.12)$$

上式中，　k——时间序列，共计 240 个时间点；

T_{1k}——第 k 个时间点的预测值；

T_{Ok}——第 k 个时间点的实测值；

T_{OP}——240 个实测值的平均值；

N——测试样本个数；

$T(k)$，$O(k)$——预测值和真实值；

E——$T(k)$ 和 $O(k)$ 之间"贴近"的程度(距离)。

各预测方法的评价指标如表 4.3 所列。

表 4.3　各预测方法的评价指标

算法类型	e_{MAPE}/%	Z	r/%	W/%	$E/10^{-4}$
BP	5.1359	0.0729	92.1356	93.6937	3.3391
GA-BP	1.2115	0.0094	98.4122	99.0991	0.9757
PSO-BP	1.0217	0.0045	99.4431	99.1067	0.2630

由上述各图表中所呈现的预测结果进行分析能够明显看出，相较于未经优化的情况，借助 PSO 算法优化的 BP 神经网络模型与历史数据契合度更高，预测结果更精准，且模型的收敛速度更快（PSO-BP 预测模型在迭代 14 代就几乎完全收敛，而 GA-BP 预测模型则不然）。仔细对比观察表 4.3 中三种算法平均百分比误差、均方根误差、准确率、合格率及熵值这几个关键指标的数据表现，可以清晰发现：借助 PSO 算法优化的 BP 神经网络模型展现出卓越的预测性能优势。其平均百分比误差低至 1.0217%，相比于单一的 BP 算法和 GA-BP 算法分别大幅降低了 4.1142% 和 0.1898%；均方根误差方法也低至 0.0045，也比其他算法低了很多；准确率高达 99.4431%，与 BP 算法相比足足提高了 7.3075%；在合格率指标上高达 99.1067%，与 BP 算法相比提高了 5.4130%；此外熵值仅有 0.2630×10^{-4}。综上所述，通过各项指标的对比分析，有力地证明了 PSO-BP 预测模型在性能上全面优于传统的 BP 神经网络模型以及 GA-BP 预测模型。

4.5 结论

由于风电功率受自然因素影响众多,数学模型难以精确表达,而风电功率预测模型性能的好坏以及准确性对于电力系统运行的稳定性至关重要,且传统单一的神经网络模型在风电功率预测上的缺点众多。本章的研究结果总结如下:

①本章在深度剖析了BP神经网络在处理复杂系统时存在固有缺陷(预测误差大)的基础之上,秉持多算法融合的理念,提出了一种PSO-BP组合预测模型。

②为了充分体现PSO-BP组合预测模型性能的优越性,将该组合预测模型的预测结果与其他两种预测模型(BP和GA-BP)的预测结果进行对比。

③通过五种评价指标的评价分析,综合结果表明,PSO-BP预测模型的预测精度更高,收敛速度更快,泛化能力更强,具有一定的实际应用价值。

第5章 数据深度挖掘驱动下多模型融合的短期光伏功率预测

◆ 5.1 概述

在国家政策的强力扶持下,新能源行业呈蓬勃发展之势,这得益于其储量丰富、发电环保且经济的特性[56-57]。但是光伏发电受气象环境及其他诸多因素干扰明显,所衍生的随动性和间歇性,严重影响电力系统的安全性,威胁其稳定运行[58]。已有研究数据显示,若光伏发电量在电力系统总发电量占比超15%后,则光伏发电的随动性将会诱发电力系统崩溃[59]。因此,精准预测光伏发电量对大容量光伏能源的消纳以及整个电网的精准调度而言,意义非凡[60]。

近年来,针对影响光伏发电精度的关键因子,研究者们给出了诸多方法。常见的数据分析方法包括自相关函数法(auto correlation function,ACF)、最大互信息系数法(maximal information coefficient,MIC)、经验小波变换技术(empirical wavelet transform,EWT)以及稀疏主成分分析方法(sparse principal component analysis,SPCA)等,将这些多种分析方法巧妙结合形成的数据挖掘方法,具备强大的数据特征提取能力,成为当前研究的热门内容。在相关研究中,文献[61]采用 ACF 和 MIC 来分析输出特征中预测值与历史值二者之间的相关性,提取高相关度值作为输入特征,来对负荷进行短期预测,实验结果也证实了该方法对于提高预测精度是有效的。文献[62]把皮尔逊相关系数法(Pearson correlation coefficient,PCC)与 SKPCA 结合起来,用以提取对风电预测精度产生影响的关键因子,经实验验证,该方法有效提升了输入特征数据的质量。文献[63]采用 PCC 与 EWT 结合,对负荷数据展开分析,一方面减少了模态分量个数,降低了后续组合预测模型的运算规模;另一方面,对不同频率的模态分量采用不同预测模型,在一定程度上消减了算法的时间复杂度。文献[64]将PCC、经验模态分解法(empirical mode decomposition,EMD)和主成分分析法

(principal component analysis,PCA)相互融合,对输入气象特征实施特征提取,并通过构建相应的预测模型展开案例分析,最终结果显示,与传统光伏功率预测方法相比,该方法展现出了更高的精确度。

为实现光伏发电预测精度的进一步提升,在充分参考上述研究的基础上,本章开展了如下研究:

①构建一种综合性的数据深度挖掘方法,具体而言,就是将ACF、MIC、EWT、SPCA等数据分析技术有机融合,对原始数据集中特征之间的关联性进行全方位、深层次分析,以提取高质量输入特征。

②采用灰狼优化算法(grey wolf optimizer,GWO)与最小二乘支持向量机(least squares support vector machine,LSSVM)相融合的策略去构建GWO-LSSVM混合预测模型,借助优化算法GWO卓越的寻优能力对预测模型LSSVM中关键参数进行智能优化,以降低参数经验设置所带来的随机性。

③采用实际光伏发电场的实测数据进行研究工作,通过设置的多种针对性对比实验,严谨细致地分析不同条件下模型的性能表现,实验结果表明,该方法不仅能显著提升模型预测的精度,还展现出减少模型运行时间等方面的优越性。

◆ 5.2 算法原理

前文指出,光伏发电功率既容易受到高维非线性的气象因子(如组件温度、太阳辐射量、环境温度等)的影响,又因其是时序量,故与历史光伏发电量存在高相关度关系。研究结果发现,将历史光伏发电功率提取出来作为数据集的输入特征,与高相关度的气象因子共同组成最终输入特征,虽然能够全面地提取出影响光伏发电的高相关度因子,从而在一定程度上提升模型的预测精度,但是随着特征维度增加,网络极易诱发过拟合,致使系统辨识度降低。因此本章首先针对光伏功率预测需求,采用SPCA对高维输入特征进行有效降维,从而实现数据有效的深度挖掘,从而实现数据的深度挖掘。

5.2.1 自相关函数法

ACF能刻画时间序列里当前值与历史值二者之间的关联程度[61],也就是可用于探寻某一特征在同一时间序列中,当前时刻值与过往历史时刻值的相似情况，具体计算如式(5.1)所列。借助 ACF，本章得以获取具有高相关度的历史光伏功率特征。

$$\gamma_k = \frac{\sum_{t=1}^{n}(Y_t - \bar{Y})(Y_{t-k} - \bar{Y})}{\sum_{t=1}^{n}(Y_t - \bar{Y})^2} \tag{5.1}$$

式中，k，γ_k——滞后的阶数和滞后 k 阶的 ACF 值；

Y_t，Y_{t-k}——t 时刻和 $t-k$ 时刻的负载率；

$\bar{Y}$——所有负载率的平均值。

5.2.2 最大互信息系数

MIC 是一项可在海量数据中深度挖掘各变量间相关性的评价指标，在特征筛选流程中归为过滤法范畴[61]。其原理是利用不同区间划分下的最大规范信息，深挖输入特征与输出特征二者的相关性，具体计算如式(5.2)所列。本章凭借 MIC 能够精准衡量特征序列与光伏序列的关联程度。

$$\begin{cases} \text{MIC}(X, Y) = \max_{a \cdot b < B} \frac{I(X; Y)}{\log_2 \min(a, b)} \\ I(X; Y) = \sum_{y \in Y} \sum_{x \in X} p(x, y) \log_2 \frac{p(x, y)}{p(x) \cdot p(y)} \end{cases} \tag{5.2}$$

式中，$\text{MIC}(X, Y)$——特征 X 和 Y 的 MIC 值；

$p(x)$，$p(y)$——特征 X、Y 的边缘概率分布函数；

$p(x, y)$——特征 X、Y 的联合概率分布函数；

a，b——在二维空间中 x、y 方向上划分格子的个数；

B——常量，一般约为数据量的 0.6 次方。

5.2.3 经验小波变换技术

EWT 属于自适应信号分解方法，依托于小波变换理论架构构建而成。此方法先是运用适宜的正交小波滤波器，对信号的傅里叶谱予以自适应拆解，随后针对通过分解得到的不同模态分量值展开处理,进而获取对应的瞬时分量值[63]。该方法能有效规避经验模态分解法中出现模态混叠的问题。本章借助 EWT 能够获取对光伏发电功率影响更细致的因素。若把 EWT 分解模式视作由 1 个低通滤波器和(H-1)个带通滤波器组成的滤波器组,则具体实现步骤如下:

①将输入信号进行傅里叶变换,具体变换如式(5.3)所列:

$$X(\mathrm{j}\omega) = \sum_{n=-\infty}^{n=+\infty} x(n) \mathrm{e}^{-\mathrm{j}\omega n} \tag{5.3}$$

式中,ω——频率;

$X(\mathrm{j}\omega)$——经傅里叶变换之后的输入信号。

②构造 EWT 和经验尺度函数:

$$\psi_i(\omega) = \begin{cases} \sin\left(\dfrac{\pi}{2}\beta(\gamma, \omega, \Delta_i)\right), & (1-\gamma)\Delta_i \leqslant |\omega| \leqslant (1+\lambda)\Delta_i \\ 1, & (1+\gamma)\Delta_i \leqslant |\omega| \leqslant (1-\lambda)\Delta_{i+1} \\ \cos\left(\dfrac{\pi}{2}\beta(\gamma, \omega, \Delta_{i+1})\right), & (1-\gamma)\Delta_{i+1} \leqslant |\omega| \leqslant (1+\lambda)\Delta_{i+1} \\ 0, & \text{otherwise} \end{cases} \tag{5.4}$$

$$\phi_1(\omega) = \begin{cases} 1, & |\omega| < (1-\lambda)\Delta_1 \\ \cos\left(\dfrac{\pi}{2}\beta(\gamma, \omega, \Delta_1)\right), & (1-\gamma)\Delta_1 \leqslant |\omega| \leqslant (1+\lambda)\Delta_1 \\ 0, & \text{otherwise} \end{cases} \tag{5.5}$$

$$\beta(\gamma, \omega, \Delta_i) = \beta\left(\dfrac{1}{2\gamma\Delta_i}|\omega| - (1-\gamma)\Delta_i\right) \tag{5.6}$$

式中,γ——常量系数;

Δ——滤波带宽。

③依托②生成滤波器边界值,具体如式(5.7)所列:

$$\begin{cases} X_1(j\omega) = \langle X(j\omega), \phi_1(\omega) \rangle \\ X_h(j\omega) = \langle X(j\omega), \psi_h(\omega) \rangle \end{cases} \tag{5.7}$$

④得到的低通滤波器和带通滤波器输出结果分别是 $x_1(n)$、$x_i(n)$，具体如式(5.8)所列：

$$\begin{cases} x_1(n) = \dfrac{1}{2\pi} \int_{2\pi} X_1(j\omega) e^{j\omega n} d\omega \\ x_i(n) = \dfrac{1}{2\pi} \int_{2\pi} X_i(j\omega) e^{j\omega n} d\omega \end{cases} \tag{5.8}$$

5.2.4 稀疏主成分分析法

SPCA 是一种在主成分分析基础上发展而来，侧重于特征提取和特征降维的方法，它先把原始数据线性映射到高维空间，之后从中探寻最稀疏的主成分，以此方式来实现降低特征维度的目标[65-66]。本章基于 SPCA 能够获取相关性更强、维度更少的影响光伏发电功率的因子。其实现降维的具体过程如下：

①初始化 A，使 $A = V[\,,1:k]$，其中 V 是 PCA 技术分解得到的载荷矩阵。
②固定 A，则 $A = [\alpha_1, \alpha_2, \cdots, \alpha_k]$，并求解下列优化问题：

$$\hat{\beta}_j = \underset{\beta}{\mathrm{argmin}}\,(\alpha_j - \beta)^\mathrm{T} X^\mathrm{T} X (\alpha_j - \beta) + \lambda \parallel \beta \parallel^2 + \lambda_{1,j} \parallel \beta \parallel_1 \tag{5.9}$$

③固定 B，则 $B = [\hat{\beta}_1, \hat{\beta}_2, \cdots, \hat{\beta}_k]$，计算 $X^\mathrm{T} XB = UDV^\mathrm{T}$，并更新 $A = UV^\mathrm{T}$。
④重复②和③，直到收敛。
⑤单位化 $\hat{V}_j = \dfrac{\beta_j}{\parallel \beta_j \parallel}$，$j = 1, 2, \cdots, k$。

5.2.5 数据深度挖掘流程

要实现特征数据的深度挖掘，可以通过各种算法有机融合来实现。具体实现流程如图 5.1 所示，主要实现步骤如下：

①收集得到原始光伏序列数据集。

②采用ACF对历史光伏数据进行分析,提取ACF系数大于0.85的光伏数据,以此构成初级输入特征。

③采用MIC对输入特征(由气象特征和光伏特征组成)和光伏输出特征进行互相性分析,提取MIC系数大于0.90的特征作为中级输入特征。

④采用EWT对初级输入特征进行分解,得到多维候选输入特征。

⑤采用SPCA对多维候选输入特征进行降维处理,得到终级输入特征。

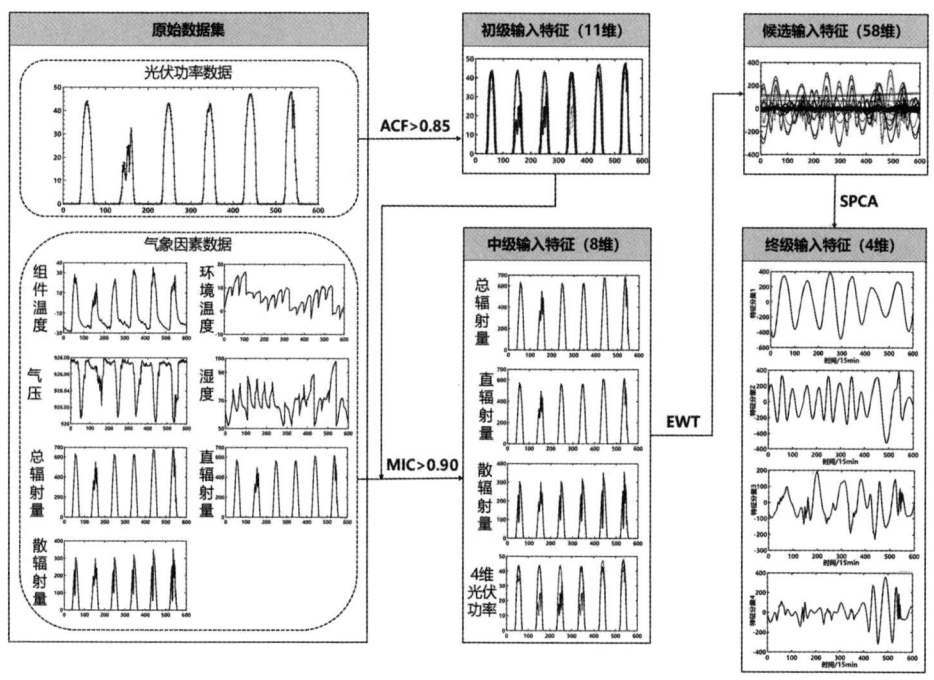

图5.1 ACF-MIC-EWT-SPCA的数据深度挖掘实现流程图

5.3 算法实现

在前文获取低维输入特征并结合光伏序列数据构造数据集的前提下,可运用LSSVM预测模型开展光伏发电功率的预测工作,但LSSVM预测模型的核心学习参数通常凭经验设定,这种方式随机性较强,对提高模型的预测精度形成阻碍。因此本章引入GWO算法来对LSSVM预测模型的核心参数进行优化,借此加快模型的学习速率、增强学习精度。

5.3.1 最小二乘支持向量机

LSSVM 是源于 SVM 的改进方法,它把 SVM 中原本的不等式约束条件转换成等式约束形式,后续借助求解线性方程组来实现获取最终解[67]。经过这一改进,在一定程度上消减了问题求解的难度,同时加快了求解的速度。具体实现步骤如下:

①构造目标函数和约束条件,具体如式(5.10)所列:

$$\begin{cases} \min_{\omega,b,\eta} \frac{1}{2} W^T \omega + \frac{c}{2} \sum_{i=1}^{N} \eta_i^2, i = 1,2,3,\cdots,n \\ \text{s.t.} \quad y_i = W^T \phi(x_i) + b + \eta_i, i = 1,2,3,\cdots,n \end{cases} \quad (5.10)$$

式中, c,W——惩罚因子和权值系数;

η_i——松弛变量;

$b,\phi(x_i),y_i$——分类函数、映射函数及样本集输出结果。

②引入拉格朗日函数,具体如式(5.11)所列:

$$L(W,b,\eta,\alpha) = \min_{\omega,b,\eta} \frac{1}{2} W^T W + \frac{c}{2} \sum_{i=1}^{N} \eta_i^2 - \sum_{i=1}^{N} a_i [W^T \phi(x_i) + b + \eta_i - y_i]$$

$$(5.11)$$

式中, a_i——拉格朗日乘子。

③对式(5.11)求偏导,得到式(5.12):

$$\begin{cases} \frac{\partial L}{\partial \omega} = 0, \omega = \sum_{i=1}^{N} \alpha_i \phi(x_i) \\ \frac{\partial L}{\partial b} = 0, \sum_{i=1}^{N} \alpha_i = 0 \\ \frac{\partial L}{\partial \eta_i} = 0, \alpha_i = c\eta_i \\ \frac{\partial L}{\partial \alpha_i} = 0, W^T \phi(x_i) + b + \eta_i - y_i = 0 \end{cases} \quad (5.12)$$

式中,∂——偏导。

④根据 Karush-Kuhn-Tucker 最优化条件,将式(5.12)转化为求解线性方程,如式(5.13)所列:

$$\begin{bmatrix} 0 & 1 & \cdots & 1 \\ 1 & u(x,x_i)+\dfrac{1}{c} & \cdots & u(x,x_i) \\ \vdots & \vdots & & \vdots \\ 1 & u(x,x_i) & \cdots & u(x,x_i)+\dfrac{1}{c} \end{bmatrix} \begin{bmatrix} b \\ a_i \\ \vdots \\ a_N \end{bmatrix} = \begin{bmatrix} 0 \\ y_i \\ \vdots \\ y_N \end{bmatrix} \quad (5.13)$$

式中,u——核函数。

得到 LSSVM 回归函数,如式(5.14)所列:

$$f(x) = \sum_{i=1}^{N} a_i J(x, x_i) + b \quad (5.14)$$

式中,x——训练样本。

本章运用到 RBF 高斯核函数,如式(5.15)所列:

$$k_i(x_i, x_j) = \exp\left(-\frac{\|x_i - x_j\|^2}{2\sigma^2}\right) \quad (5.15)$$

式中,σ——带宽。

5.3.2 灰狼优化算法

GWO 是一类基于灰狼捕食行为的群体智能优化算法,其具有寻优速率高、寻优精度准且易于实现等优势[68]。该算法依据灰狼的社会层级和觅食策略,把解的层级(最优解、次优解、次次优解、候选解)对应为狼群层级(α 狼、β 狼、δ 狼、ω 狼),借由效仿狼群包围、攻击的觅食手段来搜索全局最优解[69]。具体实现步骤如下:

①初始化。随机生成狼群的位置,以作为解空间中的初始解。

②社会等级评定。依据捕食者的适应度函数值大小,依次确定每只灰狼的社会等级(α狼、β狼、δ狼、ω狼)。

③包围猎物。狼群在围捕猎物的过程中,其位置更新公式如式(5.16)所列:

$$\begin{cases} D = C \cdot X_P(t) - X(t) \\ X(t+1) = X_P(t) - A \cdot D \\ A = 2a \cdot r_1 - a \\ C = 2r_2 \\ a = 2 - 2\left(\dfrac{t}{t_{\max}}\right) \end{cases} \quad (5.16)$$

式中,D——狼群与猎物之间的距离;

X,X_P——灰狼和猎物的位置;

A,C——系数向量;

a,r——收敛因子和随机数;

t——当前迭代次数。

④攻击猎物。狼群在攻击猎物的过程中,其位置更新公式如式(5.17)所列:

$$\begin{cases} D_\alpha = |C_1 X_\alpha(t) - X(t)| \\ D_\beta = |C_2 X_\beta(t) - X(t)| \\ D_\delta = |C_3 X_\delta(t) - X(t)| \\ X_1 = X_\alpha(t) - A_1 D_\alpha \\ X_2 = X_\beta(t) - A_2 D_\beta \\ X_3 = X_\delta(t) - A_3 D_\delta \\ X(t+1) = \dfrac{X_1 + X_2 + X_3}{3} \end{cases} \quad (5.17)$$

式中,$D_\alpha,D_\beta,D_\delta$——狼群中的个体到$\alpha$狼、$\beta$狼、$\delta$狼之间的距离;

X_1,X_2,X_3——狼群中的 ω 狼向 α 狼、β 狼、δ 狼前进的距离。

5.3.3 短期光伏功率预测步骤

在前文理论基础上,本章将采用寻优能力出色的 GWO 算法,优化 LSSVM 预测模型的核心学习参数,助力提升模型预测精准度。具体实现流程如图 5.2 所示,主要实现步骤如下:

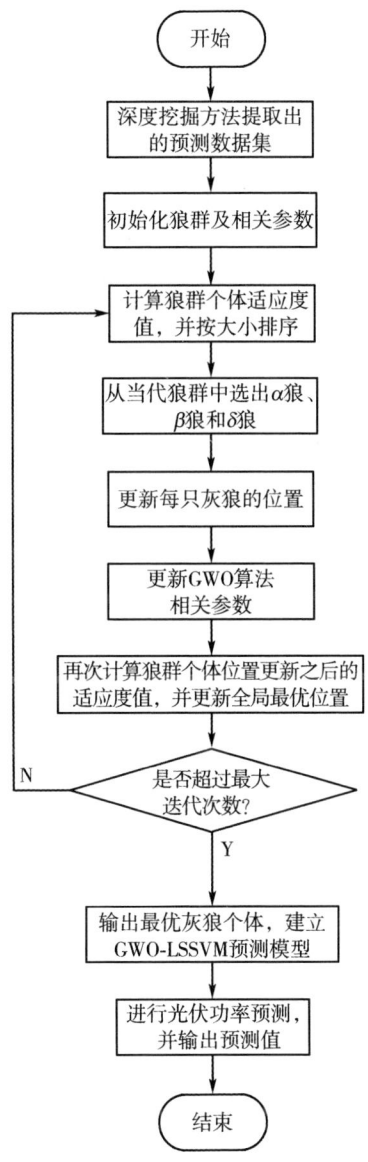

图 5.2 GWO-LSSVM 预测模型实现流程图

①基于前期 ACF-MIC-EWT-SPCA 方法构造的预测数据集,并按照 8∶2 的比例划分训练集和测试集。

②GWO 算法参数初始化,将种群设置为 10,最大迭代次数设置为 100。

③计算种群所有个体的适应度值,并按大小进行排列,依次选出 α 狼、β 狼、δ 狼。

④依据式(5.16)和式(5.17)更新狼群中所有个体的位置,再次计算适应度值。

⑤迭代终止条件的判别,若满足,则将 α 狼作为最优位置输出(最优核心学习参数 c 和 σ);否则,返回③。

⑥将最优核心学习参数赋予 LSSVM 预测模型,进行光伏功率预测。

5.4 算例分析

5.4.1 数据来源及评价指标

为了验证本书所提出的预测模型的性能指数,采用实际数据集展开实验测试分析。数据取自新疆某地光伏风电厂的实际观测统计结果,共计 8 维,涵盖 7 组气象因子和 1 组光伏功率,其中 7 组气象因子为组件温度、环境温度、气压、相对湿度、总辐射量、直辐射量、散辐射量。实验装置每间隔 15 min 采集一次数据。因此本章将基于以上数据开展光伏功率预测研究。

为了客观评价每种预测模型的预测性能,本章选用平均绝对误差(mean absolute error, MAE)、均方根误差(root mean square error, RMSE)和决定系数(R-square, R^2),计算公式分别如下:

$$E_{MAE} = \frac{1}{n} \sum_{i=1}^{n} |\hat{y}_i - y_i| \quad (5.18)$$

$$E_{RMSE} = \sqrt{\frac{\sum_{i=1}^{n}(\hat{y}_i - y_i)^2}{n}} \quad (5.19)$$

$$R^2 = 1 - \frac{\sum_{i=1}^{n}(\hat{y}_i - y_i)^2}{\sum_{i=1}^{n}(\bar{y}_i - y_i)^2} \tag{5.20}$$

式中, y_i, $\hat{y}_i$, $\bar{y}_i$——光伏输出功率的真实值、预测值和平均值;

n——测试样本集中的样本数。

5.4.2 数据深度挖掘实验及分析

依据前文对有关数据深度挖掘的理论剖析和原始数据集,合理设置相关参数开展实验,所得 ACF、MIC、EWT、SPCA 的实验结果如图 5.3 至图 5.7 所示。经筛选确定的初级输入特征和中级输入特征详情如表 5.1 和表 5.2 所列。

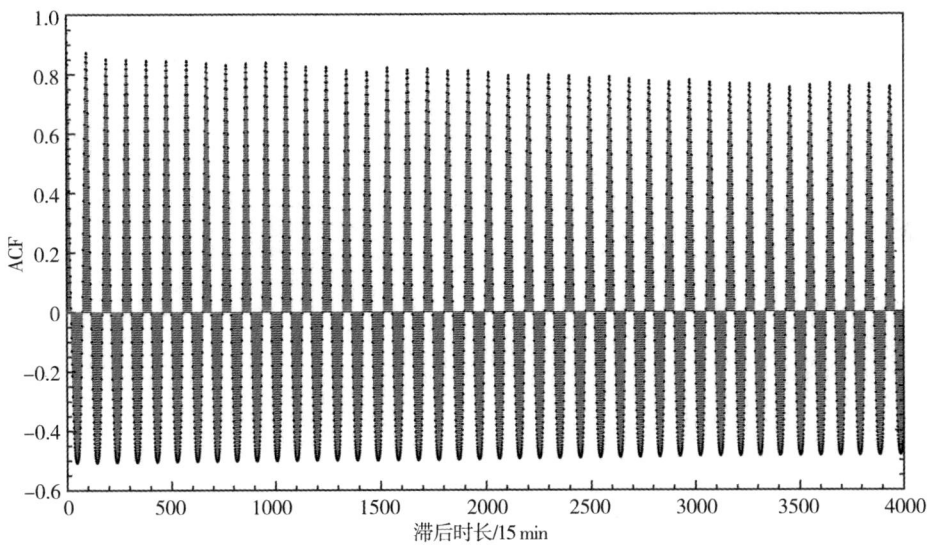

图 5.3 ACF 实验结果图

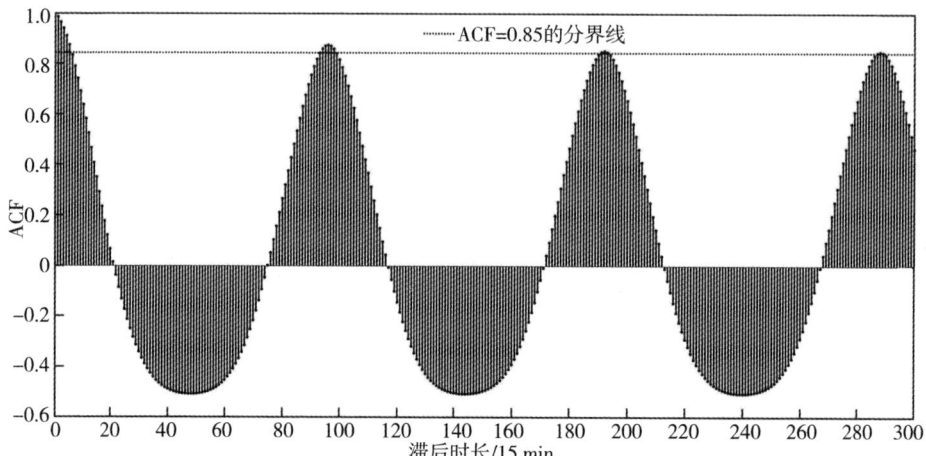

图 5.4 ACF 实验结果局部放大图

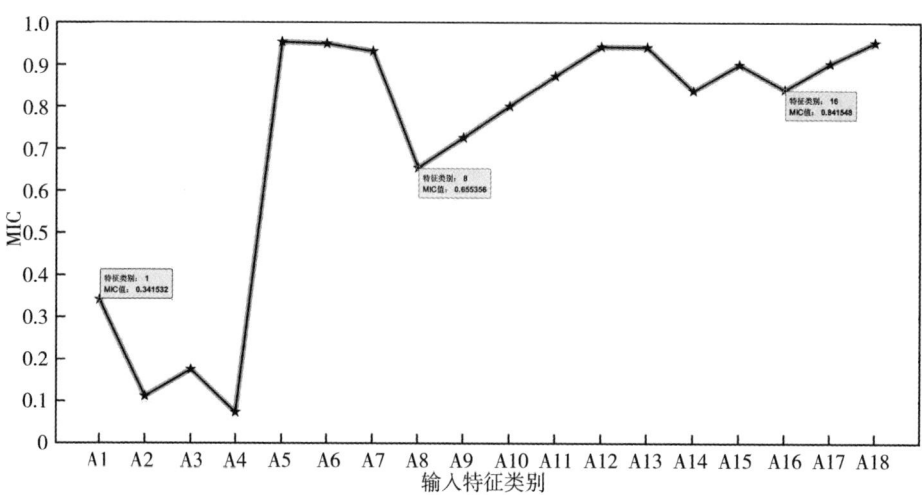

图 5.5 MIC 实验结果图

第 5 章 数据深度挖掘驱动下多模型融合的短期光伏功率预测

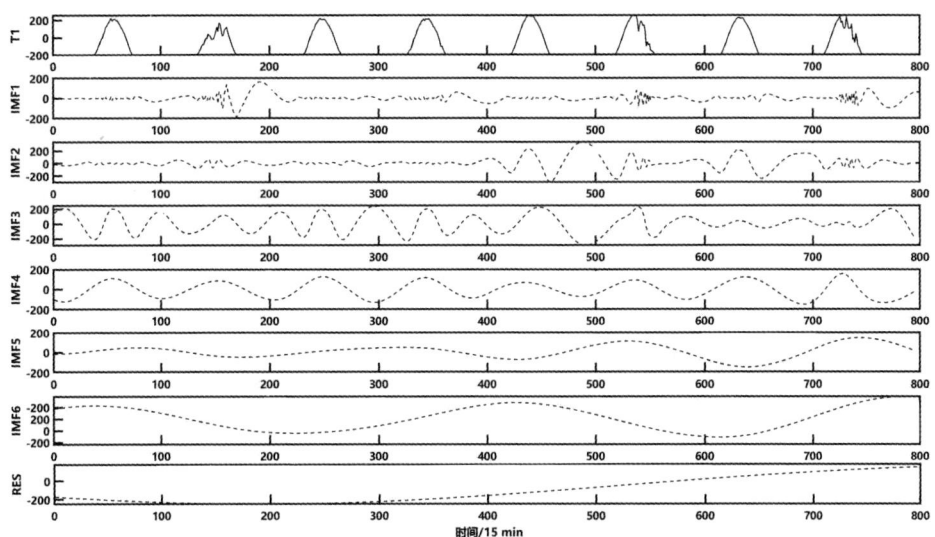

(a) T1 分解结果

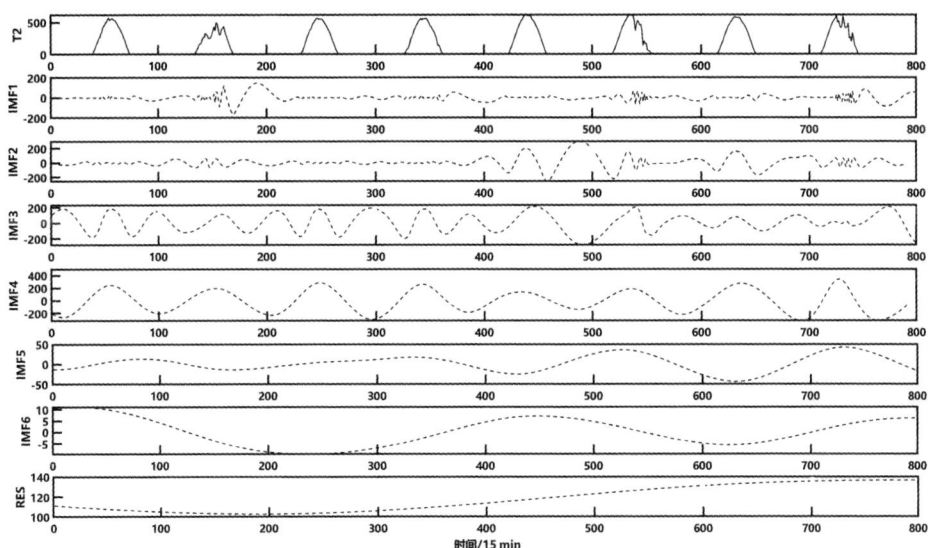

(b) T2 分解结果

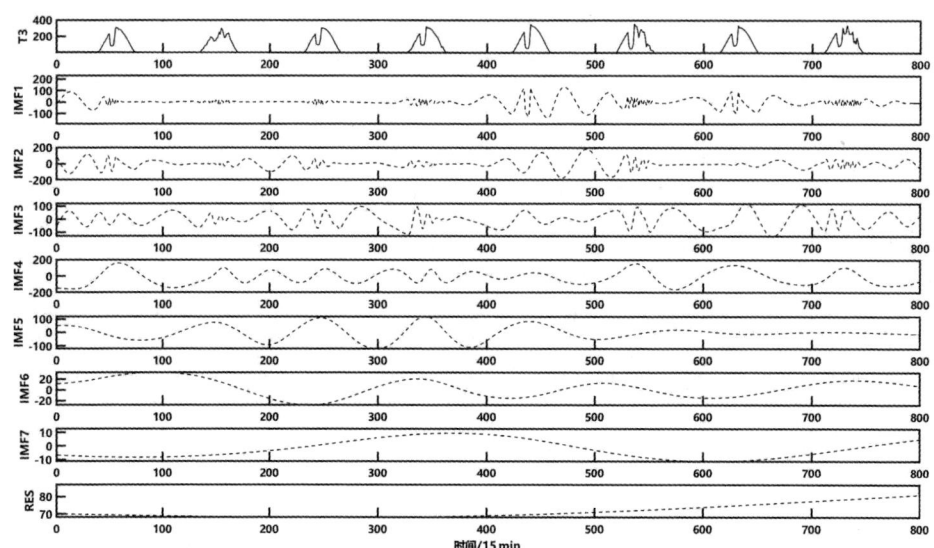

(c) T3 分解结果

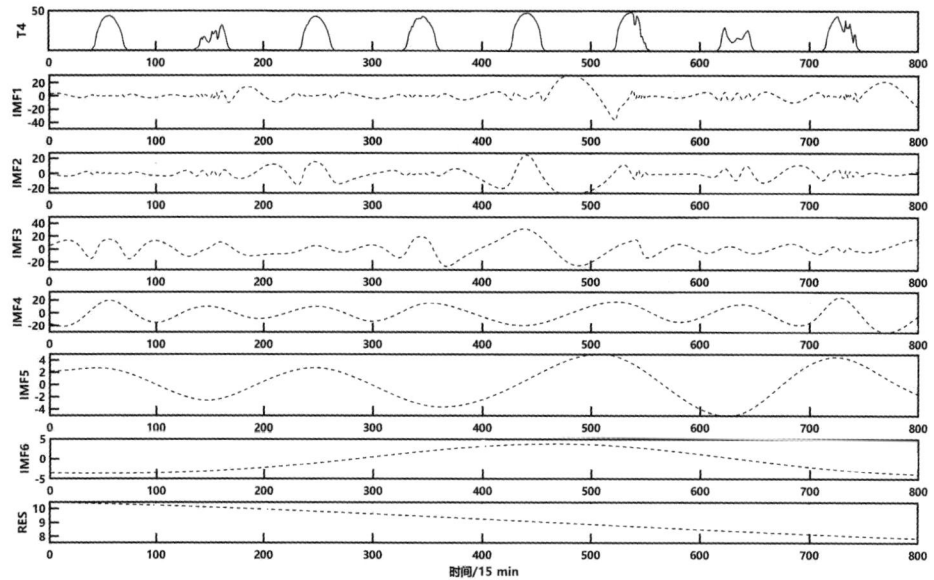

(d) T4 分解结果

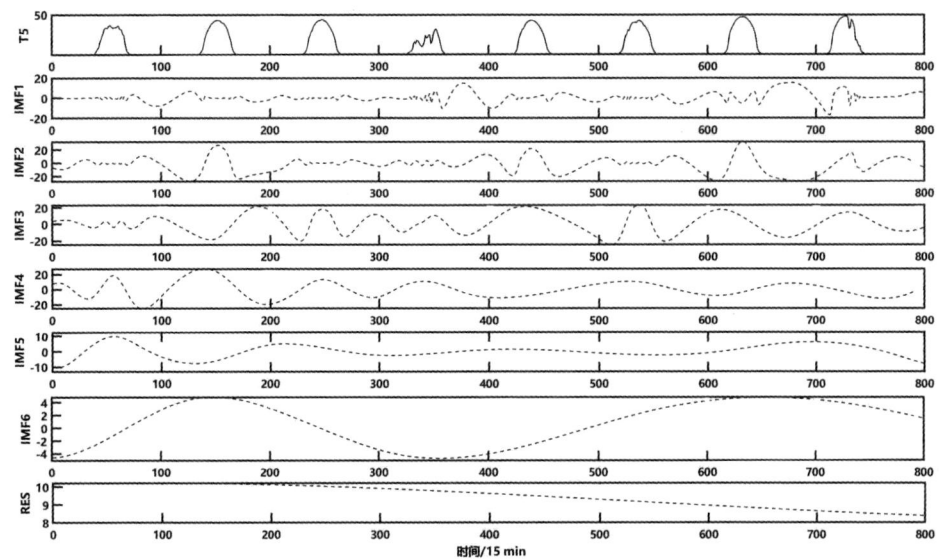

(e) T5 分解结果

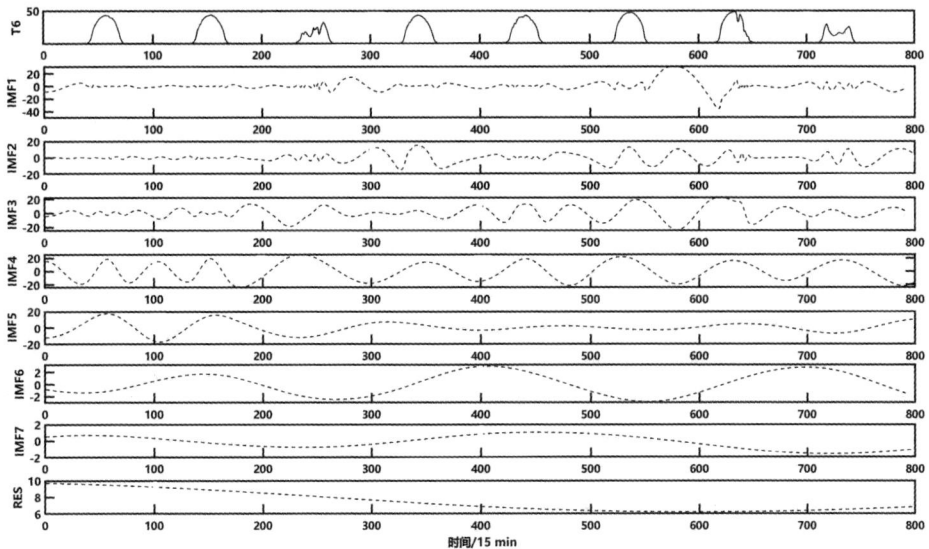

(f) T6 分解结果

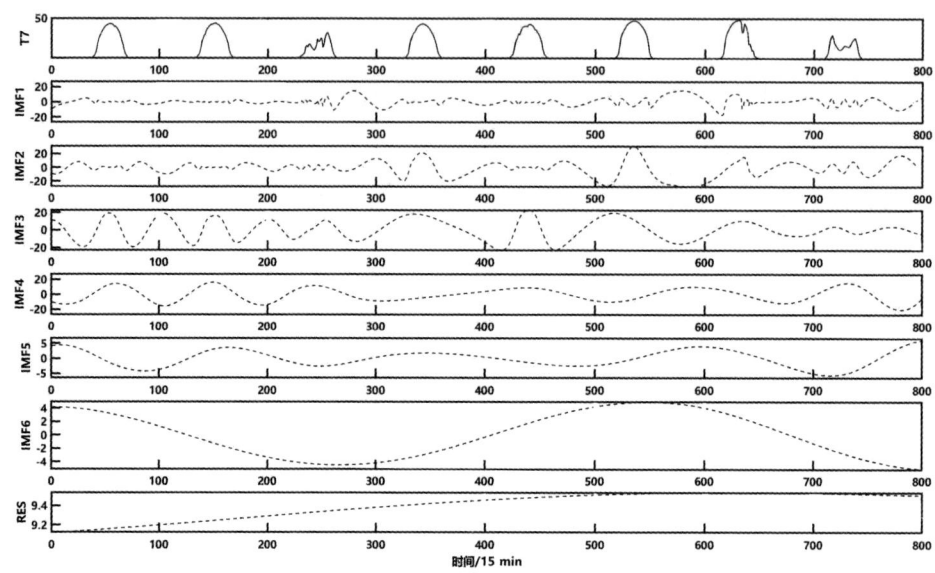

(g)T7 分解结果

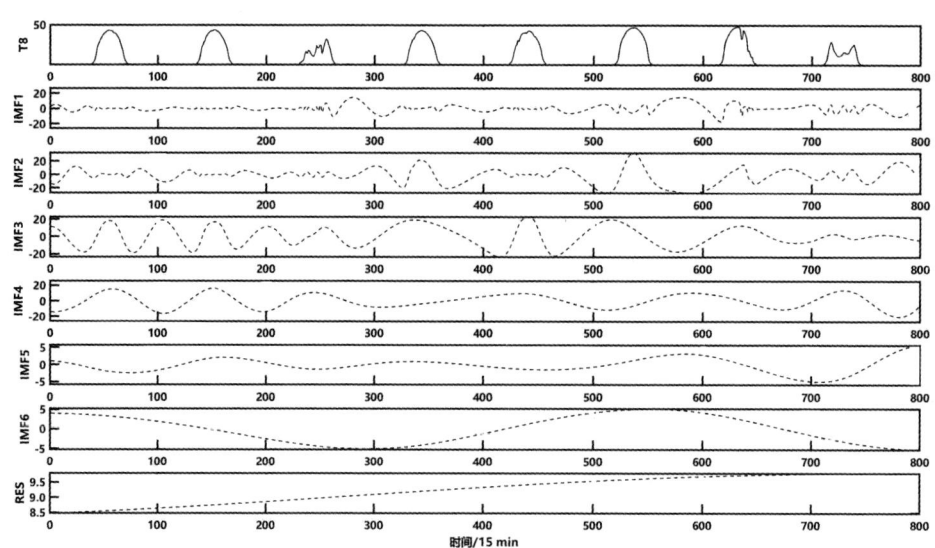

(h)T8 分解结果

图 5.6　EWT 实验结果图

第 5 章 数据深度挖掘驱动下多模型融合的短期光伏功率预测

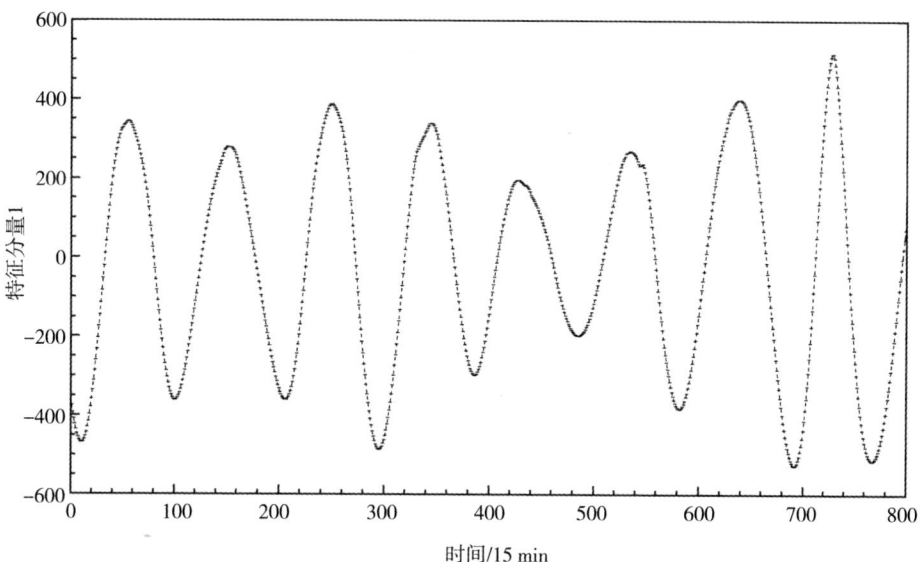

(a) 特征分量 1 结果

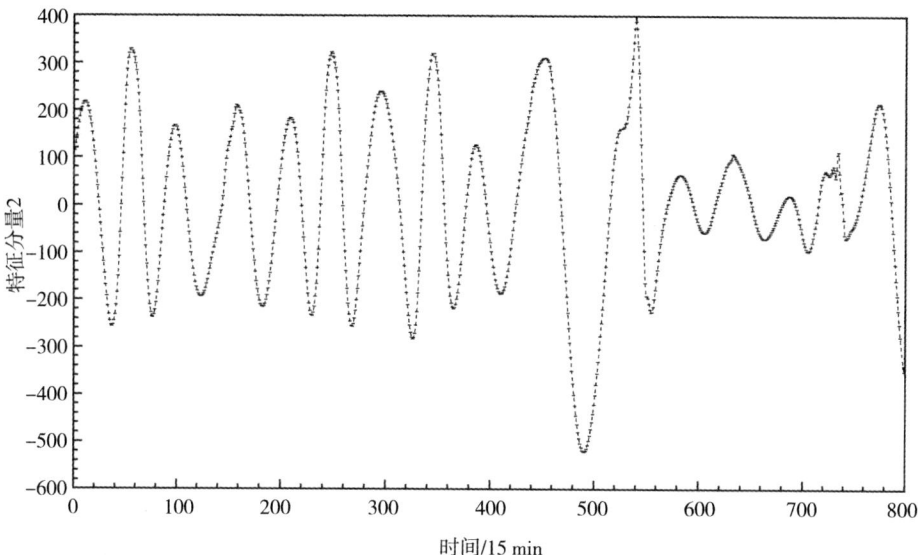

(b) 特征分量 2 结果

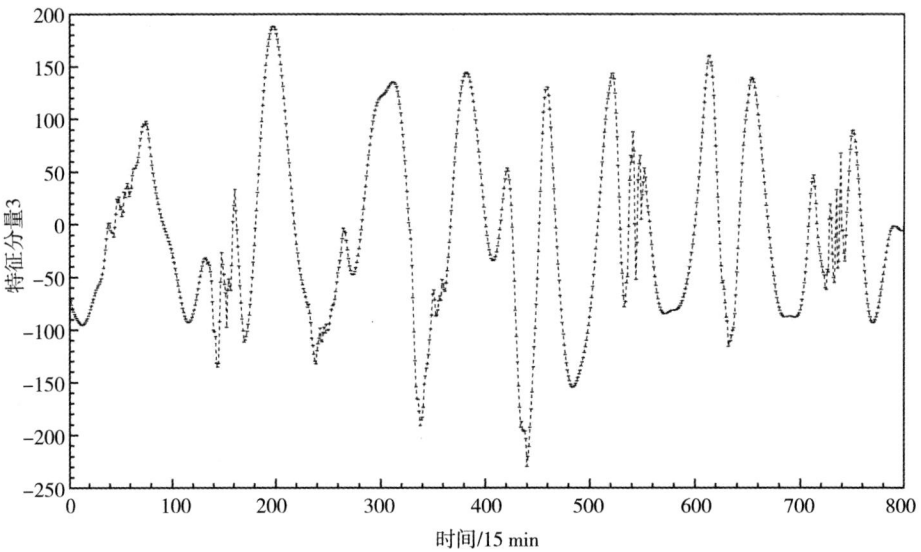

(c)特征分量 3 结果

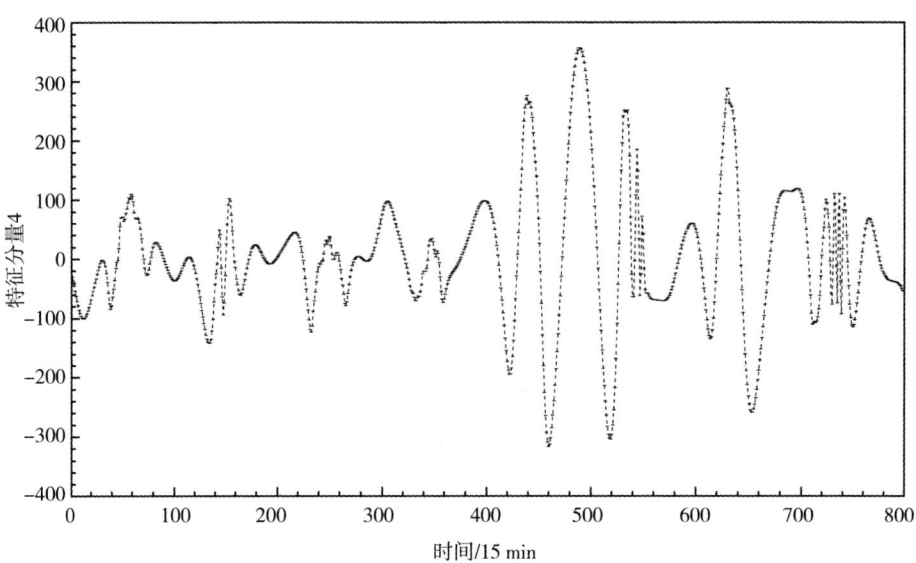

(d)特征分量 4 结果

图 5.7　SPCA 实验结果图

由图 5.3 可知，经 ACF 分析，随着滞后时长的增加，ACF 系数渐渐地变小，意味着光伏发电自相关性在逐渐减弱，结合图 5.4 和表 5.1 可知，将 ACF 的阈值设置为0.85时,筛选出的光伏发电特征为A8至A18,共11维输入特征。

由图5.5可知,利用MIC对A1至A18做互相关性分析,气象因子的MIC值多小于光伏输入特征,如A1至A4的MIC值均小于0.4,表明其与输出光伏特征互相关性较低。设定MIC阈值为0.9后,选出的中级输入特征如表5.2所列,即T1至T8,一共8维。

由图5.6可知,EWT技术可把各中级输入特征自适应分解为7或8个分量,总共58个分量,且图中几乎无频谱混叠现象,表明其分解效果良好。从图5.7能够看到,SPCA将58维的输入特征分量降至4维,且方差贡献率均大于97%。

综上,本章提出的基于ACF-MIC-EWT-SPCA的数据深度挖掘方法,可以有效提升输入特征质量。

表5.1 初级输入特征介绍

特征类别	特征含义	特征类别	特征含义
A1	组件温度	A10	当天滞后3时点光伏功率
A2	环境温度	A11	当天滞后2时点光伏功率
A3	气压	A12	当天滞后1时点光伏功率
A4	相对湿度	A13	2天前同时点光伏功率
A5	总辐射量	A14	1天前$M+2$时点光伏功率
A6	直辐射量	A15	1天前$M+1$时点光伏功率
A7	散辐射量	A16	1天前$M-2$时点光伏功率
A8	当天滞后5时点光伏功率	A17	1天前$M-1$时点光伏功率
A9	当天滞后4时点光伏功率	A18	1天前同时(M)点光伏功率

表5.2 中级输入特征介绍

特征类别	特征含义	特征类别	特征含义
T1	总辐射量	T5	2天前同时点光伏功率
T2	直辐射量	T6	1天前$M+1$时点光伏功率
T3	散辐射量	T7	1天前$M-1$时点光伏功率
T4	当天滞后1时点光伏功率	T8	1天前同时(M)点光伏功率

5.4.3 短期光伏功率预测实验及分析

基于5.2节,为了全面、精确对比预测模型的性能,确保实验结果科学性与可靠性,在严格保证初始数据集一致和各算法参数设置无差别的前提下,设置了 7 个对比场景，具体如下：

场景一：数据浅度挖掘与预测模型融合，即构造 ACF-GWO-LSSVM 预测模型。

场景二：数据浅度挖掘与预测模型融合，即构造 MIC-GWO-LSSVM 预测模型。

场景三：数据浅度挖掘与预测模型融合，即构造 EWT-GWO-LSSVM 预测模型。

场景四：数据中度挖掘与预测模型融合，即构造 ACF-MIC-GWO-LSSVM 预测模型。

场景五：数据中度挖掘与预测模型融合，即构造 ACF-MIC-EWT-GWO-LSSVM 预测模型。

场景六：数据深度挖掘与预测模型融合，即构造 ACF-MIC-EWT-SPCA-LSSVM 预测模型。

场景七：数据深度挖掘与预测模型融合，即构造 ACF-MIC-EWT-SPCA-GWO-LSSVM 预测模型。

具体实验结果如图 5.8 和图 5.9 所示，各模型的预测性能如表 5.3 所列。

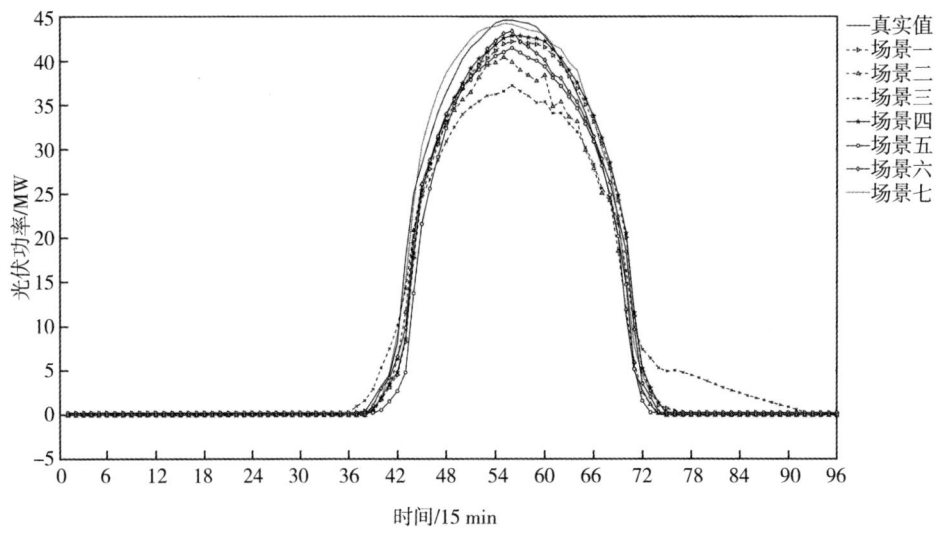

图 5.8　不同场景预测效果图

第5章 数据深度挖掘驱动下多模型融合的短期光伏功率预测

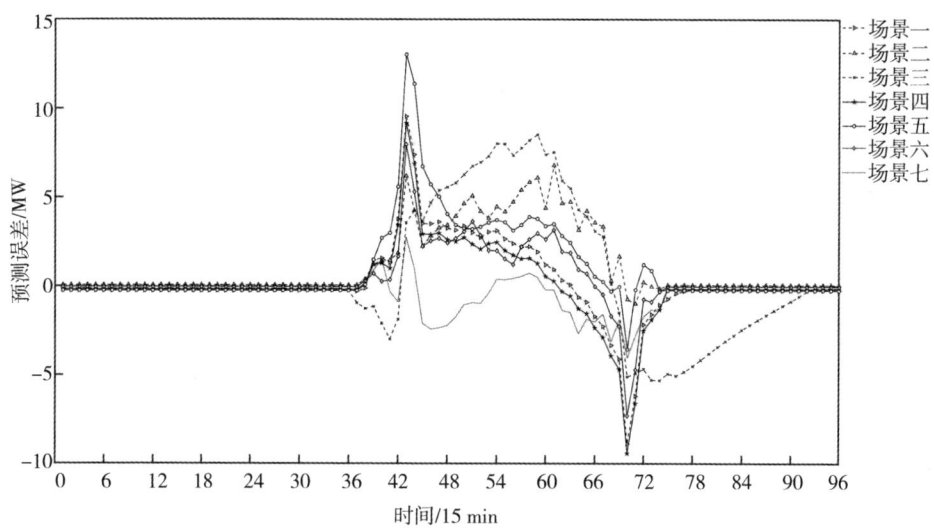

图 5.9 不同场景预测误差图

由图5.8和图5.9可以看出，场景七（本章方法）对应的预测模型逼近实际值的能力在各场景中最为突出，预测效果拔群；场景六中构建的预测模型预测精度次之；场景三和场景五预测效果欠佳，原因在于运用EWT技术分解出的分量过多，又未采用SPCA进行降维处理，致使模型出现了过拟合现象，进而拖累影响了模型预测性能。

为了更直观地评定各模型预测准确性，将上述七个场景的实验结果汇总如表5.3所列。

表 5.3 不同场景预测性能对比表

实验类型	E_{MAE}/MW	E_{RMSE}/MW	R^2	时间/s
场景一	1.07	2.14	0.94	27.77
场景二	1.28	2.39	0.95	37.25
场景三	3.83	6.67	0.83	29.25
场景四	1.09	2.06	0.95	30.94
场景五	1.33	2.42	0.89	32.29
场景六	0.88	1.77	0.98	27.93
场景七	0.54	1.05	0.99	27.98

由表 5.3 可知，整体而言，数据深度挖掘方法与多预测模型融合，预测的性能最优。场景七不管是在 E_{MAE}、E_{RMSE} 的对比上，还是 R^2 的对比中，相较其他场景全面占优，其预测精度最高要比其他实验提升了 86%。局部来讲，使用 EWT 技术却不结合 SPCA 处理数据会导致模型运行时间延长，对比场景三、场景五与场景六、场景七便可知，配套运用 EWT 和 SPCA，既能保障模型预测精度又能加快运行速度，并且稳定性也有良好保证。另外，经场景六和场景七对比显示，引入 GWO 算法能进一步提高模型的预测精度。

综合上述各项实验结果，本章所述方法在光伏功率预测领域展现出了最佳预测性能。

5.5 结论

针对光伏发电波动量大、非线性影响因素众多、数据集构建难度大等特征导致光电预测难度大，预测精度低等问题，本章提出了将数据深度挖掘方法与多预测模型融合的方式，构建了 ACF-MIC-EWT-SPCA-GWO-LSSVM 预测模型，设置了多种对比实验进行分析，得出了如下结论：

①将 ACF、MIC、EWT、SPCA 等数据分析技术融合成数据深度挖掘方法，将其应用于复杂的输入特征降维，降低了光伏发电预测模型输入层的维数，提高了输入数据质量。

②采用 EWT 和 SPCA 的组合处理数据，能够有效防止预测算法过拟合现象，提高模型预测精度，且能够有效减少模型的运行时间。

③将数据深度挖掘方法与多模型融合的方式构建预测模型，应用于光伏发电预测方面，能够有效提高短期光伏发电功率预测的精度，为智能电网的均衡调度提供依据，从而可减少弃光现象的发生。

该方面在实际工程应用中具有较高价值，在接下来的研究工作中，将借鉴人工智能和深度学习领域的前沿技术，简化预测模型的操作步骤，进一步提高运行效率。

第6章 基于特征降维技术与组合模型构建的短期光伏功率预测

◆ 6.1 概述

近年来,随着不可再生能源的逐渐枯竭,世界各国对于新能源的需求加剧。传统的三大不可再生能源(煤、石油、天然气)的开发使用不仅导致了其存储量的减少,还让生态环境急剧恶化。因此,对可再生能源的开发,减少对不可再生能源的使用,已经成为全球各国保护生态环境、提倡清洁能源的首要任务。太阳能发电具有取之不尽、用之不竭和利用率高等优点,正是因为这样的优点,所以其在世界各国得到了快速的发展。但是,太阳能发电的不稳定性,对电力系统的安全运行也提出了更高的要求。

首先,光伏发电具有不稳定性。在光照不足或者是在夜晚的条件下,光伏发电功率会下降,甚至导致光伏输出功率为0,从而导致在电力传输过程当中可能会因为光伏输出功率过低而致使传输电能不足,影响电网的稳定运行。

其次,光伏输出功率受环境的影响因素较大,天气变化和地理位置都会对光伏输出功率产生非常大的影响。在某些地方,云层遮挡或阴雨天气的存在,会导致光伏发电量的减少,这严重地影响到了电网的正常运行。

为了解决这些问题,准确预测光伏功率的变化变得至关重要。针对光伏发电功率开展预测工作,进而获取输出功率在未来一段时间内的变化态势,可以帮助电网合理调度、安全运行和维持系统的稳定性,这为光伏发电与电网的协调发展提供了重要的技术支持。

2011年,国内学者辛鹏所带领的团队提出了一种新的电力系统短期负荷预测混合模型,该模型结合了EMD、支持向量机和BP神经网络,充分利用了它们各自的特点[70]。首先使用经验模态分解将负荷序列分解成多个序列,然后根据每个环境序列数据的变化特点,在考虑环境影响因素的前提下,作者建立了多个支持向量机模型。在整个流程的最后阶段，借助 BP 神经网络针对得到的结果实施非线性重构操作，进而生成最终的预测结果。通过结果可以明显观察得出，采用该方法对电力系统短期负荷预测可以获得极高的精确度。

2019 年，杨茂、朱亮两位学者提出了一种基于 FA-PCA-LSTM 的光伏发电短期功率预测方法[71]，这是一种不同于 ANN 等人工智能预测的深度学习（deep learning，DL）算法，能够反映系统的动态特性。该方法先采用因子分析（factor analysis，FA）对多元数据序列进行解析，找到共有因子，进而优化样本。然后，采用主成分分析的方法对优化后的多元数据序列进行降维分析，在尽可能保留多元数据序列信息完整的前提下实现数据的处理。最后，通过对 LSTM 预测模型进行训练，建立了气象影响因素和光伏组件与光伏输出功率之间的关系。

2020 年，朱玥、顾洁等学者提出采用现代统计学的方法进行研究光伏发电出力的特征，对出力时间序列进行时域-频域分析以提高预测精度，基于实际预测效果较好的长短期记忆神经网络（long-short term memory，LSTM）模型，引入 EMD，建立了一种基于 EMD-LSTM 的混合光伏发电出力预测模型[72]。

国外学者 Muhammad Waseem Ahmad 等人提出了有关随机森林算法和额外树算法组合的光伏发电功率预测模型[73]，该模型的输入充分地考虑到了光伏发电的气象影响因素，从而预测出下一时刻的光伏输出功率，但是因为预测的时间为一个小时，时间过于太短，无法做到长时间的光伏功率预测。Harendra Kumar Yadav 等人提出了基于 EMD 和 BPNN 的一种新的光伏发电功率预测方法[74]。使用经验模态分解将 PV 时间序列分解成不同的模态分量和残差，然后每个模态分量和残差用于训练 BPNN。从 100 kW 屋顶并网太阳能电站收集的光伏发电数据集上进行 EMD-BPNN 模型的预测。Terreros-Olarte SM 团队提出了一种 Historical Similar Mining 模型[75]，该模型通过遗传算法对其进行优化，通过对历史数据进行挖掘来预测现阶段的光伏发电量，这些数据包括了天气数据以及光伏电站过去的发电量。Cai Mengmeng 等人采用深度学习方法，实现对前一日的负荷预测，并将其与传统的时间序列法进行对比，以此来进行验证深度学习方法在预测模型当中的可行性与有效性[76]。

本章首先分析短期光伏功率预测对电网调控以及系统稳定运行的重要性，解决当前短期光伏功率预测中出现的一些问题，然后针对光伏发电功率随时间的变化具有不稳定性和波动性等特点，基于已有的研究成果，对太阳辐照度、空气温度、大气压力、相对湿度、组件温度等 5 类环境因素进行集成分析，构建一种基于特征降维和联合建模的光伏功率短期预报模型。

本章拟采用 EMD 技术，首先对 5 类影响光伏发电的环境因素进行分解，得到一系列固有模态分量（intrinsic mode function，IMF）的数据序列和单调的残差。然后，利用核主成分分析（kernel principal component analysis，KPCA）将从光伏发电系统中收集到的各种数据提取出与功率相关的特征，这些特征包括光照强度、温度等。接着，采用特征选择或特征提取的方法对这些特征进行降维，降低其维数和复杂性。最后，通过使用 LSTM 来构建预测模型，LSTM 适合用来处理具有时间特性的光伏功率数据。将得到的模型进行训练和评估，采用平均绝对误差（MAE）、均方根误差（RMSE）、拟合优度（R^2）来进行测量预测模型精度[77]。MAE 和 RMSE 的结果越小说明预测结果的精确度就越高，而 R^2 的结果越趋近于 1 表明预测结果越准确。

◆ 6.2 算法原理

6.2.1 经验模态分解法

EMD 是标志性的信号处理技术，是在 1998 年由黄锷（N.E.Huang）提出的一种新型自适应信号时频处理方法，与传统的信号分解技术（如傅里叶分解和小波分解方法）相比[78-79]，该方法提出一种基于时频特性的信号分解算法，不需要事先设置基函数，具有较强的自适应能力，尤其适合于对非线性、非平稳信号的分析与处理。傅里叶分解技术在提取信号的频谱时，要求将所有的时域信息都用来处理，这样就很难反映出信号的时变特性。而基于傅里叶分解原理的小波分析方法是对滑动窗口进行傅里叶分解，因而对窗内信息的频域稳定性提出了更高的要求。对于非平稳和非线性信号，采用常规的信号分解方法，很难得到完整的时频特征，且存在很大的误差。

EMD 的应用需求是在于对非平稳信号（即间歇信号，频率随时间变化）的局部频谱分析[80]，利用信号极值点信息，将信号分解为若干个平均线为零的纯振荡的 IMF，其分别代表着不同的波动特性。每个本征模态分量对应于信号中不同的特征波动序列，在不同的时间上展现出信号的波动特性。最终成功获取了彼此独立的 IMF 分量以及呈现出单调性的残差，在这之中，诸多 IMF 分量能够准确描述原始数据在不同频率阶段的变化情形，残差分量则着重体现了原始数据整体的变化趋势。存在 IMF 定义域内满足的两个条件为：其一，极值点数目与零点数目之差小于 1；其二，极大值点的包络函数与极小值点的包络函数的均值为 0。

EMD 具体实现步骤如下：

①针对给定的一个原始数据序列 $x(t)$，找到它的所有极大值点和极小值点；

②分别用样条曲线连接极值点，给出极大值包络线和极小值包络线，$m(t)$ 为上包络线和下包络线的均值，得到第 1 个分量 $h_1(t)=x(t)-m(t)$；

③将 $h_1(t)$ 看成原始数据序列，记 $m_1(t)$ 为 $h_1(t)$ 的上、下包络线的平均值，然后重复②，得出了第 2 个分量 $h_2(t)$；

④重复上面的步骤 n 次，一直到 $h_n(t)$ 符合 IMF 的条件，当 $h_n(t)$ 是 1 个本征模态分量或残差分量 $r_n(t)$ 呈现出单调性时，分解过程终止。

最后得到的原始数据序列 $x(t)$ 可以由 n 个 $h_i(t)$ 本征模态分量和 1 个残差分量 $r_n(t)$ 之和来表示，如式（6.1）所列：

$$x(t)=\sum_{i=1}^{n} h_i(t)+r_n(t) \tag{6.1}$$

6.2.2　核主成分分析法

数据降维的主要作用是减少数据集中的特征数量，同时保留数据中的重要信息。其不仅可以减少存储空间，降低计算的复杂度，提高计算速率，还可以在消除冗余信息的同时减小模型的过拟合风险，有助于我们更好地理解与利用这些数据，提高预测模型的计算速度与精度，并确保数据的有效性和可靠性。

有许多方法可以对数据进行降维，而由于光伏数据的非线性特性，在选取降维方法时需要充分考虑。局部线性嵌入(locally linear embedding，LLE) 和 KPCA 是两种常用的非线性降维方法[81]。LLE 力图保持局部的线性关系，通过最小化原始数据和降维数据之间的重建误差来实现，是一种迭代算法，需要通过求解线性系统来计算局部权重矩阵，计算复杂度较高，尤其是对于大规模数据集来说。LLE 假设数据在局部区域上具有线性关系，即数据在高维空间中可以用低维空间中的线性组合来表示。LLE 力图保持原始数据的局部结构，从而能够更好地保留数据的局部关系。与之相比，KPCA 是一种无监督的学习方法。

与 PCA 不同的是，KPCA 可以处理非线性关系，并且在高维特征空间中寻找数据的主要方差。KPCA 通过最大化数据的方差来选择投影方向，使得数据在低维空间中的表示尽可能保留原始数据的信息，通过利用核技巧将高维空间中的内积计算转换为低维空间中的核函数计算，避免了直接计算高维数据的内积，从而降低了计算复杂度。KPCA 不依赖于任何特定的假设，可以处理任意形状的数据分布，其更注重保留数据的全局结构，通过选择核函数来调整降维结果的非线性特性。它常用于数据降维、特征提取和模式识别等领域。

KPCA 是在 PCA 基础上的改进，从名字上也可以很容易看出，两者的不同之处就在于"核"。使用核函数的目的在于构造复杂的非线性分类器，提高机器学习算法的效率和准确率，其算法实现步骤如下：

①通过核函数 $k(x_i, x_j)$ 计算矩阵 $\boldsymbol{K} = \{K_{ij}\}_{m \times n}$，其中 x_i、x_j 都为原空间的样本，元素 $K_{ij} = k(x_i, x_j)$。

②计算 $\boldsymbol{K}$ 的特征值，并由大到小进行排列。寻找与特征值对应的特征向量 $\boldsymbol{\alpha}^l$（代表第 l 个特征向量，并且 $\boldsymbol{\alpha}^l$ 为归一化后的特征向量，即 $\|\boldsymbol{\alpha}^l\| = 1$）。

③计算贡献率 τ_i 和累计贡献率 η_i，根据累计贡献率 η_i 大于或等于 90% 来进行确定所需要选取的主成分个数，这样就可以得出最终降维后的数据，贡献率 τ_i 和累计贡献率 η_i 的计算方法如式(6.2)至式(6.3)所列：

$$\tau_i = \frac{\lambda_i}{\sum_{k=1}^{m} \lambda_k}, \quad i = 1, 2, \cdots, m \tag{6.2}$$

$$\eta_i = \frac{\sum_{k=1}^{i} \lambda_k}{\sum_{k=1}^{m} \lambda_k}, \quad i = 1, 2, \cdots, m \tag{6.3}$$

6.2.3 长短期记忆神经网络算法

LSTM 是在循环神经网络 RNN 的基础上来进行改进的深度学习算法，循环神经网络在处理有关时间序列的数据时拥有很大的优势，其可以通过反向传播以及梯度下降的算法进行改正错误，但是在进行反向传播时也面临梯度消失或者梯度爆炸问题，LSTM 通过输入、遗忘和输出等门控机制，实现了对数据的选择性读取，因此能够更好地处理长期依赖关系。LSTM 利用其特有的"门"结构和记忆单元，克服了循环神经网络短期记忆不足的缺点，能够存储较长时间的信息，从而有效地提高了模型的预测准确性。LSTM 在电力能源预测方面有以下优点：可以有效地描述光伏发电功率的时序关系；可以在不同的时间段内传输信息；克服了 RNN 中梯度消失或梯度爆炸的难题。

RNN 结构中针对给定序列 $x=(x_1,x_2,\cdots,x_n)$ 的迭代计算方法如式(6.4)至式(6.5)所列：

$$h_t = f_a(\boldsymbol{W}_{xh}x_t + \boldsymbol{W}_{hh}h_{t-1} + \boldsymbol{b}_h) \tag{6.4}$$

$$y_t = \boldsymbol{W}_{hy}h_t + \boldsymbol{b}_y \tag{6.5}$$

式中，$\boldsymbol{W}$——权重系数矩阵；

$\boldsymbol{b}$——偏置向量；

f_a——激活函数；

t——时刻。

LSTM 网络模型让深度神经网络在时间上的展开变得更加容易训练，其前向计算过程如式(6.6)至式(6.10)所列：

$$i_t = \sigma(\boldsymbol{W}_{xi}x_t + \boldsymbol{W}_{hi}h_{t-1} + \boldsymbol{W}_{ci}c_{t-1} + \boldsymbol{b}_i) \tag{6.6}$$

$$f_t = \sigma(\boldsymbol{W}_{xf}x_t + \boldsymbol{W}_{hf}h_{t-1} + \boldsymbol{W}_{cf}c_{t-1} + \boldsymbol{b}_f) \tag{6.7}$$

$$o_t = \sigma(\boldsymbol{W}_{xo}x_t + \boldsymbol{W}_{ho}h_{t-1} + \boldsymbol{W}_{co}c_t + \boldsymbol{b}_o) \tag{6.8}$$

$$c_t = f_t c_{t-1} + i_t \tanh(\boldsymbol{W}_{xc}x_t + \boldsymbol{W}_{hc}h_{t-1} + \boldsymbol{b}_c) \tag{6.9}$$

$$h_t = o_t \tanh(c_t) \tag{6.10}$$

式中，i——输入门；

f——遗忘门；

c——细胞状态；

o——输出门；

W——权重系数矩阵；

b——偏置向量；

σ——sigmoid 激活函数；

tanh——双曲正切激活函数。

◆ 6.3 算法实现

6.3.1 算法构思

基于特征降维和组合模型的短期光伏功率预测模型主要由三个部分组成。

第一部分是借助 EMD 针对那些会对光伏功率预测产生影响的环境序列执行分解操作，能够从中获取到一系列各不相同的 IMF 以及单调残差。这种分解方法有助于将原始数据分解成具有明显特征的成分，通过这种方式，可以更好地理解光伏功率预测中环境序列的变化规律，为预测模型的建立提供更准确的数据基础。

第二部分是使用 KPCA 对环境影响因素数据进行特征降维，这个过程主要目的是降低模型输入参数的维度，以便更有效地描述数据的特征。使用 KPCA 进行降维有助于消除经验模态分解过程中可能产生的冗余数据，从而提高模型的效率和准确性。

第三部分是通过 LSTM 进行预测模型的建立，提出了一种 EMD-KPCA-LSTM 的预测模型，用以预测短期光伏输出功率。与传统的单一 LSTM 模型和 EMD-LSTM 模型相比，实证分析显示，本章提出的预测模型在精度和可靠性上均有显著提升。

本章主要为的是实现短期光伏功率预测的功能，在实现光伏发电与电网协调发展的过程中，光伏功率预测起着至关重要的作用，可以帮助优化资源配置，提高光伏发电的利用效率，实现清洁能源与电网的有机融合。

6.3.2 算法设计

综上所述，本章介绍了一种基于 EMD-KPCA-LSTM 的短期光伏功率预测模型，流程图如图 6.1 所示。通过建立预测模型，使用上一时刻当中的环境影响因素数据以及光伏发电输出功率数据，来对当前时刻的光伏发电输出功率进行预测。将 5 种环境数据以及历史光伏输出功率作为预测模型的输入数据，当前时刻的光伏输出功率作为输出数据。

①数据处理：数据清洗是一个极其重要的步骤，其目的在于确保数据的质量和准确性，其中包括去除重复数据和处理不一致的数据格式等。清洗后的数据更加干净、准确，并且更适合进行后续的数据分析和建模。野外采集的光伏数据品质不一，在采集过程当中可能会导致不良数据的生成和数据丢失，因此，必须对现场收集的光伏功率以及环境数据进行数据清理，排除一些不良的数据。

②利用 EMD 把收集到的数据分解为多个频率的本征模分量 $\{IMF_1, IMF_2, \cdots, IMF_m\}$ 和单调的残差，从而实现对复杂信号的有效分离。

③通过对步骤②中分解得到的数据进行 KPCA 降维处理，从而更精确地得到影响光伏输出功率的关键因素，同时经过 KPCA 处理后剔除经验模态分解后得到的各时序数据间的冗余及相关性，进一步提高数据的准确性和可靠性。

④将③中降维得到后的数据与光伏发电输出功率的历史数据进行归一化处理，其目的是让数据的量纲与大小保持一致，这样可以避免最终的预测结果中出现不准确的问题。

⑤在使用 LSTM 模型进行预测时，首先需要对其参数进行初始化，其次将样本集合转换成适合 LSTM 网络学习的形式，以确保模型能够有效地学习数据的特征和规律，最后将样本集合分为训练样本和测试样本，把训练样本输入到 LSTM 模型中，并不断地调节模型的参数，直到达到预期的精度水平。

⑥在预测模型训练完成之后，将训练样本储存起来，以备后续使用，然后把测试样本输入已经训练好的预测模型当中，进行测试并评估模型的性能指标。

⑦最后与传统模型进行结果和误差对比，画出结果对比图和误差对比图，算法结束。

● 第6章 基于特征降维技术与组合模型构建的短期光伏功率预测

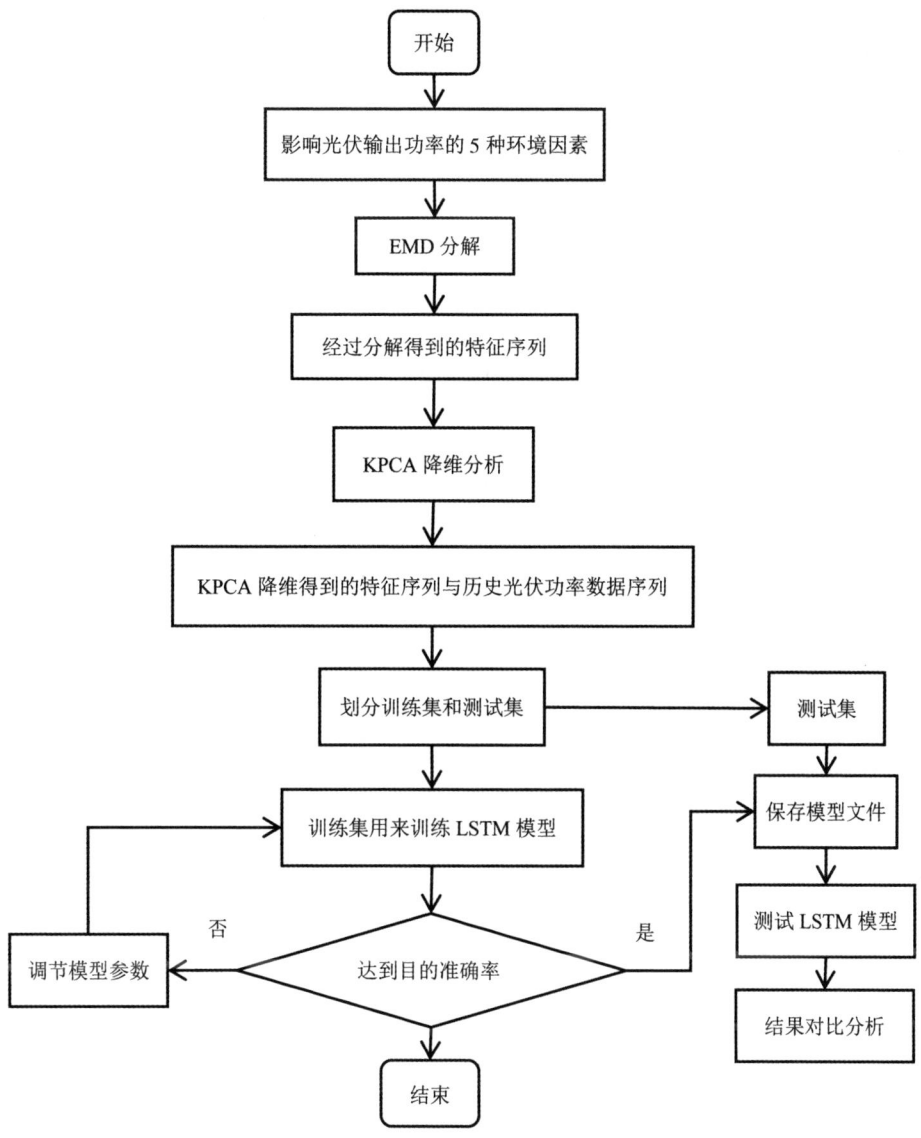

图 6.1 基于 EMD-KPCA-LSTM 的短期光伏功率预测模型流程图

6.3.3 算法评价

通过采用科学的评价指标对各个模型的预测误差进行评估，实验者不仅能够直观地比较不同模型的预测效果，还能在重复实验中分析误差产生的根源，进而对实验流程做出恰当的调整,力求获得更优的实验成果。然而,关于光伏发电功率预测精度的方法主要有定性和定量两种。定量分析就是利用误差评价指标对预测值与实际值之间的误差进行计算,定性分析就是将预测值与实际值进行对比,画出相对应的曲线,观察二者之间的拟合程度。

本章构建的预测模型选择了均方根误差(RMSE)、平均绝对误差(MAE)、拟合优度(R^2)作为模型的评估指标,其中均方根误差和平均绝对误差的值越小,则表示预测模型的结果精度越高;拟合优度的值越趋近于1,则表示预测模型的结果越精确。评估指标的计算方法如式(6.11)至式(6.13)所列:

$$\text{RMSE} = \sqrt{\frac{1}{m}\sum_{i=1}^{m}(y_i - \hat{y}_i)^2} \qquad (6.11)$$

$$\text{MAE} = \frac{1}{m}\sum_{i=1}^{m}|(y_i - \hat{y}_i)| \qquad (6.12)$$

$$R^2 = 1 - \frac{\sum_{i=1}^{m}(\hat{y}_i - y_i)^2}{\sum_{i=1}^{m}(\bar{y}_i - y_i)^2} \times 100\% \qquad (6.13)$$

式中,y_i——光伏输出功率的真实值;

$\hat{y}_i$——光伏输出功率的预测值;

m——测试样本的数目。

6.4 算例分析

6.4.1 数据来源及数据处理

为了能够准确预测光伏功率,本章采用来自龙源电力于2022年2月1日—11月1日时间段在3号光伏阵列区域下采集的影响光伏功率预测的5种环境数据以及光伏发电输出功率,并对这些数据进行综合分析。光伏电源的有效输出时间主要是在白天,因此,本书的研究时间是7点至19点,采样点间隔15 min,每天共有48个数据采样点,每一组的数据包括了从7点到19点的太阳辐照度、空气温度、大气压力、相对湿度、组件温度5个环境序列以及相应的光伏输出功率数据,最终得到了6480组数据。

数据的归一化对于处理具有不同量纲以及不同数量级的数据是至关重要的,在实际的电站环境数据中,太阳辐照度、相对湿度、大气压力等的数据大小和单位之间存在的差异非常大。它们的数值范围和单位都互相不一致,经过归一化计算之后,可消除因量纲差异而造成的误差。数据归一化的计算,即将原始的数据转换到[0,1]范围内的小数,如式(6.14)所列:

$$X^* = \frac{X - X_{\min}}{X_{\max} - X_{\min}} \qquad (6.14)$$

式中,X^*——归一化后的数值;

X——初始数值;

$X_{\max}$,$X_{\min}$——初始数值中的最大值和最小值。

LSTM 的构建关乎模型的预测精度和效率。预测的整体思路:在整个预测模型的数据集中,通过使用上一时刻当中的环境影响因素数据以及光伏发电输出功率数据,来对当前时刻的光伏发电输出功率进行预测。

将采集到的6480组数据转换为适用于LSTM网络的数据集,然后将6480组数据按照6∶4的比例划分为训练样本和测试样本。预测模型采用Adam优化算法来更新权值,最终LSTM预测模型的参数设置如表6.1所列。

表6.1 LSTM 预测模型参数设置

参数	数值
输入层时间步数	1
输入层维数	5
输出层变量维数	1
训练批次	25

表6.1(续)

参数	数值
训练轮次	100
训练最大迭代次数	600
训练集数据	3888
测试集数据	2592
激活函数	sigmoid

6.4.2 EMD 分解结果

本章利用 EMD 得到了不同的环境影响因素数据的 IMF 分量和单调的残差。通过这种方式,可以突出显示原始环境序列的局部特征。根据分解后得到的图形和表格可以看出,每个环境序列在经过 EMD 分解后,得到了一定数量的 IMF 分量和单调的残差,如图 6.2 至图 6.6 所示。

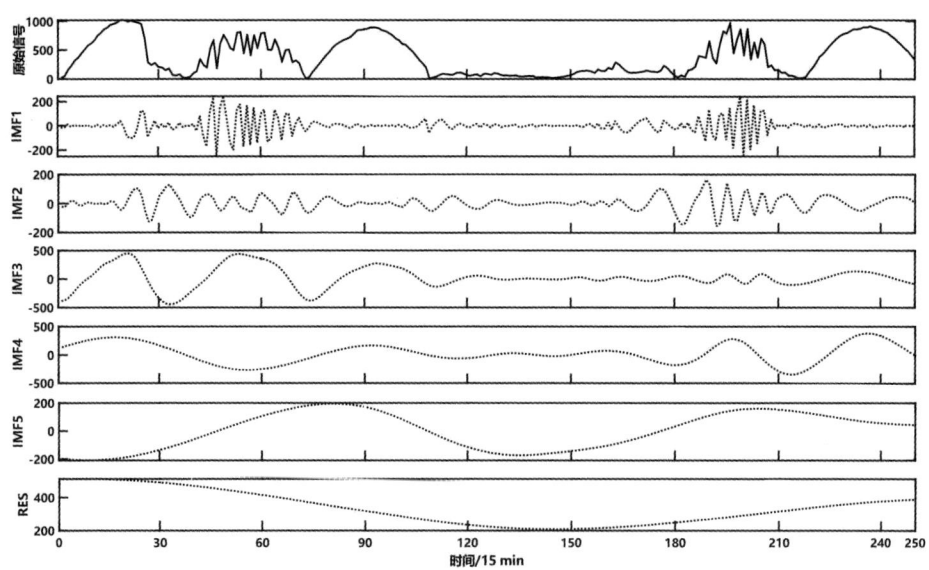

图 6.2　第 1 个特征的 EMD 分解

第 6 章 基于特征降维技术与组合模型构建的短期光伏功率预测

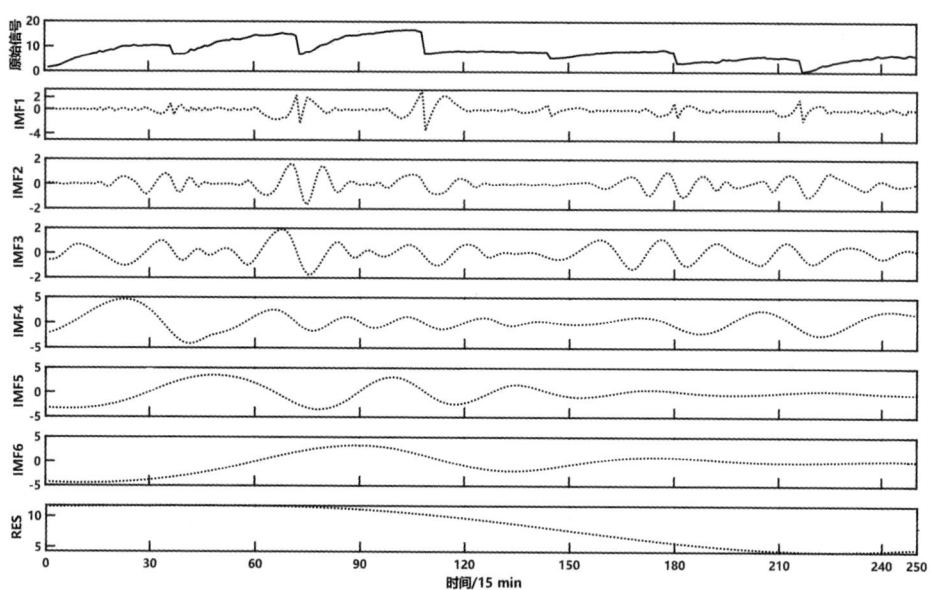

图 6.3 第 2 个特征的 EMD 分解

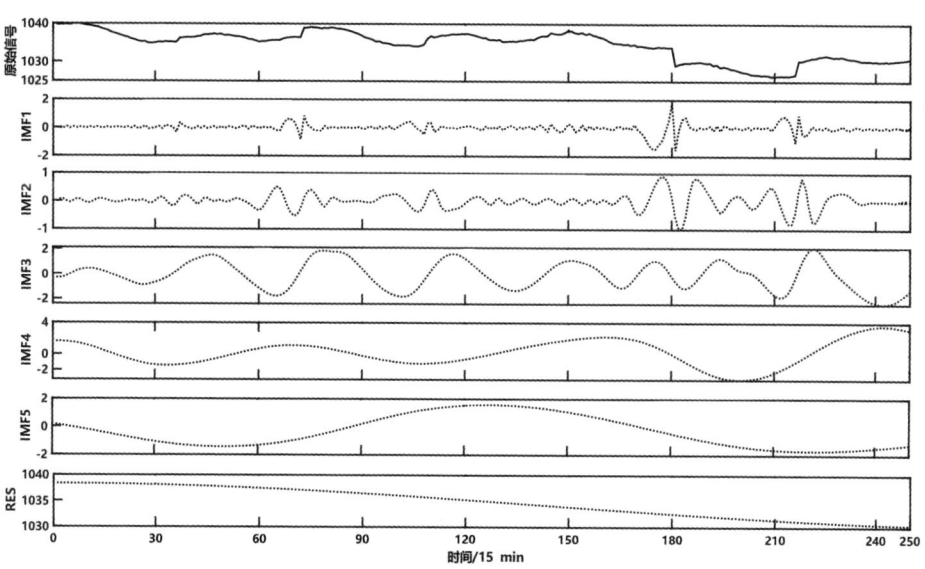

图 6.4 第 3 个特征的 EMD 分解

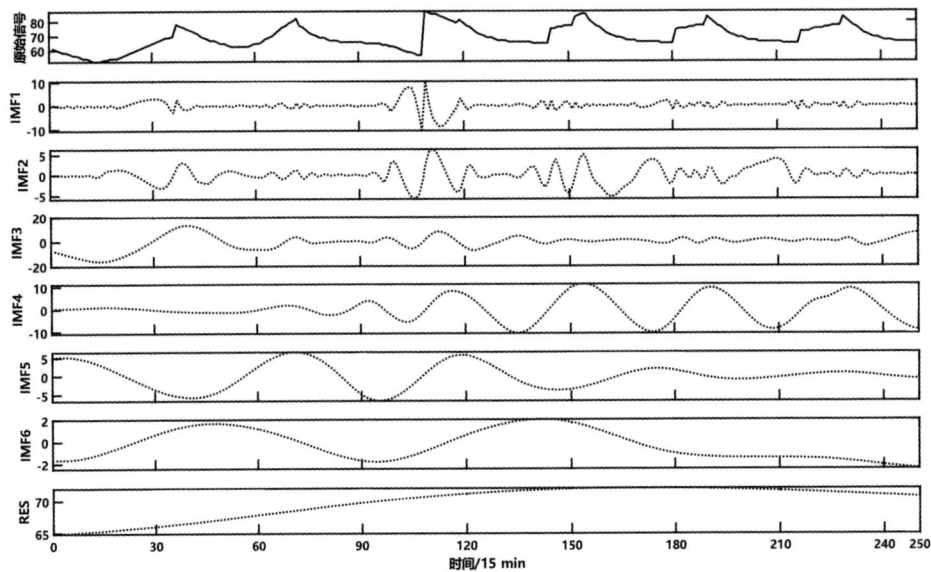

图 6.5 第 4 个特征的 EMD 分解

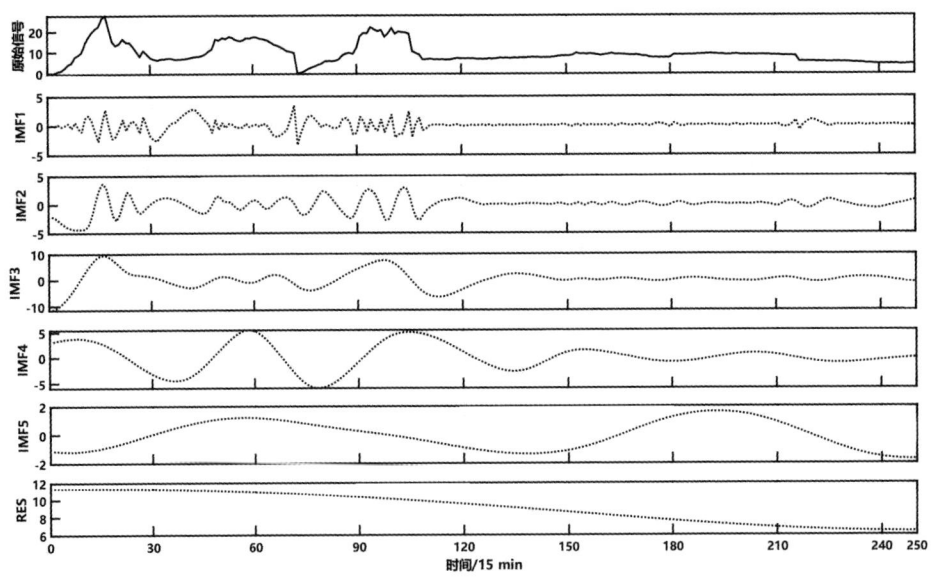

图 6.6 第 5 个特征的 EMD 分解

原始数据序列经过分解后得到 IMF 分量和单调残差的数目如下表所示，其中得到了 27 组 IMF 分量和 5 个单调的残差，总共有 32 个维度的特征序列。将这 32 个维度的数据用来作为新的特征序列样本，以更好地来描述原始数据的结构和特征。经过分解后得到的 IMF 分量和单调残差的数目如表 6.2 所列。

表 6.2 经分解后得到的 IMF 分量和单调残差的个数

环境因素类型	IMF 分量个数	单调残差个数
太阳辐照度	5	1
空气温度	6	1
大气压力	5	1
相对湿度	6	1
组件温度	5	1

6.4.3 KPCA 降维结果

在进行数据分析时，常常遇到特征序列数据的复杂性和多变性。这些数据往往包含了大量的干扰信息，使得原本清晰的特征变得模糊不清，严重影响了后续的数据处理与理解。为了解决这一问题，可以采用 KPCA，以有效地识别并消除数据中的冗余成分和相关性噪声，分解后得到的 27 个特征的贡献率如图 6.7 所示。

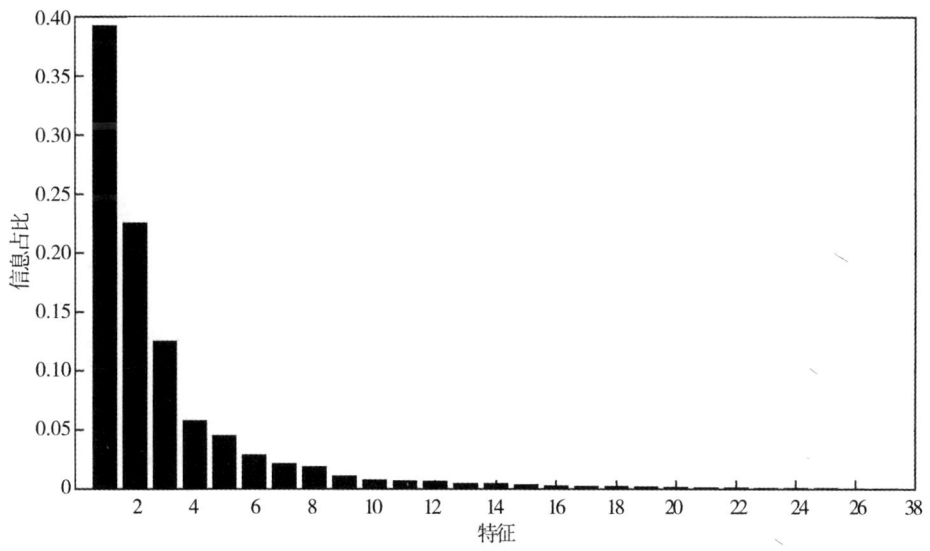

图 6.7 27 个特征的贡献率

在 MATLAB 中，通过搭建程序将累计贡献率大于 90% 的样本筛选出来，最终保留对原特征序列有更好表征、更有效整合信息的 5 个主成分，它们能够更好地反映特征序列的本质，以保留的 5 个主成分作为输入，取代原有的特征序列，如图 6.8 至图 6.12 所示。

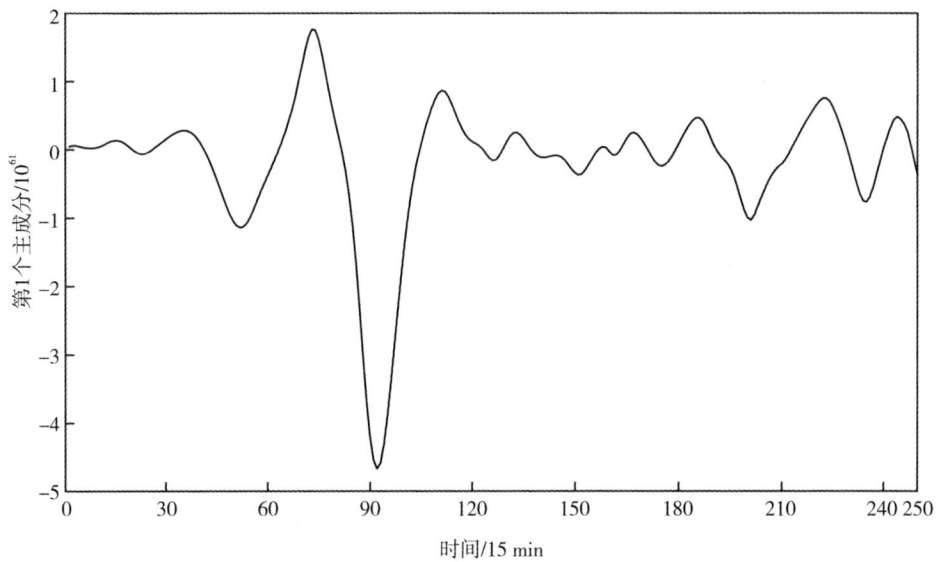

图 6.8　保留的第 1 个主成分

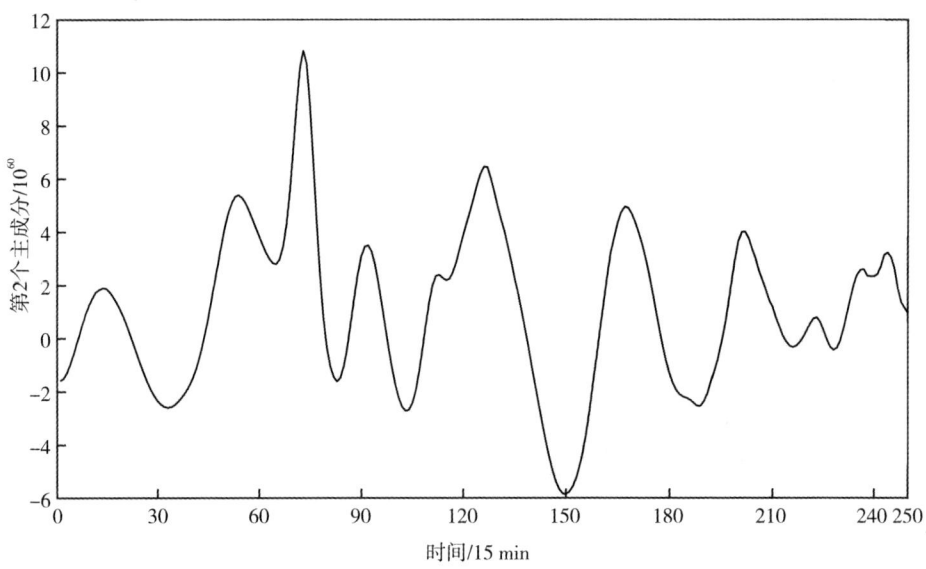

图 6.9　保留的第 2 个主成分

第6章 基于特征降维技术与组合模型构建的短期光伏功率预测

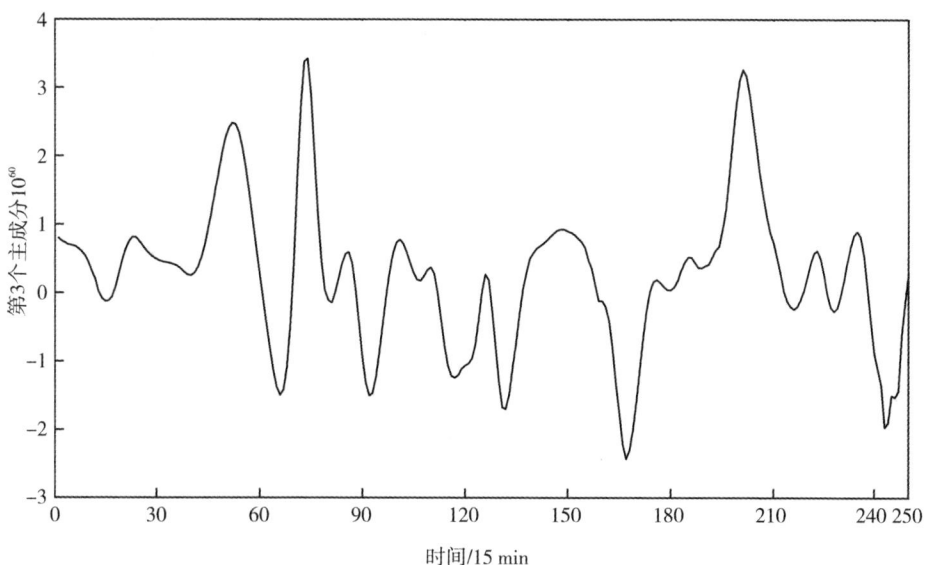

图 6.10 保留的第 3 个主成分

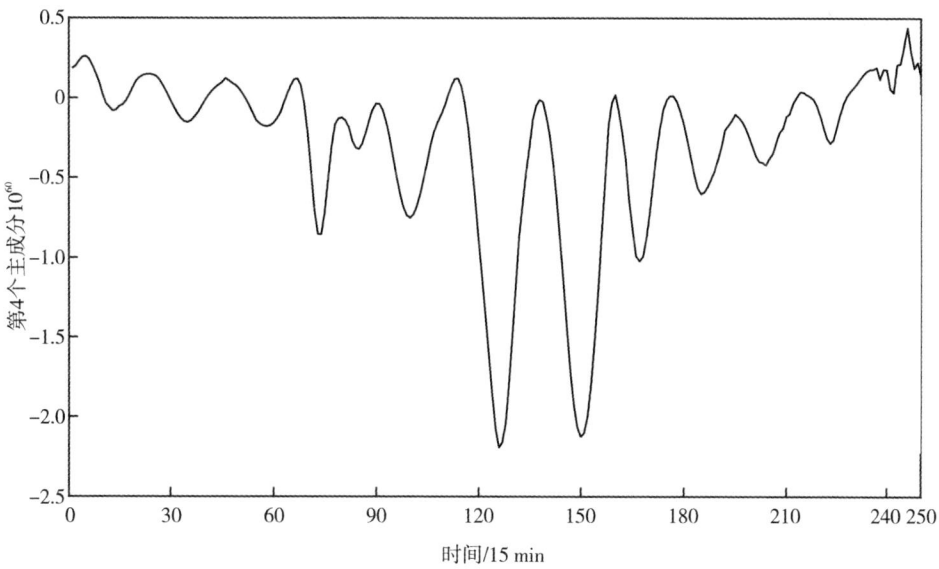

图 6.11 保留的第 4 个主成分

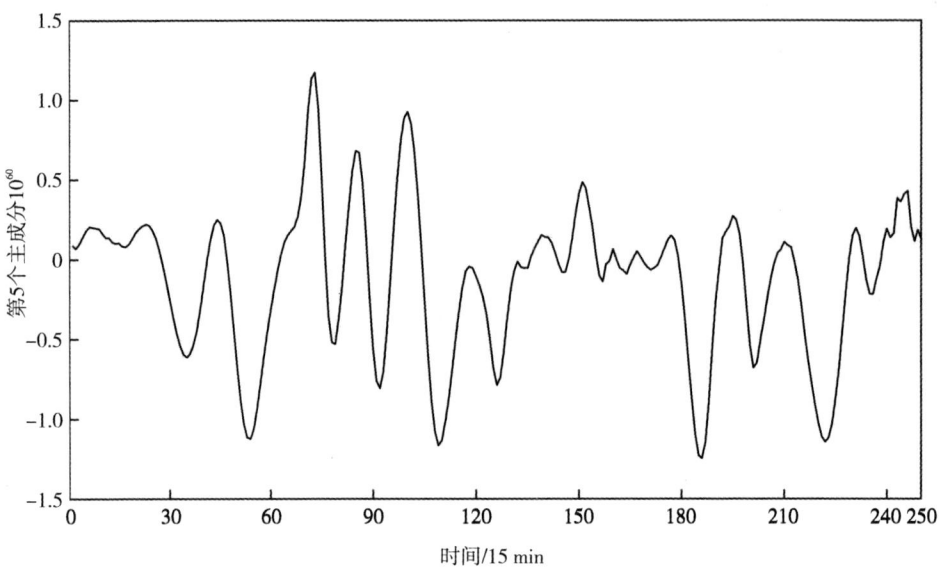

图 6.12 保留的第 5 个主成分

6.4.4 EMD-KPCA-LSTM 预测结果

本章提出的 EMD-KPCA-LSTM 光伏功率预测模型在最终的预测结果中表现优异,从结果分析可以看出其明显优于传统预测模型。而且 EMD 的分解过程和 KPCA 降维在预测过程中展现出了各自存在的有效性和必要性,这种方法不仅显著提升了光伏输出功率的预测准确度,还减小了预测结果的误差。由于数据样本过多,无法更好地展示出模型的预测性能,故本章仅抽取部分数据对 EMD-KPCA-LSTM 模型和传统模型来进行预测与对比,并通过画图来进行分析。表 6.3 和表 6.4 为各个模型的训练集和测试集评估指标,3 种模型的预测结果对比和误差对比如图 6.13 和图 6.14 所示。

表 6.3 训练集下的模型预测评估

对比模型	RMSE/MW	MAE/MW	$R^2/\%$
LSTM	0.55740	0.36367	94.075
EMD-LSTM	0.40408	0.25133	96.886
EMD-KPCA-LSTM	0.63059	0.43410	92.417

第 6 章 基于特征降维技术与组合模型构建的短期光伏功率预测

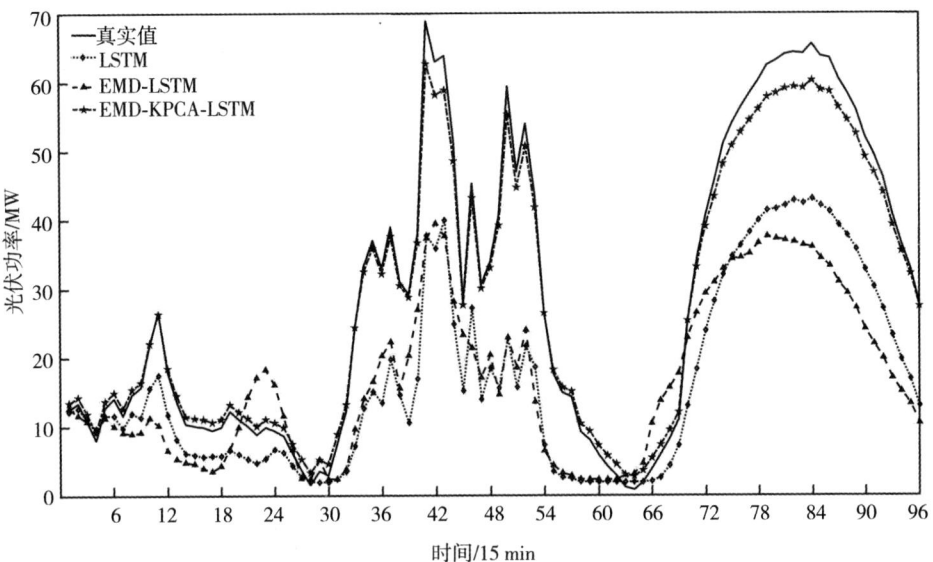

图 6.13 预测结果对比图

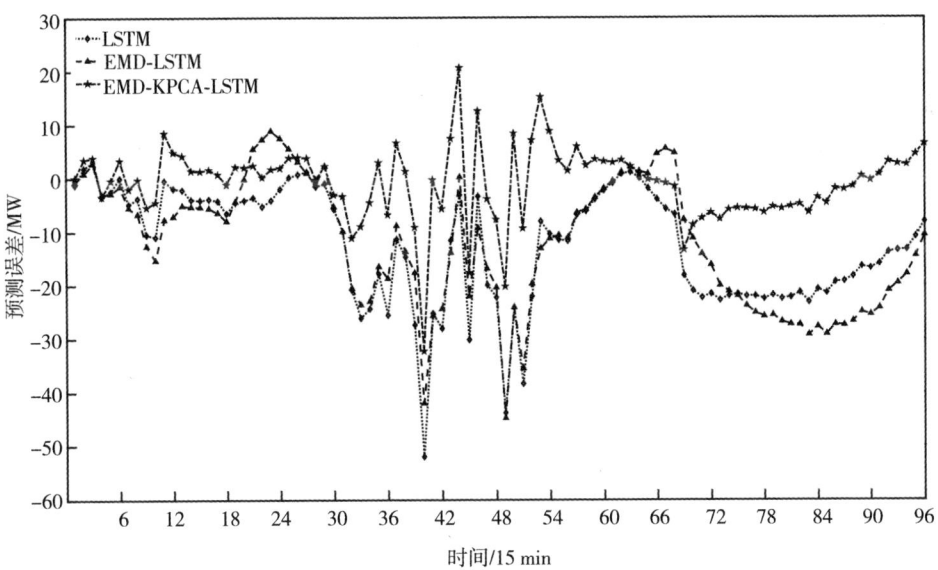

图 6.14 预测误差对比图

表 6.4 测试集下的模型预测评估

对比模型	RMSE/MW	MAE/MW	$R^2/\%$
LSTM	1.61450	1.2266	42.228
EMD-LSTM	1.66840	1.31700	38.304
EMD-KPCA-LSTM	0.68967	0.49252	89.458

由上可知,在训练样本数据集中,LSTM 网络模型、EMD-LSTM 神经网络模型和 EMD-KPCA-LSTM 预测模型在输入变量一致的情况下,EMD-LSTM 神经网络模型的各项评估指标均明显优于 LSTM 网络模型和 EMD-KPCA-LSTM 预测模型;而在测试集下的预测模型评估指标当中可以看出,EMD-KPCA-LSTM 在各项指标也明显优于 LSTM 网络模型和 EMD-LSTM 神经网络模型。通过比较训练集下的预测模型评估指标和测试集下的预测模型评估指标,可以判断模型是否过拟合(训练集误差低,测试集误差高)或者欠拟合(训练集误差和测试集误差都高)。而由表 6.3 和表 6.4 可知,LSTM 网络模型和 EMD-LSTM 神经网络模型训练集误差低,测试集误差高,可以判断出两个模型存在过拟合。

EMD-KPCA-LSTM 预测模型在训练集误差和测试集误差都比较低,具有较好的泛化能力。模型的泛化能力受到两个关键因素的影响:模型的复杂度和数据的质量。倘若构建的模型太过简单,则会发生无法捕捉数据内部存在的复杂结构,从而导致欠拟合问题;而如果模型过于复杂,虽然在训练数据上表现良好,但在测试数据上表现不佳,导致过拟合。因此,泛化能力的目标是找到一个合适的模型复杂度,以及充分且代表性的训练数据,从而使模型能够在未知数据上表现良好。

6.5 结论

本章旨在通过应用特征降维和组合模型的方法,实现对时间序列数据的有效建模和预测。本章首先介绍了 EMD、KPCA 和 LSTM 的原理和应用,然后详细阐述了结合这三种方法的步骤。

在方法部分,起初运用 EMD 将原始时间序列数据实施分解操作,拆解为一系列 IMF。以此为后续对每个 IMF 进行 KPCA 降维处理,旨在萃取出有效特征。继而,将已经萃取到的特征作为输入数据,借助 LSTM 网络模型针对时间序列开展建模和预测工作。为了验证该方法的有效性,作者选择了一个实际数据集进行实验。

实验结果表明,采用 EMD-KPCA-LSTM 预测模型的方法能够有效地提高短期光伏功率预测的精度。与传统方法相比,该模型能够更加全面地对时间序列数据的非线性特征和长期依赖关系进行解释。本章采用均方根误差、平均相对误差和拟合优度对提出的预测模型进行评估,评估结果显示,该模型在短期光伏功率预测任务中表现突出。

通过对以上预测模型的研究,主要结论如下:

①采用 EMD 分解和 KPCA 对初始光伏发电功率数据进行处理。可以有效地提取出数据的非线性特征,并减少数据的维度。同时,LSTM 能够捕捉到数据的时序依赖关系,进一步提高预测的准确性。

②通过对比实验分析可知,EMD-KPCA-LSTM 预测模型在训练集当中的误差指标与单一的 LSTM 模型以及 EMD-LSTM 网络模型相差不大。而在测试集当中,EMD-KPCA-LSTM 预测模型与 LSTM 模型和 EMD-LSTM 网络模型两者进行比较,EMD-KPCA-LSTM 预测模型的 RMSE 和 MAE 则分别下降了 0.92 MW、0.73 MW 和 0.98 MW、0.82 MW。拟合优度则分别提高了 52.79%和 57.18%。

③由实际预估模型评价指标可知,均方根误差和平均相对误差的值越小,说明预测模型结果的精度越高,拟合优度的值越趋近于 1,则说明预测结果则越准确,符合预期。

④根据结论②可知 LSTM 模型和 EMD-KPCA 网络模型对于评估模型在未知数据上的性能相较于 EMD-KPCA-LSTM 预测模型较差,反映出模型对未知数据的预测能力也比较差。

实验结果表明,EMD-KPCA-LSTM 光伏功率预测模型能够有效地提高预测精度。与其他传统的预测方法相比,该模型在光伏功率预测的准确性取得了更好的表现。

总之,EMD-KPCA-LSTM 光伏功率预测模型结合了信号处理、特征提取和深度学习技术,能够更准确地预测光伏功率的变化。这对于光伏发电系统的运行和管理具有重要意义,经过有效的运行和管理,可以及时发现和处理系统运行中的问题,确保发电系统的稳定运行。由此可知,EMD-KPCA-LSTM 预测模型相比于 LSTM 网络模型和 EDM-LSTM 神经网络模型有着更高预测精度和预测效果。

第7章 基于二次分解技术与混合深度学习模型的短期电力负荷预测

◆ 7.1 概述

电力负荷预测是提升电力系统综合效益的关键因素[82-84]。准确的短期电力负荷预测对电力公司而言，有助于其合理规划资源、降低经营成本，为电力系统的稳定运行与可靠供电提供有力支持[85-86]。可是，电力负荷受季节更迭、气象条件、节假日因素以及用户行为模式等多方面因素制约，导致精确预测颇具难度，挑战极大。

近年来，分解技术与深度学习技术的迅速发展，在电力负荷预测范畴收获了颇为可观的成效[87-89]。其中，文献[90]阐述了一种把变分模态分解(variational mode decomposition, VMD)、长短期记忆网络(LSTM)、粒子群优化(PSO)以及门控循环单元(GRU)相融合的电力负荷预测手段。此方法借助VMD拆解负荷数据，凭借LSTM与GRU抓取时间序列特性，再依靠PSO优化网络参数，极大程度地提升了预测的精准度。文献[91]则提出基于多尺度时空图卷积网络与Transformer整合的多节点短期电力负荷预测方案，该方案将图卷积网络和Transformer的优势加以结合，增强了预测的精确性与泛化本领。另外，文献[92]和[93]分别研究了基于改进Q学习算法和组合模型的超短期电力负荷预测，以及基于DBO-VMD和IWOA-BILSTM神经网络组合模型的短期电力负荷预测展开探究。

综上所述，这些研究成果展现了不同分解技术和深度学习技术在电力负荷预测中的应用情形。为实现预测精度与效率的进一步提升，在参考上述研究的基础上，本章致力于将二次分解技术与混合深度学习模型相互融合，开展了如下相关研究：

① 采用自适应噪声完备集合经验模态分解(complete ensemble empirical mode decomposition with adaptive noise, CEEMDAN)针对随动性的原始负荷序列实施一次分解操作,随后以样本熵聚合的手段完成了对负荷重构。

② 为了进一步削弱原始信号的非平稳特征,借助变分模态分解(VMD)对样本熵重构序列中呈现出的强非平稳序列实施二次分解。

③ 基于深度学习的思路,采用卷积神经网络(convolutional neural network, CNN)、双向长短期记忆网络(bidirectional long short-term memory network, BiLSTM)相融合的方法构建了 CNN-BiLSTM 混合深度学习预测模型。

④ 采用实际我国南方某地的电力负荷实测数据,通过对比试验分析,验证该预测方法的优越性。

7.2 分解技术及预测算法分析

7.2.1 自适应噪声完备集合经验模态分解

CEEMDAN 是一种信号分解方法,它在 EMD 的基础上进行了改进,并借用了集合经验模态分解(ensemble empirical mode decomposition, EEMD)中加入高斯噪声和多次叠加平均以抵消噪声的思想[94]。其实现的主要步骤如下:

① 对原始信号进行若干次随机噪声扰动,得到多个噪声扰动数据集;

② 对每个噪声扰动数据集进行 EMD 分解,分解获取第 1 个模态分量(IMF),并定义其均值当作 CEEMDAN 分解得到的第 1 个 IMF;

③ 将分解操作并获得第 j 阶段余量信号后,紧接着向该余量信号中添加特定噪声,继而执行 EMD 分解,其中添加的噪声为白噪声的 IMF;

④ 重复上述步骤,直至达成 EMD 停止条件,换而言之是第 n 次分解的余量信号 $r_n(t)$ 呈现出单调特性,则迭代停止,也意味着 CEEMDAN 算法分解结束。

7.2.2 样本熵

在衡量时间序列复杂度的诸多指标中,样本熵(sample entropy)占据着重要的一席之地。由 Richman 等人所提出,是对近似熵算法加以改进后的成果。其计算方式是对比序列里不同长度的子序列模式的相似性程度。相较于近似熵,样本熵在一致性与相对独立性方面表现更优。样本熵数值越大,意味着序列的复杂性与随机性就越高；数值越小，序列则越具有规律性、稳定性。在生理信号剖析以及工程领域中均有普遍的运用。

7.2.3 K-means 聚类算法

K-means 聚类算法是一种广泛使用的无监督学习算法。它在数据分析、图像处理、市场细分等众多领域都有应用，能够帮助发现数据中的隐藏模式和结构。其实现的主要步骤如下：

①选择聚类个数 K；

②随机初始化 K 个聚类中心；

③对于每个数据点，首先针对每个数据点到 K 个聚类中心的距离加以计算，紧接着按照距离的远近情况，把数据点归入到距离它最近的中心簇里；

④重新计算每个簇的中心；

⑤持续执行③和④，直到符合收敛条件（如聚类中心不再变化或达到指定的迭代次数）。

7.2.4 变分模态分解

VMD 一种信号处理技术，用于将非线性和非平稳信号分解为一组固有模态分量（IMFs），这些 IMFs 具有不同的频率特性[95]。

其主要理念在于构建并求解变分问题。具体而言，首先假定原始信号 f 能够被拆解成 k 个分量，各个分量都是有限带宽模态分量，它们还各自具备相应的中心频率；在此基础上，还需满足一个需求，即所有模态的预估带宽总和达到最小化；同时设一个限定条件，即全部模态加起来必须等于原始信号 f。面对这样一个携带约束变分问题，引入拉格朗日乘法算子，使之转化为非约束变分问题。在完成上述转换之后，接着凭借迭代的方式去探寻变分模型的最优解，最终敲定每个分解部分的中心频率与带宽。

VMD 有着诸多的优势，如能够精准确定模态分解的个数，以自适应的方式给模态的最优中心频率以及有限带宽执行匹配操作，通过这样的方式，进而达成固有模态分量的有效分隔以及信号的频域划分等。与 EMD 方法相较而言，它呈现出显著的优势，高效解决了端点效应以及模态分量混叠问题，与此同时，它能将复杂的时间序列信号精准地分解为多个不同频率尺度且具备相对平稳特性的子序列。

7.2.5 卷积神经网络

CNN 是一种专门为处理具有网格结构数据(如图像、音频)而设计的深度学习模型。它主要由卷积层、池化层和全连接层组成。它的核心操作是卷积(convolution),这是一种数学运算。通过卷积核(也称为滤波器)在输入数据上滑动,对数据中的局部特征执行提取工作。其中,池化层用于执行降低特征图的维度的工作,以达到减少计算量以及过拟合风险的目的。而全连接层的主要功能在于对前面层提取的特征执行整合任务,进而实现最终的分类或预测。

CNN 具有局部连接和权值共享的特性,大大削减了网络参数数量,提高了训练效率。它能够自动从大量的数据中去学习其特征,对复杂的数据具有很强的建模能力。例如,在图像识别任务当中,能够辨认出多种不同的物体、多种类型的场景等。随着技术发展,CNN 不断地改进和优化,在众多领域取得了不错的成果。CNN 的基本结构如图 7.1 所示。

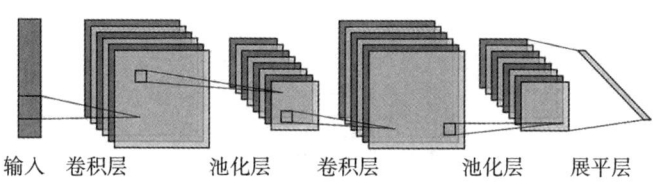

图 7.1 CNN 结构图

7.2.6 双向长短期记忆网络

BiLSTM 属于 RNN 架构的一种改进形式。它由前向和后向两个 LSTM 层组成。前向 LSTM 层从序列的起始到结尾进行处理,捕捉过去的信息;后向 LSTM 层则从序列的结尾到起始处理,获取未来的信息。通过这种双向处理,BiLSTM 能够更全面地学习序列中的上下文信息。

BiLSTM 能够有效处理长序列数据中的长期依赖问题,避免梯度消失或爆炸。在自然语言处理任务中,如文本分类、情感分析、机器翻译等,BiLSTM 表现出色,能够准确地理解和处理文本中的复杂语义关系。BiLSTM 结构如图 7.2 所示。图 7.2 中的 $X_1, X_2, X_3, \cdots, X_t$ 分别表示模型在 $t_1, t_2, t_3, \cdots, t_t$ 时刻对应的输入数据;$A_1, A_2, A_3, \cdots, A_t$ 分别表示前向 BiLSTM 的隐藏层状态;$B_1, B_2, B_3, \cdots, B_t$ 分别表示后向 BiLSTM 的隐藏层状态;$Y_1, Y_2, Y_3, \cdots, Y_t$ 分别表

示模型在 $t_1, t_2, t_3, \cdots, t_t$ 时刻对应的输出数据；$\omega_1, \omega_2, \omega_3, \cdots, \omega_t$ 分别表示模型中各层相应的权重值。

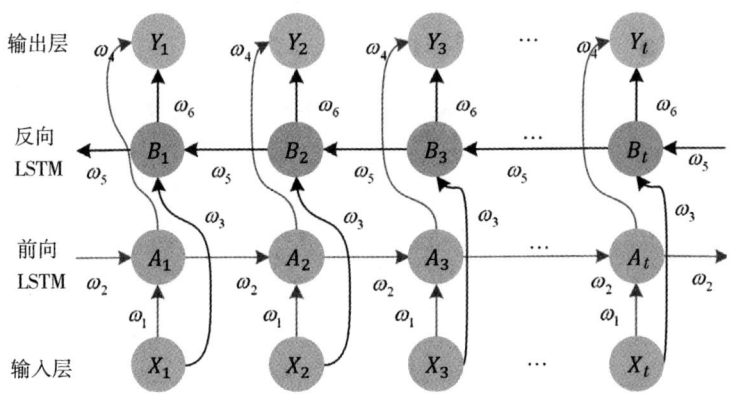

图 7.2 BiLSTM 结构图

BiLSTM 中各层的状态更新以及输出可通过式(7.1)至式(7.3)进行描述：

$$A_i = f_1(\omega_1 X_i + \omega_2 A_{i-1}) \tag{7.1}$$

$$B_i = f_2(\omega_3 X_i + \omega_5 B_{i+1}) \tag{7.2}$$

$$Y_i = f_3(\omega_4 A_i + \omega_6 B_i) \tag{7.3}$$

式中，f_1, f_2, f_3——不同隐藏层之间的激活函数。

7.3　CEEMDAN-VMD-CNN-BiLSTM 模型的构建与评价指标

7.3.1　CEEMDAN-VMD-CNN-BiLSTM 模型的构建

CEEMDAN-VMD-CNN-BiLSTM 模型是一种复杂的集成模型。首先，使用 CEEMDAN 算法和 VMD 方法对原始数据进行预处理，将其分解为多个较为平稳和简单的子序列，降低数据的复杂性和非平稳性。接着，引入 CNN 模型，其擅长提取数据的局部特征。同时，结合 BiLSTM 模型，能够从前后两个方向捕捉序列中的长期依赖关系和上下文信息。模型具体预测流程如图 7.3 所示，具体实现步骤如下：

①一次分解操作。借助 CEEMDAN 分解原始负荷序列获取到 k 个子序列，这些子序列中包括 $k-1$ 个模态分量和 1 个残余分量。

②SE 序列重构环节。起先针对一次分解所获取的各 IMF 分量进行样本熵计算，紧接着将共计 k 个样本熵借助 K-means 聚类为 3 部分，基于聚类结果，与之对应的 k 个子序列被重构为 Co-IMF0、Co-IMF1 和 Co-IMF2 这 3 个序列，通过这种方式以减少在重构序列选择过程中的可能出现的随机性影响。

③二次分解操作。借助 VMD 针对不平稳的高频序列执行二次分解，鉴于防止模态混叠问题，采用 EMD 方法确定 VMD 的分解个数，获取到 b 个子序列。

④数据预处理操作。把经过分解获取的子序列依照式(7.4)作归一化处理，以加快模型训练速度：

$$x' = \frac{x - x_{\min}}{x_{\max} - x_{\min}} \tag{7.4}$$

式中，x'，x，$x_{\min}$，$x_{\max}$——为归一化得到的数据、真实数据、测试集中真实数据中的最小值、最大值。

⑤预测操作。把前面获取得到的各序列输入到 CNN-BiLSTM 模型框架中一一进行预测，再将预测结果叠加整合。其中，CNN 用于完成提取数据特征任务，进而用来加快模型训练速度；而 BiLSTM 专注于训练模型。

7.3.2 评价指标

为了达成针对每种预测模型预测性能进行客观评价的目的，在本章中选用平均绝对误差(δ_{MAE})、均方根误差(δ_{RMSE})、平均相对百分误差(δ_{MAPE})和确定系数(R^2)，计算公式分别如下：

$$\delta_{\text{MAE}} = \frac{1}{n} \sum_{i=1}^{n} |\hat{y}_i - y_i| \tag{7.5}$$

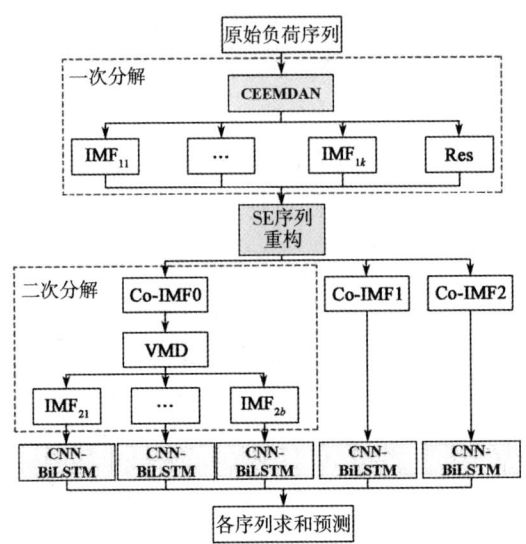

图 7.3　基于二次分解组合的 CNN-BiLSTM 的短期负荷预测流程

$$\delta_{\text{RMSE}} = \sqrt{\frac{\sum_{i=1}^{n}(\hat{y}_i - y_i)^2}{n}} \quad (7.6)$$

$$\delta_{\text{MAPE}} = \frac{1}{n}\sum_{i=1}^{n}\frac{|\hat{y}_i - y_i|}{y_i} \quad (7.7)$$

$$R^2 = 1 - \frac{\sum_{i=1}^{n}(\hat{y}_i - y_i)^2}{\sum_{i=1}^{n}(\bar{y}_i - y_i)^2} \quad (7.8)$$

式中，y_i，$\hat{y}_i$，$\bar{y}_i$——多元负荷的真实值、预测值和平均值；

n——测试样本集中的样本数。

7.4 算例分析

为了验证本章所提出的预测模型的性能，通过实际数据集进行实验测试分析。数据来源于我国南方某地区电厂提供的 2016 年 3 月 1 日至 5 月 31 日的电负荷实测数据，采样频率为 15 min，每天采样点 96 个。每组原始数据包含最高温度、最低温度、平均温度和降雨量 4 个外部环境因素，以及负荷功率数据，共计 8832 组数据（其中 7066 组为训练数据，1766 组为测试数据）。本章将基于以上数据进行电力负荷预测研究。

7.4.1 一次模态分解

设置采样频率为 4 Hz，即每 15 min 一个采样点，借助 CEEMDAN 算法将原始时间序列分解成若干 IMF 分量，如图 7.4 所示（为了效果明显，仅显示部分）。运用 CEEMDAN 算法将原始时间序列分解成 14 个 IMF 分量，这些分量各自表征了原时间序列在相异时间尺度上的独特特征，同时从上至下，各 IMF 分量可大致分为高频（IMF1、IMF2 和 IMF3）、中频（IMF4、IMF5 和 IMF6）和低频（IMF7、IMF8、IMF9、IMF10、IMF11、IMF12、IMF13 和 IMF14）3 个区间。为了精确验证上述猜想，通过样本熵-K 均值聚类法的方式进行高、中、低频进行分类，14 个子序列样本熵值结果如图 7.5 所示。在对样本熵的超参进行调试的过程中，经观测发现高频分量的排序并未发生变化，这一现象足以说明不管超参组合如何变化，均不会对高、中、低频分量的判定产生影响。运用样本熵-K 均值聚类手段将全部序列实施整合操作，归并成 3 个序列，具体而言，将一次分解序列中的样本熵值位列前三的 IMF1、IMF2 和 IMF3 这 3 个子序列整合成 Co-IMF0 序列，样本熵值处于中间水平的 IMF4、IMF5 和 IMF6 这 3 个子序列整合为 Co-IMF1 序列，而其余的 8 个子序列则被整合成 Co-IMF2 序列。样本熵重构结果如图 7.6 所示。

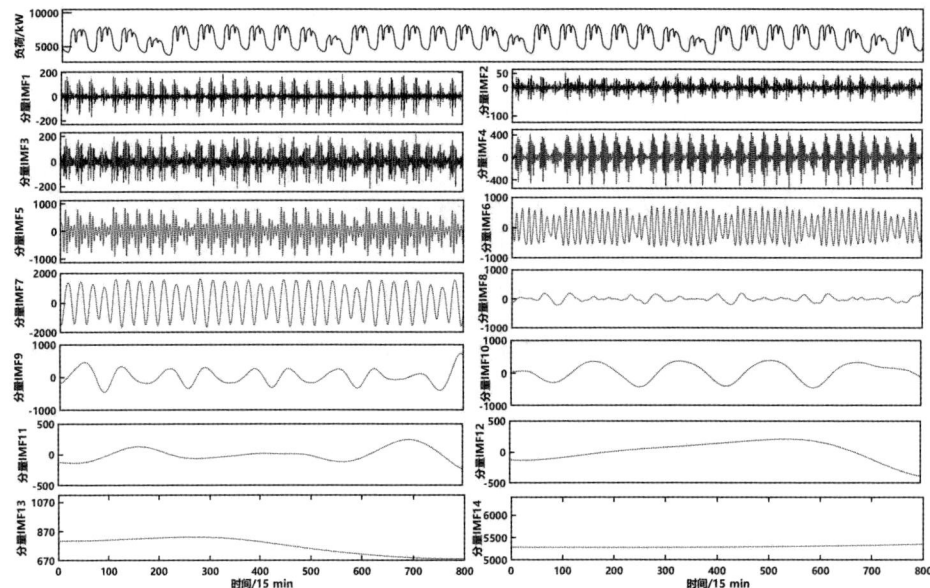

图 7.4 一次分解结果图

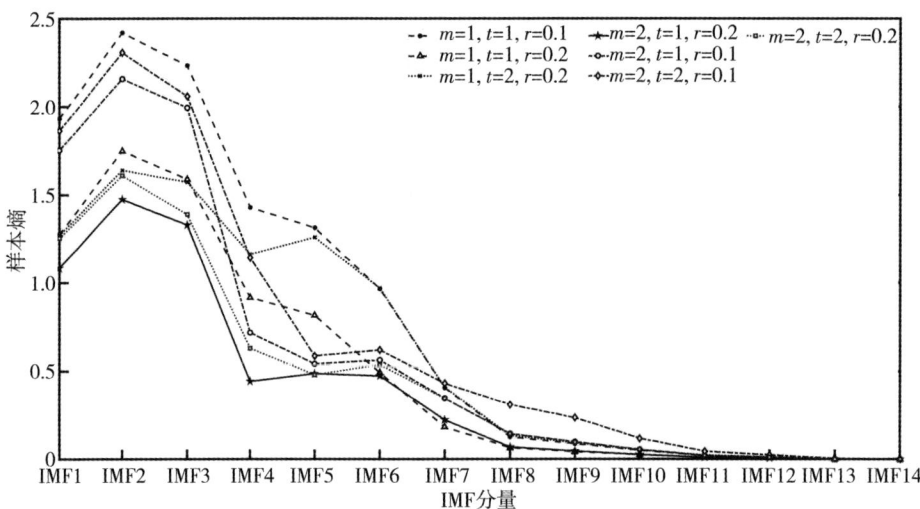

图 7.5 子序列样本熵图

第 7 章　基于二次分解技术与混合深度学习模型的短期电力负荷预测

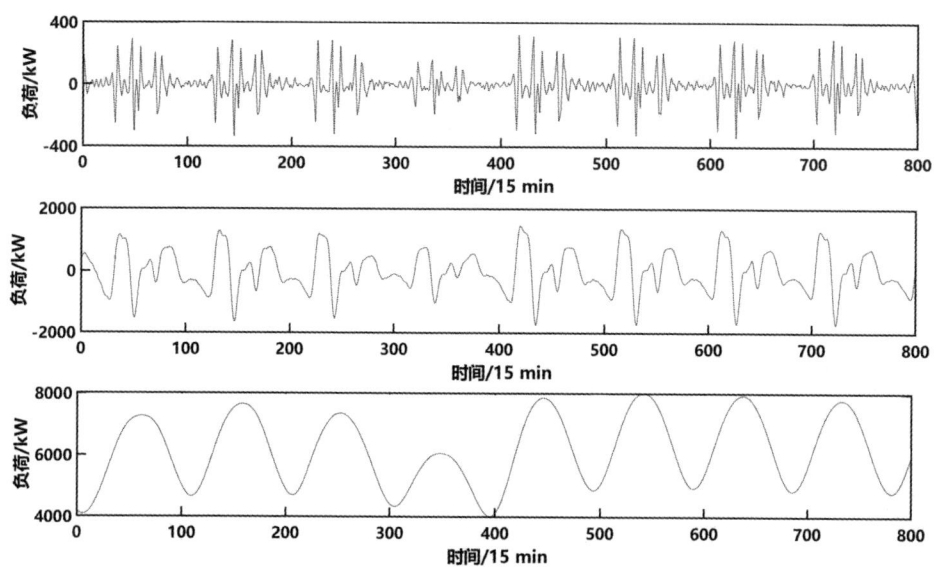

图 7.6　样本熵重构结果图

7.4.2　二次模态分解

本章针对经过 K-means 聚类后所得到的高频分量 Co-IMF1 执行 VMD 二次模态分解。指定分解个数 $K=3$，其分解结果如图 7.7 中的 VMD-IMF1、VMD-IMF2 和 VMD-IMF3 所示，其中，VMD-IMF4、VMD-IMF5 即为上述的 Co-IMF2、Co-IMF3。对应的频谱如图 7.8 所示，从图 7.8 中可知，经二次分解后负荷波动频率明显减少。

7.4.3　预测结果对比

在本章的研究中，为了深层次地验证本章所提的 CEEMDAN-VMD-CNN-BiLSTM(CVCB)模型相较于其他模型所具备的优势，本章选取了 BiLSTM、CNN-BiLSTM(CB)、VMD-CNN-BiLSTM(VCB)3 个模型与之展开对比分析工作。4 组模型的预测结果对比如图 7.9 所示(仅展示部分)，对应的预测误差对比如图 7.10 所示，评价指标如表 7.1 所列。

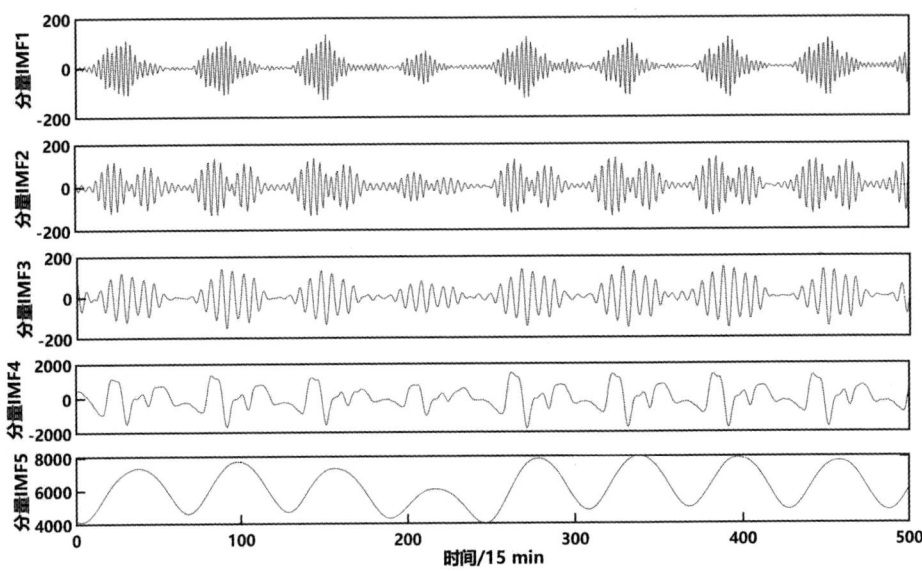

图 7.7 二次分解结果图

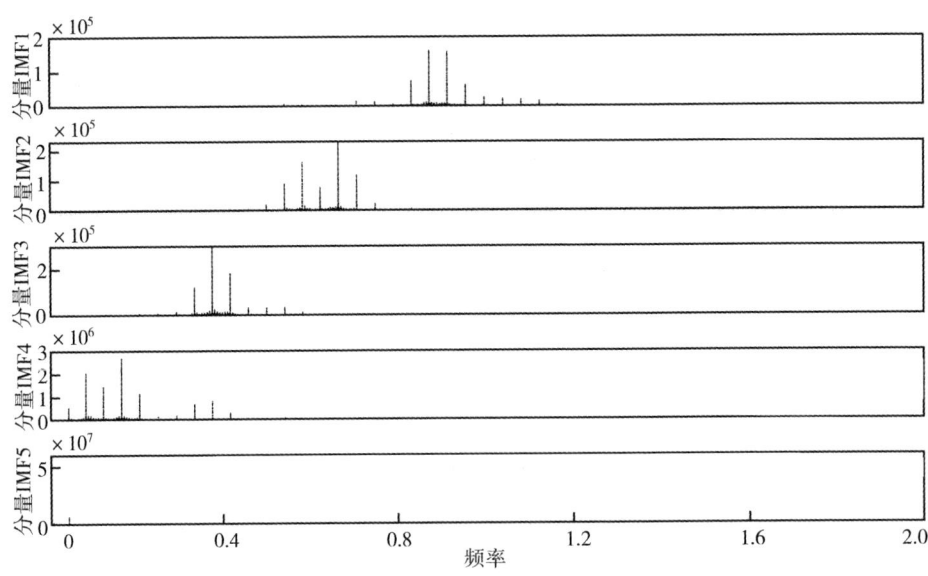

图 7.8 二次分解频谱图

§ 第 7 章 基于二次分解技术与混合深度学习模型的短期电力负荷预测

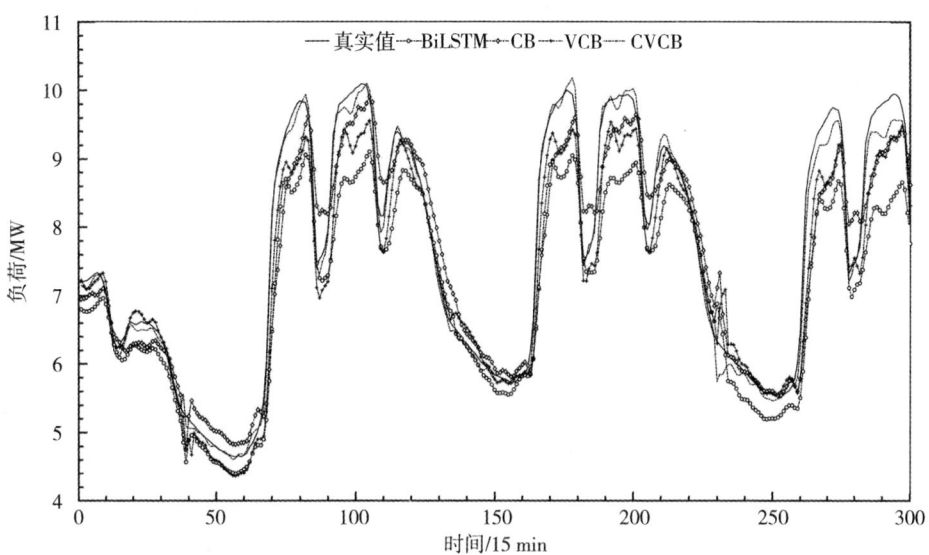

图 7.9 预测结果对比图

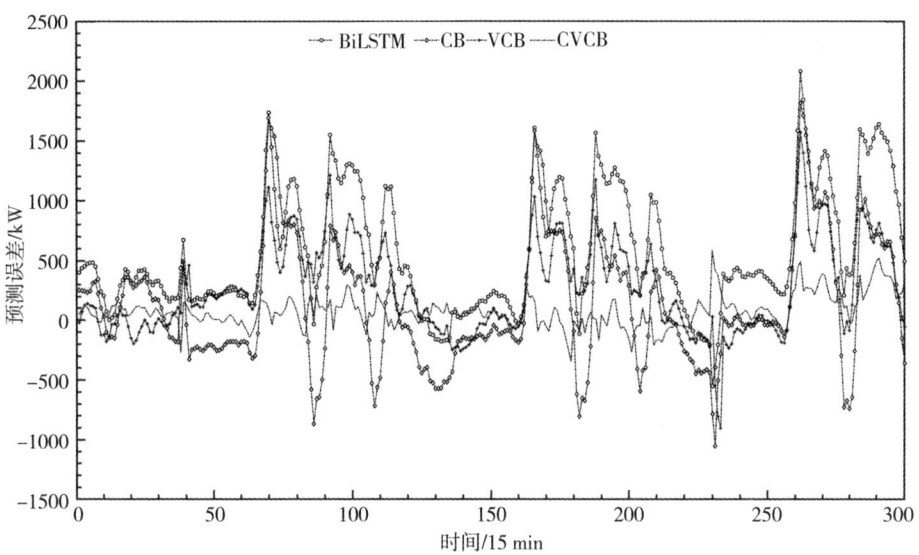

图 7.10 预测误差对比图

表 7.1 预测性能对比表

模型类型	δ_{MAE}/kW	δ_{RMSE}/kW	δ_{MAPE}/%	R^2
BiLSTM	512.44	667.29	7.33	0.83
CB	427.42	581.08	5.97	0.87
VCB	289.77	384.07	4.01	0.94
CVCB	107.39	142.76	1.45	0.99

结合图 7.9 和图 7.10 可知，BiLSTM 模型逼近真实值的效果最差，CB 模型次之，VCB 模型拟合效果较好，而 CVCB 模型（本章方法）拟合效果最好，预测误差最小。

由表 7.1 可知，CVCB 模型的 δ_{MAE}、δ_{RMSE} 与其他模型相比，误差最大可减小 79.04%、78.61%；4 种预测模型的预测精度分别为 92.67%、94.03%、95.99%、98.55%，本章所提出的模型预测精度最大可提升 5.88%。

综合上述试验结果可得，本章所述二次分解技术与混合深度学习预测方法在短期电力负荷预测方面预测性能最佳。

7.5 结论

针对电力负荷波动量大、数据集构建难度大等特征导致负荷预测难度大、预测精度低等问题，本章提出了二次分解技术与混合深度学习预测模型融合的方式，构建了 CEEMDAN-VMD-CNN-BiLSTM 预测模型，设置了对比试验进行分析，得出了如下结论：

①将原始负荷序列经 CEEMDAN 一次分解获取的序列采用样本熵聚合的手段实施重构操作，能够使得后续预测子模型复杂度得以有效降低，进而在预测环节中成功减小叠加预测误差，同时也可缩短整个预测任务所耗费的时长。

②通过运用 VMD 技术，针对样本熵重构序列里呈现的强非平稳序列执行二次分解操作，这一举措能够有效削减原始负荷序列的非平稳特性。

③采用深度学习的手段，首先将经过预处理之后的序列输入 CNN-BiLSTM 混合深度学习模型展开预测工作，其中应用 CNN 提取输入特征，将成功获取到的特征应用 BiLSTM 模型分别进行预测，通过这种 CNN 与 BiLSTM 有机结合的办法，能够有效弥补单一模型在提取数据特征方面的不足，进而提升最终预测

精度。

该方法在实际工程应用中具有较高价值,在接下来的研究工作中,本章后续将在特征集多任务学习和电力负荷联合预测上进一步深入研究。

第8章 基于特征选择与组合模型构建的综合能源系统多能短期负荷预测

◆ 8.1 概述

在综合能源系统中,多能负荷的精准预测对于电网安全稳定运行,调度的优化以及运营成本的有效降低起着极为关键的保障作用[96]。伴随智能电网、智能互联网及其相关产业的迅猛发展,电力相关企业得以采集到海量的多能负荷数据,此数据基础为多能负荷预测创造了条件。然而,若将所有负荷序列均当作模型的原始输入特征,不但会给模型带来额外的负荷与压力,还会在很大程度上削弱模型的预测精准度[97]。由此可见,探寻合理的数据特征选取方法,对于提升模型的预测精度而言,有着十分重大的意义。

关于特征选取方面的研究,文献[98]采用自相关算法、皮尔森相关系数法和 RReliefF 算法等对输入气象特征进行分析,选取提升负荷预测性能的重要特征,通过算例分析验证了所选特征都是重要特征。文献[99]采用深度置信空间法对复杂的多维输入气象因子进行处理,经由实验分析验证,该方法有效提升了模型在预测任务中的精度表现。文献[100]采用最大化信息系数法与特征协同优化法予以有机结合,针对气象输入特征展开筛选,在此过程中全面综合考量数据相关度、数据冗余度以及数据协同度等多方面问题。经由实验验证环节,充分证实了该方法在提升预测模型精度方面的有效性与可靠性。

另外,负荷预测的方法方面,现如今的研究主要采用平滑指数法[101]、线性回归方程法[102]等具有统计学代表的方法,以及具有代表性的支持向量机[103-104]、模糊逻辑[105]、XGBoost[106-107]、深度学习网络法[108]以及神经网络法[109-110]等机器学习方法。在构建预测模型时,主要采用基于多种算法融合的组合模型策略。其中,组合模型里算法的抉择至关重要。优质的算法融合方案不但能够显著提升模型的预测精度,确保模型在预测过程中的时效性,使其能够快速准确地应对各类预测需求;反之,若算法组合选择不当,将会致使模型的预测效果大打折扣,无法达到预期的预测目标与要求,甚至可能对相关决策与应用产生误导性影响。文献[111]将小波分析法与二阶灰度预测法结合,通过算例分析验证了所提方法的优越性。文献[112]采用集合模态经验分析与Q学习策略结合,对短期负荷进行预测,效果显著。文献[113]针对多元负荷预测精度不足的问题,提出了一种VMD-ARIMA-DBN短期负荷预测组合模型,最终通过算例分析,也验证了所提模型确能提高预测精度。

综上所述,本章针对单一的SVM模型存在的局限性展开深入改进探索,成功构建起一种适用于综合能源系统多能短期负荷预测的创新模型。该模型以特征选取为重要基础,并巧妙融合多种模型优势,创新性地提出了RVMD-RSSA-LSSVM组合模型预测方法,具体工作如下:

①针对负荷外部气象因子具有高度复杂性,倘若将其全部纳入模型输入范畴,将会导致模型承受额外且不必要的负担。因此,本章引入斯皮尔曼相关系数法,专门针对气象特征与负荷之间的相关程度展开分析。

②针对VMD算法和LSSVM模型中核参存在偶然性特征会导致模型预测精度差的问题,本章分别引入GWO算法和SSA算法对前两种算法模型进行优化。

③为更好验证本章所提预测方法的优越性,采用"图+表"的方式进行综合能源系统多能负荷(冷、热、电、气)算例分析,并设置了8种预测方法与之对比。

8.2 多能负荷气象特征的选择方法

在综合能源系统的运行框架下,用户的用能模式呈现出与当地气象条件的动态变化,电价波动以及所处时间点紧密相连的特性,在这些多维度的输入特征集合里,部分特征与负荷之间展现出高度的相关性,然而,不可忽视的是,仍存在一些特征与负荷的关联程度较为微弱,若在构建预测模型时不加甄别地将所有这些特征均纳入输入变量范畴,必然会导致模型计算复杂度的急剧攀升,进而对模型的训练成效以及预测准确性产生不利影响,因此。本章采用斯皮尔曼相关系数对负荷与各类输入特征之间的相关性进行分析。

$$\rho_{x,y} = \left| \frac{\sum_{i=1}^{n}(x_i - \bar{x})(y_i - \bar{y})}{\sqrt{\sum_{i=1}^{n}(x_i - \bar{x})^2 \sum_{i=1}^{n}(y_i - \bar{y})^2}} \right| \quad (8.1)$$

式中,$\rho_{x,y}$——负荷与输入特征之间的相关度,其中,$\rho_{x,y} \leq 1$,越接近 1 表示相关度越高;

x_i, y_i——第 i 个数据点的两个因素的值;

$\bar{x}, \bar{y}$——两个因素的均值;

n——数据点的个数。

相关系数大小与相关度的对应关系如表 8.1 所列。

表 8.1 系数的对应关系

$\rho_{x,y}$	相关度
0~19%	极低相关
20%~39%	低度相关
40%~69%	中度相关
70%~89%	高度相关
90%~100%	极高相关

8.3　GVMD-RSSA-LSSVM 组合预测模型的搭建

8.3.1　变分模态分解的优化(GVMD)

VMD 是当下比较新的一种用于数据分解的技术,其核心功能在于将原始数据内复杂多样的特征进行精细化分解,从而形成多个子模态序列。在这一分解过程中,VMD 能够在充分保留原始信号固有特征的基础之上,更加高效地提取出其中有价值的特征信息。尤为突出的是,该技术具备卓越的自适应能力,可针对每个子模态精准匹配最为适宜的中心频率与最优解,进而为实现本征模态分量的精确提取与有效分解提供有力支持。相较于 EMD 分解技术,VMD 显著优势在于能够有效攻克在分解过程中常出现的模态混叠难题,极大提升了数据分解的准确性与可靠性。

VMD 的工作原理是将复杂的原始信号 f 分解为 K 个不同调幅和调频的信号(简称模态分量 u_k),且使各模态带宽合计值最小。约束条件可由式(8.2)描述:

$$\begin{cases} \min\limits_{\{u_k\},\{\omega_k\}} \left\{ \sum_{k=1}^{K} \left\| \partial_t \left[\left(\delta(t) + \frac{j}{\pi t} \right) * u_k(t) \right] e^{-j\omega_k t} \right\|_2^2 \right\} \\ \text{s.t.} \quad \sum_{k=1}^{K} u_k = f(t) \end{cases} \tag{8.2}$$

式中,u_k,ω_k——经分解得到的第 k 个模态分量和模态分量的中心;

$\delta(t)$,$f(t)$——狄拉克分布和输入序列;

$*$——卷积符号。

为了消除式(8.2)中的约束,把带约束的复杂问题转化为易于求解的非约束问题,在式(8.2)的基础上,引入二次惩罚因子 α 和拉格朗日乘法子 λ,得到式(8.3):

$$L(\{u_k\},\{\omega_k\},\lambda) = \alpha \sum_{k=1}^{K} \left\| \partial_t \left[\left(\delta(t) + \frac{j}{\pi t} \right) * u_k(t) \right] e^{-j\omega_k t} \right\|_2^2 + \left\| f(t) - \sum_{k=1}^{K} u_k(t) \right\|_2^2 + \langle \lambda(t), f(t) - \sum_{k}^{K} u_k(t) \rangle \tag{8.3}$$

利用交替方向乘子法(ADMM)去更新 u_k^{n+1}、ω_k^{n+1} 和 λ^{n+1},以求取拉式方程的鞍点,具体可由式(8.4)描述:

$$\begin{cases} \bar{u}_k^{n+1} = \dfrac{\bar{f}(\omega) - \sum\limits_{i}^{k-1} \bar{u}_k^{n+1}(\omega) - \sum\limits_{i=k+1}^{K} \bar{u}_i^n(\omega) + \dfrac{\bar{\lambda}^n(\omega)}{2}}{1 + 2\alpha(\omega - \omega_k)^2} \\ \omega_k^{n+1} = \dfrac{\int_0^\infty \omega \mid \bar{u}_k(\omega) \mid^2 d\omega}{\int_0^\infty \mid \bar{u}_k(\omega) \mid^2 d\omega} \\ \bar{\lambda}^{n+1}(\omega) = \bar{\lambda}^n(\omega) + \tau\left(\bar{f}(\omega) - \sum\limits_{k=1}^{K} \bar{u}_k^{n+1}(\omega)\right) \end{cases} \quad (8.4)$$

式中，$\bar{u}_k^{n+1}$，$\bar{\omega}_k^{n+1}$，$\bar{\lambda}^{n+1}$——模态分量的维纳滤波、频率中心以及更新后的交替方向乘法子量；

n，ω——迭代次数、频率；

τ，上标¯——凸函数优化参数和参数的估计值。

最后根据傅里叶反变换可将 $\bar{u}_k(\omega)$ 变换成 $u_k(t)$，则式(8.2)可得到求解。

VMD 的惩罚因子 α 和模态分解个数 K 是算法分解性能和重构性能得到保障的关键因子，在以往的算法应用中，针对两个因子设定主要依赖于经验法以及中心频率观察法，然而这些传统方法均不可避免地存在一定的偶然性因素，难以确保参数设置的精确性与稳定性。为有效规避因人为设定 VMD 参数而对负荷预测最终结果产生不利干扰，本章将引入具备强大全局搜索能力且运算效率颇高的 GWO 去优化 VMD 中参数 α 和 K，采用如式(8.5)的样本熵为适应度函数，以取得参数 α 和 K 的最佳组合。

$$\langle K, \alpha \rangle = \mathrm{argmin}\left\{\dfrac{1}{k} \mathrm{SampEn}(i)\right\} \quad (8.5)$$

8.3.2 改进后的麻雀搜索算法(RSSA)

SSA 算法的原理系源自麻雀觅食行为与壁捕行为。此算法相对新颖，具备寻优能力强劲、收敛速率较快等显著优势。然而，在种群更新阶段，该算法运用随机生成的方式,此方法存在某些不确定因素,可能致使种群分布不均衡,从而削弱其全局搜索能力。因此,为进一步强化该算法的寻优效能,本章引入随机游走策略对最优麻雀个体予以更新,以此提升 SSA 的全局搜索性能,确保算法在处理各类复杂问题时能够更精准、高效地获取最优解,增强其在相关应用领域中的可靠性与稳定性。接下来以一个多元函数 $f(X=[x_1,x_2,x_3,\cdots,x_n])$ 来阐明随机游走策略,具体步骤如下:

①初始化参数设定(迭代点 X、迭代次数 N、步长 V 和精度 E)。

②当 $k<N$ 时,随机生成一个 n 为变量 $U=[u_1,u_2,u_3,\cdots,u_n]$,标准化 U,可得 $U' = \dfrac{U}{\sqrt{\sum\limits_{i=1}^{n} u_i^2}}$。并令 $x_1 = X+\lambda U'$,返回①,此轮游走结束。

③函数值的计算。如若 $f(x_1)<f(X)$,表示得到一个较好点,此时重置 $k=1$,令 $x_1=X$,返回①;否则,令 $k=k+1$,返回②。

④假若 N 次都找不到最优解且 $\lambda<\varepsilon$,则最优解为以 λ 步长为半径,当前最优解为中心的 N 维球内,算法结束;否则,令 $\lambda = \dfrac{\lambda}{2}$,返回①,开始循环。

8.3.3 改进后的支持向量机(LSSVM)

针对支持向量机 SVM 中的不等式约束优化问题,本章引入了最小二乘支持向量机 LSSVM。LSSVM 可将 SVM 所涉及的不等式约束优化问题转化为等式约束问题,进而借助求解线性方程组达成最终求解目的。该改进举措在一定程度上削减了问题求解的复杂性,并提升了求解的效率。LSSVM 算法实现的具体步骤如下:

①构造目标函数和约束条件:

$$\begin{cases} \min\limits_{\omega,b,\eta} \dfrac{1}{2}W^T\omega + \dfrac{\gamma}{2}\sum\limits_{i=1}^{N}\eta_i^2, i=1,2,3,\cdots,n \\ \text{s.t.} \quad y_i = W^T\phi(x_i) + b + \eta_i, i=1,2,3,\cdots,n \end{cases} \quad (8.6)$$

式中，γ, W——惩罚因子和权值系数；

η_i——松弛变量；

b, $\phi(x_i)$, y_i——分类函数、映射函数和样本集输出结果。

②引入拉格朗日函数：

$$L(W, b, \eta, \alpha) = \min_{\omega, b, \eta} \frac{1}{2}W^T W + \frac{\gamma}{2}\sum_{i=1}^{N}\eta_i^2 - \sum_{i=1}^{N}a_i[W^T\phi(x_i) + b + \eta_i - y_i] \tag{8.7}$$

式中，a_i——拉格朗日乘子。

③对式(8.7)求偏导：

$$\begin{cases} \dfrac{\partial L}{\partial \omega} = 0, \ \omega = \sum_{i=1}^{N}\alpha_i\phi(x_i) \\ \dfrac{\partial L}{\partial b} = 0, \ \sum_{i=1}^{N}\alpha_i = 0 \\ \dfrac{\partial L}{\partial \eta_i} = 0, \ \alpha_i = \gamma\eta_i \\ \dfrac{\partial L}{\partial \alpha_i} = 0, \ \omega^T\phi(x_i) + b + \eta_i - y_i = 0 \end{cases} \tag{8.8}$$

式中，∂——偏导。

④根据KKT最优化条件，将式(8.8)转化为求解线性方程：

$$\begin{bmatrix} 0 & 1 & \cdots & 1 \\ 1 & u(x, x_i) + \dfrac{1}{\gamma} & \cdots & u(x, x_i) \\ \vdots & \vdots & & \vdots \\ 1 & u(x, x_i) & \cdots & u(x, x_i) + \dfrac{1}{\gamma} \end{bmatrix} \begin{bmatrix} b \\ a_i \\ \vdots \\ a_N \end{bmatrix} = \begin{bmatrix} 0 \\ y_i \\ \vdots \\ y_N \end{bmatrix} \tag{8.9}$$

式中，u——核函数。

得到 LSSVM 回归函数：

$$f(x) = \sum_{i=1}^{N} a_i J(x, x_i) + b \qquad (8.10)$$

式中，x——训练样本。

本章运用到 RBF 高斯核函数：

$$k_i(x_i, x_j) = \exp\left(-\frac{\|x_i - x_j\|^2}{2\sigma^2}\right) \qquad (8.11)$$

式中，σ——带宽。

8.3.4 建立 GVMD-RSSA-LSSVM 预测模型

基于上面各算法理论分析，本章结合改进的 VMD、改进的 SSA 和改进的 SVM，建立的 GVMD-RSSA-LSSVM 预测模型如图 8.1 所示。具体算法实现步骤如下：

①采用 GWO 算法去优化 VMD 算法中的惩罚因子 α 和模态分解个数 K，确定参数 α 和 K 的最佳组合。

②采用 GVMD 技术对气象因子序列和各负荷数据序列进行分解，得到其 K 个模态分量 $\{u_1, u_2, u_3, \cdots, u_k\}$。

③采用 RSSA 技术去优化 LSSVM 算法中最优学习参数（惩罚因子 γ 和核函数参数 σ），结合分解得到的 K 个模态分量，建立 RSSA-LSSVM 预测模型。

④通过对 K 个预测值进行叠加重构，输出总的负荷功率预测值，并进行误差分析。

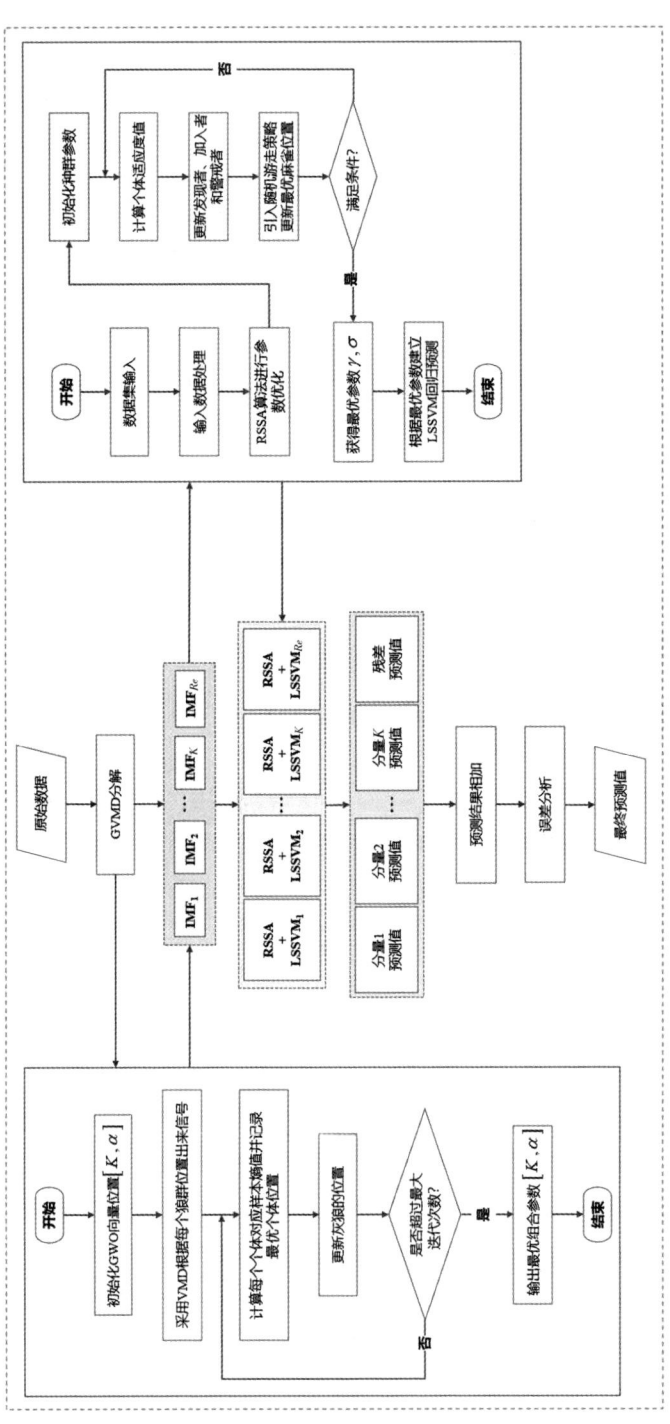

图8.1 GVMD-RSSA-LSSVM预测模型流程图

8.4 算例分析

8.4.1 数据来源及特征选择

基于前文构建的组合预测模型，为对其可行性予以验证，有必要导入具体的实测数据展开定量验证。本章计划运用我国南方某地区某多能流综合能源系统在 2020 年 1 月 1 日至 12 月 30 日期间所提供的冷负荷、热负荷、电负荷、气负荷实测数据实施深入研究分析，其采样频率设定为 1 h，每日计有 24 个采样点，具体负荷功率如图 8.2 所示。每组原始数据包含时段、风速、环境温度、气压、辐射量、降雨量、干球温度、露点温度、湿球温度和湿度 10 个气象因子，以及负荷功率数据，共计 8760 组数据（其中 6130 组为训练数据，2628 组为测试数据），经斯皮尔曼相关系数法剔除原始数据中低相关的气象因子，特征的相关系数如表 8.2 所列。

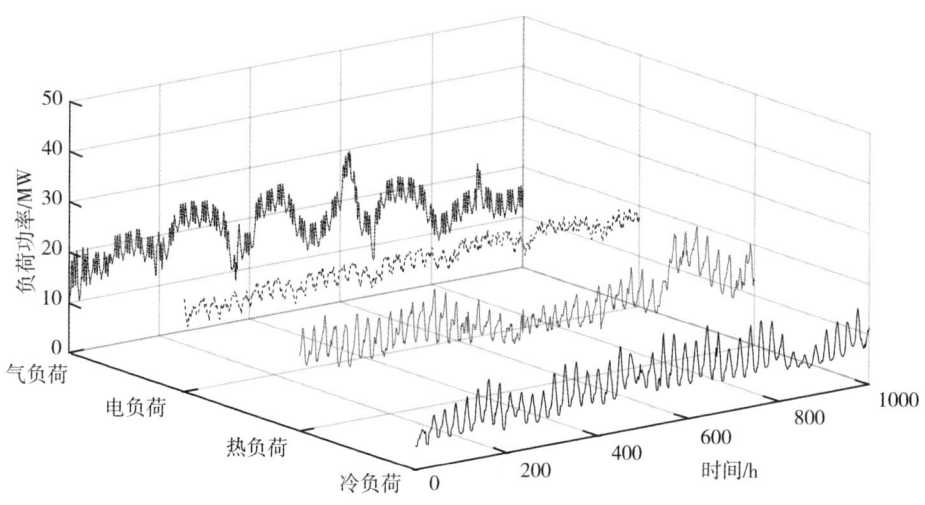

图 8.2 综合能源系统中的多能负荷功率图

表 8.2 特征的相关系数

类别	冷负荷	热负荷	电负荷	气负荷
时段	0.19	0.12	0.19	0.01
风速	0.10	0.12	0.15	0.04
环境温度	0.81	0.84	0.68	0.30
气压	0.28	0.26	0.26	0.05
辐射量	0.34	0.22	0.076	0.09
降雨量	0.07	0.13	0.13	0.02
干球温度	0.50	0.52	0.65	0.19
露点温度	0.52	0.59	0.56	0.25
湿球温度	0.52	0.63	0.68	0.25
湿度	0.20	0.14	0.05	0.08

由表 8.2 可知，气负荷同气象因子之间的相关性程度总体而言并非处于较高水平，其中最大相关系数仅为 0.30，相较而言，冷负荷、热负荷及电负荷与气象因子里的环境温度、干球温度、露点温度、湿球温度呈现出较高的相关性，相关系数均在 0.50 以上，最高可达 0.84。综合多方面因素考量，本章最终确定选取环境温度、干球温度、露点温度、湿球温度这 4 个气象因子作为模型的输入特征。

8.4.2 仿真参数说明

本章在数据处理和模型构建过程中采用了 GWO、VMD、SSA、LSSVM 4 种算法，这 4 种算法中所涉及参数设置具体如表 8.3 所列。

表 8.3 仿真参数设置

算法类型	参数名称	取值
GWO	灰狼个数	10
	维度	2
	迭代次数	9

表8.3(续)

算法类型	参数名称	取值
VMD	惩罚因子	900
	模态个数	5
	收敛因子	10^{-7}
SSA	麻雀个数	10
	迭代次数	10
	发现者数量占比	20%
LSSVM	惩罚因子	10000
	核函数参数	4732.5

依据表8.3可知，经GWO算法优化以后，VMD算法的核心参数惩罚因子 $\alpha=900$，$k=5$，且经SSA优化以后，LSSVM的核心参数惩罚因子 $\gamma=10000$，$\sigma=4732.5$。

基于以上设置及优化得出的参数，把研究样本导入相关设计程序，冷负荷、热负荷、电负荷、气负荷经GVMD分解后得到本征模态分量和残差，如图8.3所示，可以看出，经分解后，负荷数据序列展现出较为稳定的频率特性，其周期特征清晰可辨，并且未出现显著的频谱混叠状况。RSSA在优化LSSVM两个核心参数时的迭代优化过程如图8.4所示，冷负荷在第5次迭代时就几乎达到最佳适应度值，热负荷在第3次迭代时几乎达到最佳适应度值，电负荷在第7次迭代时达到最佳适应度值，而气负荷要到第12次迭代时才达到最佳适应度值。

8.4.3 模型验证分析

为了充分验证本章所建立的组合预测模型 GVMD-RSSA-LSSVM 的预测效果具有优越性，在保证输入数据相同的前提下，分别采用单一 SVM 模型、单一 LSSVM 模型、SSA-LSSVM 模型、RSSA-LSSVM 模型、VMD-LSSVM 模型、GVMD-LSSVM 模型、VMD-SSA-LSSVM 模型及 GVMD-RSSA-LSSVM 模型进行对比，各负荷预测对比如图8.5所示，从图中可知，各预测模型仅呈现出对实际值的追踪趋向，难以判定哪一模型的预测成效更佳。故而，为了能够更为清晰、精准地洞察各模型在预测性能方面的表现差异，特选取部分数据予以进一步分析，仅选取一部分数据进行展示，冷负荷、热负荷、电负荷、气负荷预测具体对比效果如图8.6至图8.9所示。

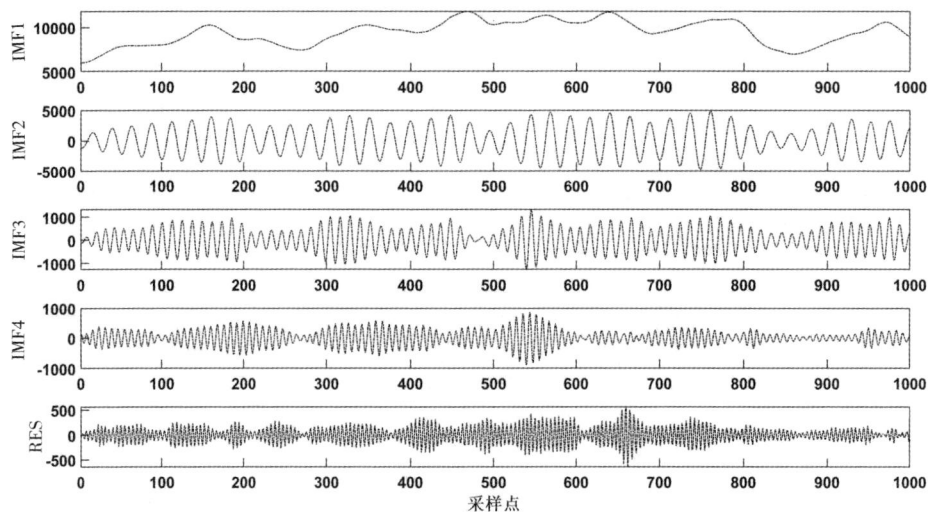

(a)冷负荷

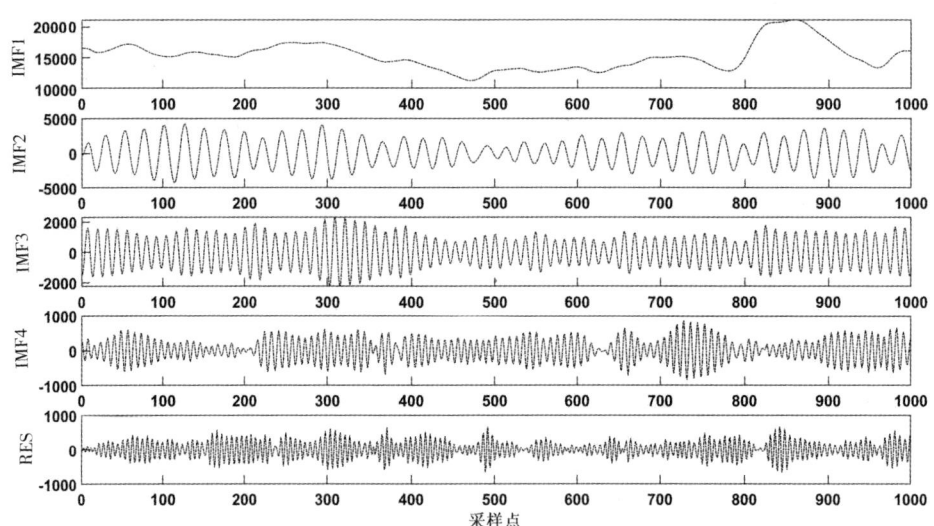

(b)热负荷

第 8 章 基于特征选择与组合模型构建的综合能源系统多能短期负荷预测

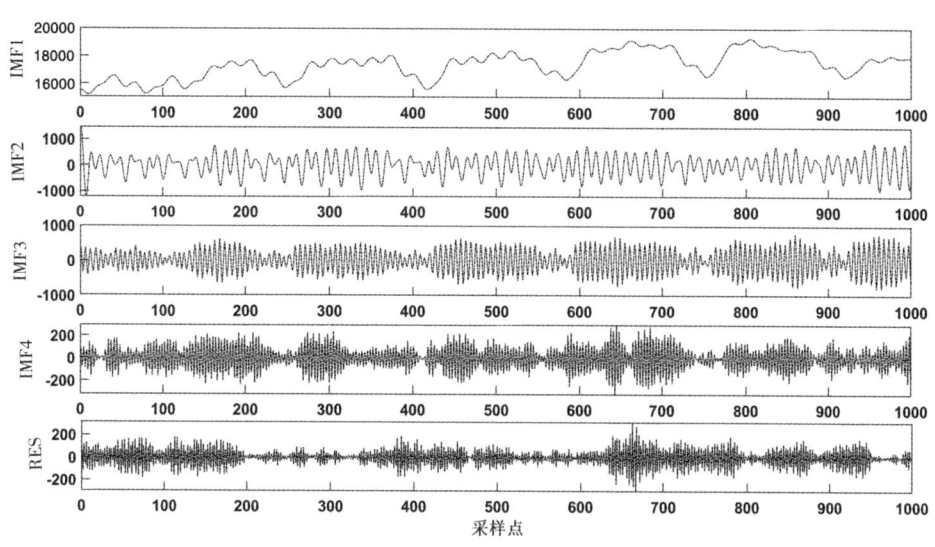

(c) 电负荷

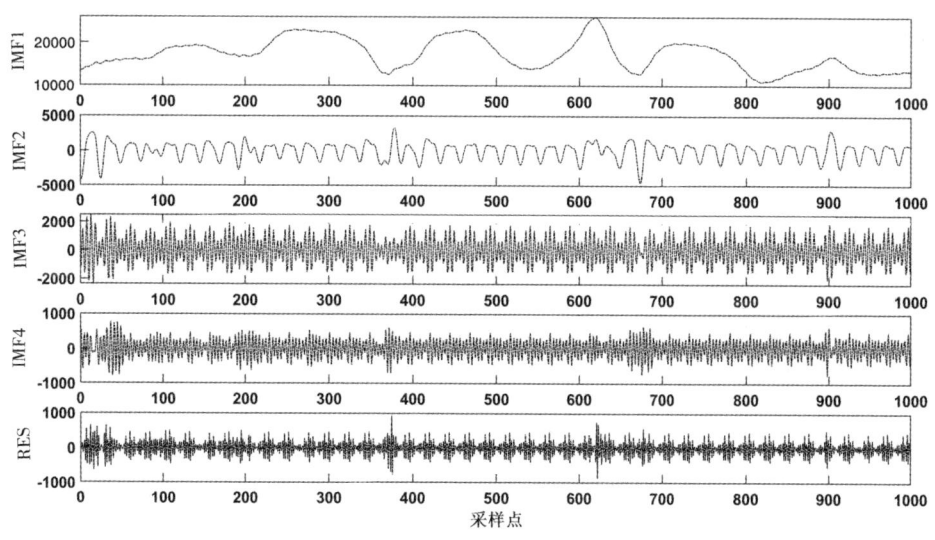

(d) 气负荷

图 8.3 GVMD 分解多能负荷后各序列图

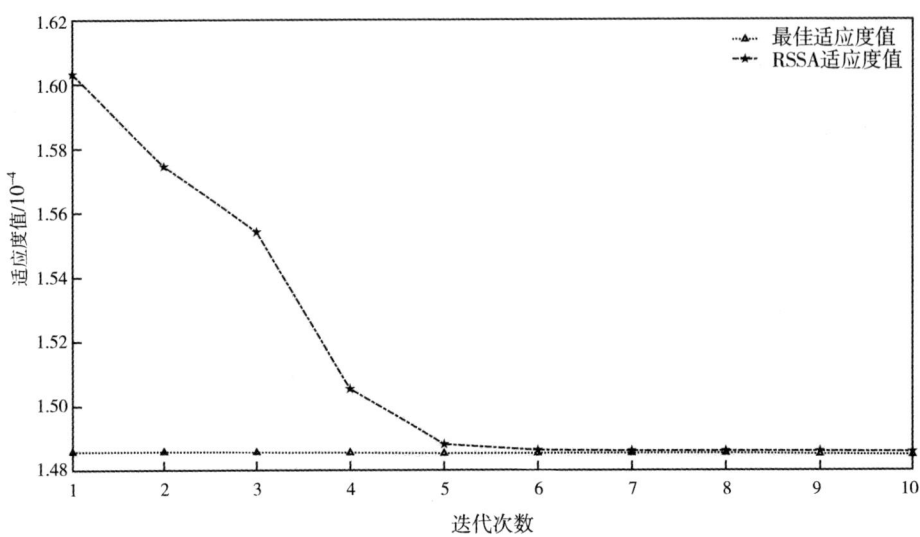

(a)冷负荷

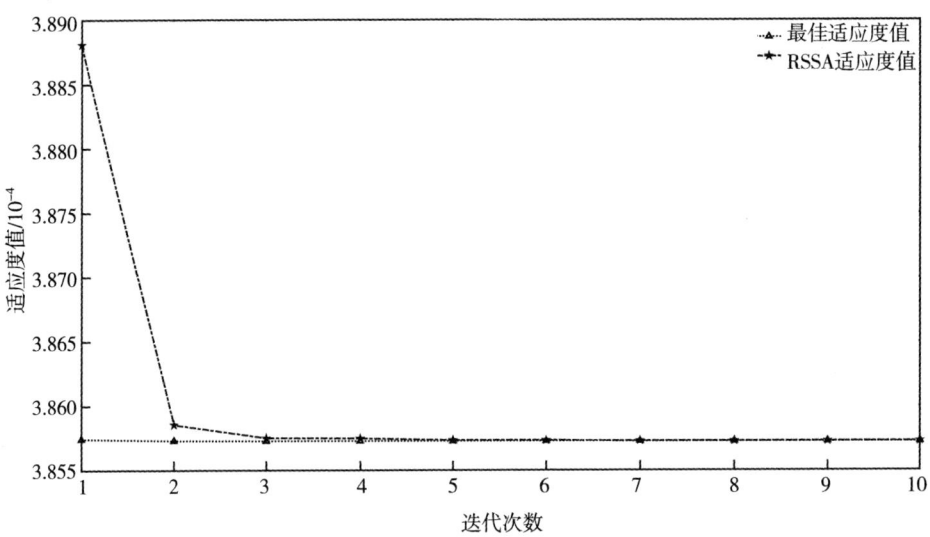

(b)热负荷

第8章 基于特征选择与组合模型构建的综合能源系统多能短期负荷预测

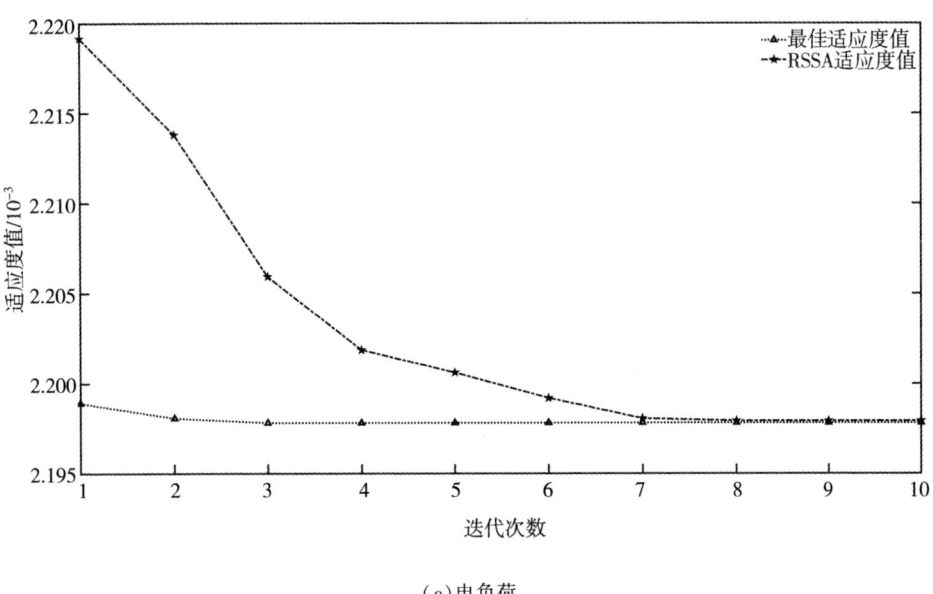

(c) 电负荷

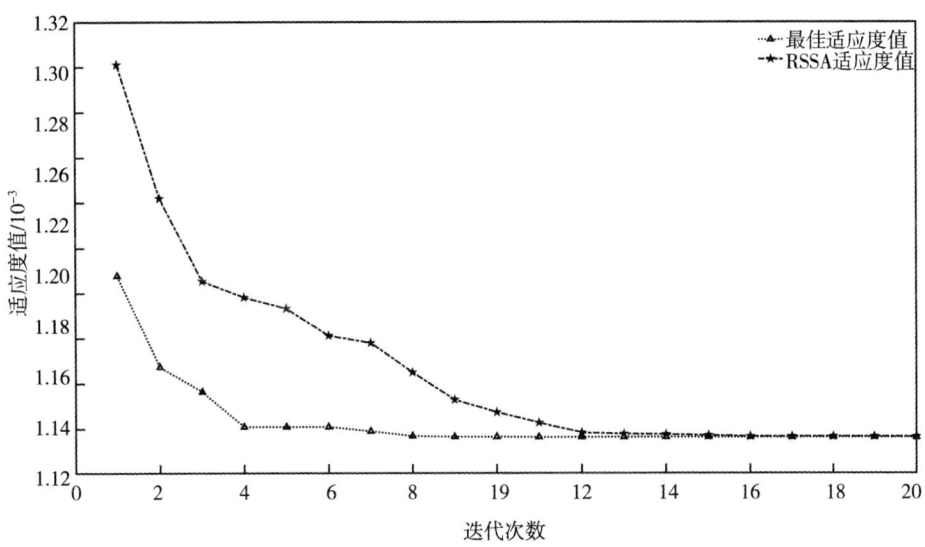

(d) 气负荷

图 8.4 RSSA 迭代过程图

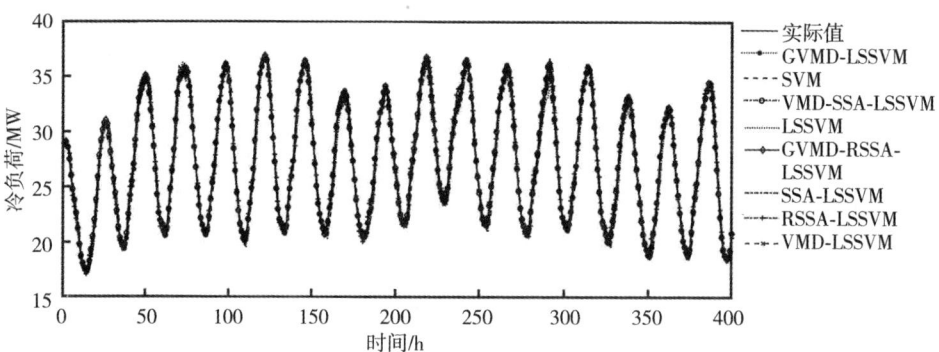

(a)冷负荷预测效果

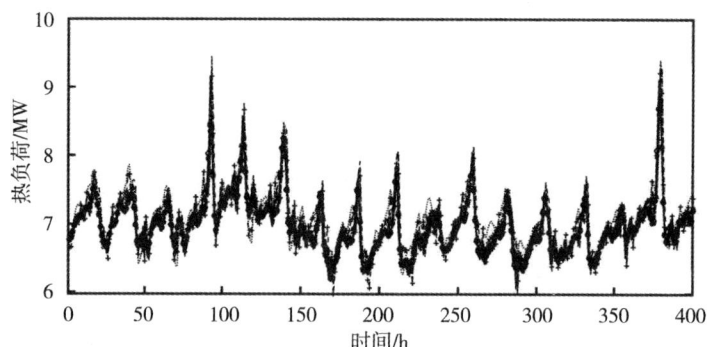

(b)热负荷预测效果

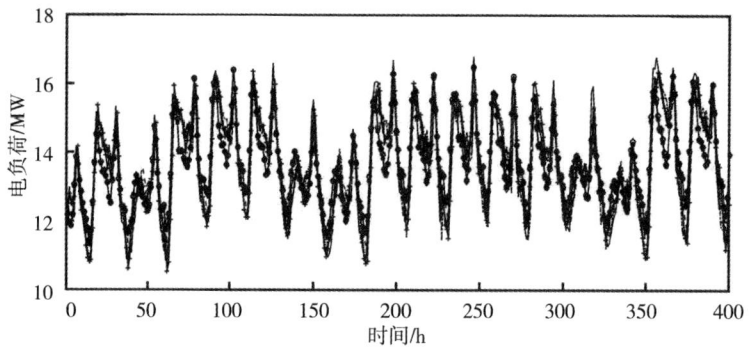

(c)电负荷预测效果

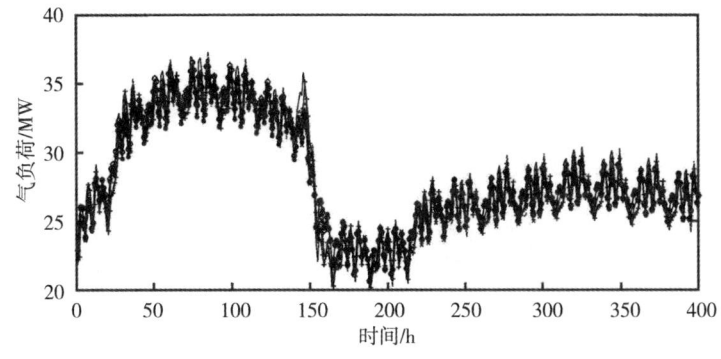

(d) 气负荷预测效果

图 8.5 各负荷预测结果对比曲线图

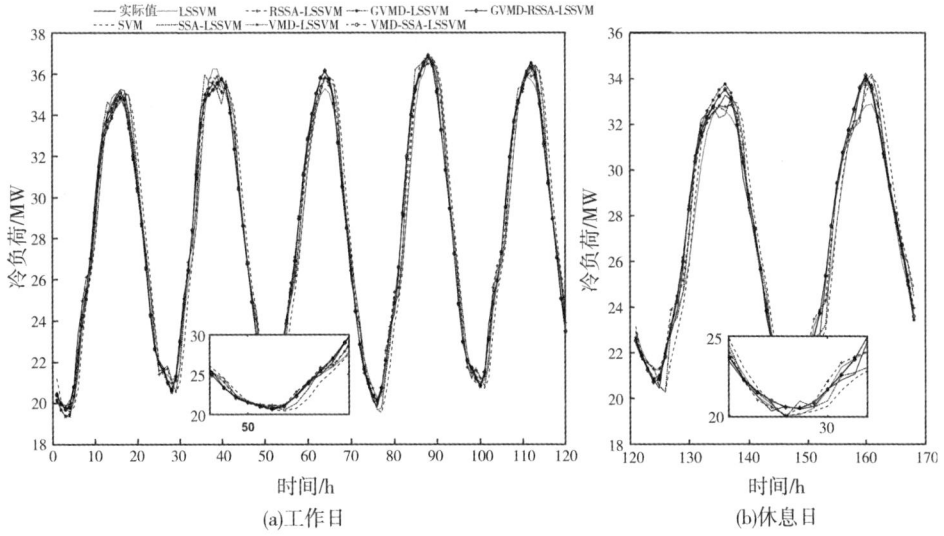

图 8.6 冷负荷预测结果对比曲线图

依据图 8.6 至图 8.9 可知,各类负荷均呈现出特定的周期性特征。其中,冷负荷的周期性表现最为显著,而其他负荷则呈现出较大的瞬时波动性,这一特征导致其预测难度显著增加。尽管各预测模型在一定程度上能够追踪负荷变化的趋势,但就整体而言,在应对具有不同波动状况的负荷时,虽可大致把握其变化态势,但仍面临诸多挑战与不确定性,预测精准度与稳定性仍有待进一步提升与优化。本章所搭建的 GVMD-RSSA-LSSVN 组合预测模型逼近实际值的

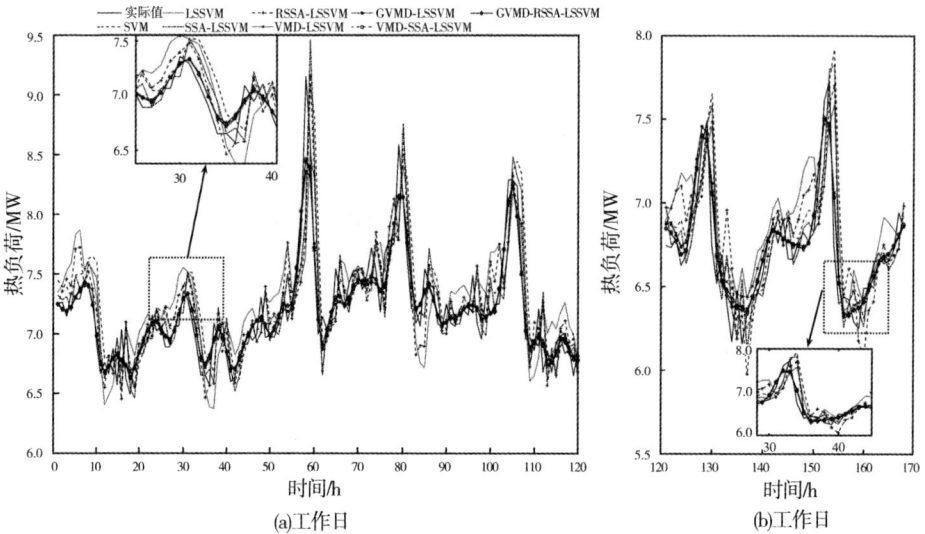

图 8.7 热负荷预测结果对比曲线图

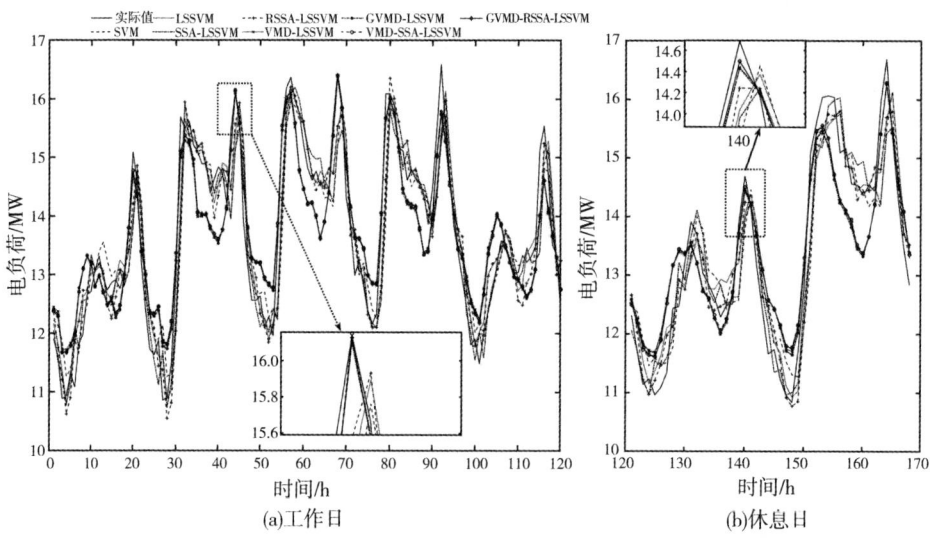

图 8.8 电负荷预测结果对比曲线图

能力最强,预测效果最佳。其中,当负荷平稳时,各模型的预测效果区别不大;当负荷瞬时波动较大时,本章搭建的组合模型在波动点处的预测性能最好(如图 8.6 至图 8.9 中局部放大图所示)。

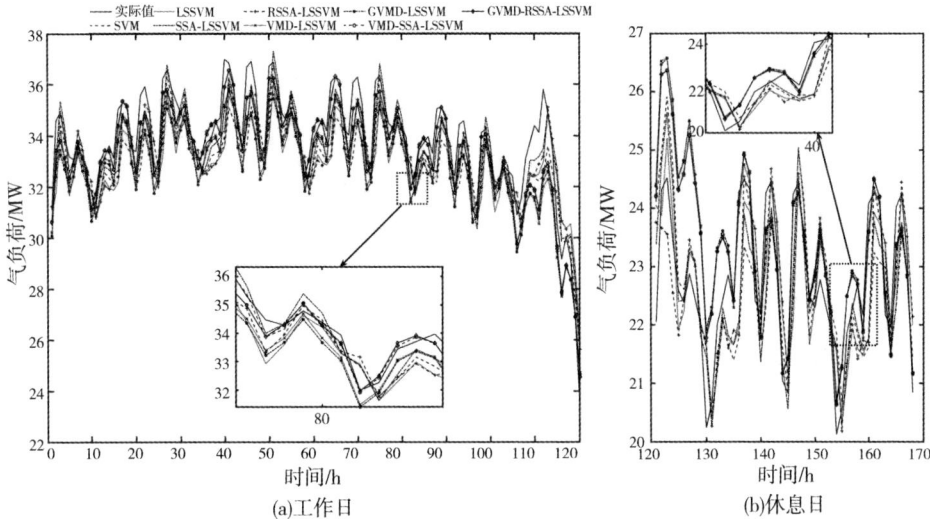

图 8.9　气负荷预测结果对比曲线图

若要更好定量区别各预测模型的预测精度,则接下来将采用均方根误差(RMSE)、平均绝对误差(MAE)和平均相对百分误差(MAPE)对预测值进行评价分析。具体评价方式如式(8.12)至式(8.14)所列。

$$\mathrm{RMSE} = \sqrt{\frac{1}{n}\sum_{k=1}^{n}(O(k)-T(k))^2} \tag{8.12}$$

$$\mathrm{MAE} = \frac{1}{n}\sum_{k=1}^{n}|O(k)-T(k)| \tag{8.13}$$

$$\mathrm{MAPE} = \frac{1}{n}\sum_{k=1}^{n}|O(k)-T(k)|\times 100\% \tag{8.14}$$

式中,k——时间节点;

　　n——测试样本集数量;

　$T(k)$——光伏输出功率的预测值;

　$O(k)$——光伏输出功率的真实值。

代入式(8.12)至式(8.14)，预测出的具体预测性能如表8.4所列。

表8.4 各模型预测性能指标

模型	冷负荷			热负荷			电负荷			气负荷		
	RMSE /kW	MAE /kW	MAPE /%	RMSE /kW	MAE /kW	MAPE /%	RMSE /kW	MAE /kW	MAPE /%	RMSE /kW	MAE /kW	MAPE /%
SVM	1055.49	845.29	4.44	490.13	351.66	3.31	640.87	494.07	3.00	1242.88	937.73	4.60
LSSVM	914.52	713.47	3.78	465.66	356.01	3.28	605.28	462.90	2.82	1117.04	837.11	4.13
SSA-LSSVM	626.59	473.12	2.47	425.13	312.66	2.90	605.87	468.49	2.85	1163.42	861.54	4.16
RSSA-LSSVM	563.17	424.37	2.26	395.32	298.43	2.74	572.41	438.17	2.67	1070.38	781.55	3.82
VMD-LSSVM	197.31	136.18	0.70	81.16	56.75	0.54	66.42	54.51	0.33	202.97	135.03	0.81
GVMD-LSSVM	169.11	121.66	0.56	67.26	45.92	0.43	66.31	52.82	0.32	193.27	109.36	0.70
VMD-SSA-LSSVM	41.36	30.85	0.16	24.56	18.80	0.17	40.82	31.98	0.19	61.89	45.10	0.24
GVMD-RSSA-LSSVM	34.18	24.23	0.08	16.76	11.02	0.09	22.02	14.41	0.10	53.73	37.23	0.16

由表8.4可以看出，对于综合能源系统中冷、热、电、气负荷的预测，通过RMSE、MAE、MAPE这3种评价指标的验证，横纵向比较分析8种模型得出，组合模型预测性能普遍比单一模型预测性能要强，且组合模型中本章所提的GVMD-RSSA-LSSVM组合模型预测性能最好，以冷负荷为例，RMSE、MAE、MAPE仅有34.18 kW、24.23 kW、0.08%，RMSE降低了1021.31kW，MAE降低了821.06 kW，MAPE降低了4.36%。这说明采用GWO算法、SSA算法来优化LSSVM网络组成GVMD-RSSA-LSSVM组合模型要比采用单一模型更稳定可靠，对综合能源系统中多能负荷的稳定预测具有重要意义。

8.5 结论

针对综合能源系统中多能负荷波动性大、非线性因素多等特征导致预测难度大，预测精度低等问题，本章在详细分析外部气象因子与综合能源系统中多能负荷相关度的前提下，提出了基于优化算法改进的 GVMD-RSSA-LSSVM 组合预测模型，设置了 8 种预测模型与之对比，并通过实际算例分析得到如下结论：

①本章引入了 VMD 算法对复杂多变的负荷序列特征进行分析，并采用 GWO 算法对 VMD 算法核心参数进行优化，能有效解决由于提取特征不准确、VMD 算法核心参数人为设定影响预测精度等问题，冷负荷、热负荷、电负荷、气负荷预测精度提高，预测的 RMSE 分别降低了 886.38 kW、422.87 kW、574.56 kW、1049.61 kW。

②本章采用改进的 SSA 算法优化 LSSVM 模型后，模型预测能有效降低预测误差，提高预测精度，冷负荷、热负荷、电负荷、气负荷预测的 MAPE 分别降低了 420.92 kW、94.81 kW、68.46 kW、172.50 kW。

③通过对比分析 8 种不同预测模型，本章提出的 GVMD-RSSA-LSSVM 模型在综合能源系统中多能短期负荷预测方面效果显著，特别是在多能负荷极值处（负荷波动大），本章所提出的组合预测模型预测值能更好地贴近实际值，预测误差最小，MAPE 分别仅有 0.08%、0.09%、0.10%、0.16%。

在接下来的研究工作中，将进一步挖掘气象因子与负荷的相关度，也跟进一些综合能源系统中多能负荷之间耦合度的分析，提高算法的优化效率，以更好地提高预测精度。

第9章 融合改进二分解技术与CNN-BiLSTM-Attention 的短期负荷预测

◆ 9.1 概述

对于现有的能源领域,短期负荷预测的准确性对于电力系统的稳定运行、资源优化配置以及成本控制具有重大意义[114]。在电力市场持续演进以及智能电网技术全方位普及的大背景下,负荷预测在精度与可靠性方面被赋予了更为严苛的标准和期待[115]。传统的短期负荷预测方法在处理复杂的电力数据时,往往存在一定的局限性[116]。在一定程度上存在的局限性,如基于简单统计模型的方法难以捕捉数据中的非线性和动态特征,数据噪声和特征提取不充分都可能会对一些机器学习方法产生一定的影响。

面对这些挑战,这些年来,研究人员始终在持续探寻全新的技术与方法。其中,经过改进的二分解相关分析具备更为强大的能力,它可以更加高效地发掘出数据里潜藏的关联,进而为负荷预测输送更具价值的关键信息,助力提升负荷预测的准确性与可靠性,以更好地适应电力市场发展和智能电网技术应用所带来的新需求与新挑战[117]。同时,在处理时间序列数据方面深度学习模型也体现出了明显的优势。赖小玲等人[118]提出了一种基于改进变分模态分解与深度学习的多因素电力负荷预测方法。该方法通过变分模态分解(VMD)对负荷数据进行特征提取,再结合深度学习模型进行预测,有效提高了预测精度。在供热负荷预测方面,薛贵军等人[119]提出了一种基于 SVMD-ISSA-CNN-TGL-STM 的供热负荷预测模型。该模型利用同步压缩变换和 ISSA 算法优化卷积神经网络和时间长短期记忆网络,提高了供热负荷预测的准确性。王继东等人[120]提出了一种基于双重分解和双向长短时记忆网络的中长期负荷预测模型。该模型通过双重分解技术提取负荷数据的特征,并利用双向长短时记忆网络进行预测,有效提高了预测的准确性。钟吴君等人[121]专注于牵引负荷的超

第9章 融合改进二分解技术与 CNN-BiLSTM-Attention 的短期负荷预测

短期预测，提出了一种基于 EEMD-CBAM-BiLSTM 的预测模型。该模型利用集合经验模态分解（EEMD）和卷积块自注意力机制（CBAM）提取特征，再结合双向长短时记忆网络进行预测，取得了较好的预测效果。石卓见等人[122]提出了一种基于聚合二次模态分解及 Informer 的短期负荷预测方法。这种方法通过聚合二次模态分解和 Informer 模型，从而提高了短期负荷预测的精确度。林彦旭等人[123]提出了一种基于 SSA-VMD-BiLSTM 模型的充电站负荷预测方法。该方法利用同步压缩变换（SSA）和 VMD 提取特征，再结合双向长短时记忆网络进行预测，提高了预测的准确性。易雅雯等人[124]在短期电力负荷预测方面，提出了一种基于序列成分重组与时序自注意力机制改进的 TCN-BiLSTM 模型。这种模型通过序列成分重组和时序自注意力机制，在很大程度上增强了模型对时间序列数据的处理能力。

总的来看，这些研究体现了多种分解技术与深度学习技术在电力负荷预测中的应用。为了提升预测精度和效率，在上述研究的基础上，本章将改进二分解相关分析与 CNN-BiLSTM-Attention 混合深度学习预测模型相融合，做了如下研究：

①通过改进完备集成经验模态分解（improved complete ensemble empirical mode decomposition，ICEEMD）针对原始负荷序列实施一次分解操作，随后以样本熵聚合的手段完成了对负荷重构。

②采用变分模态分解（VMD）对样本熵重构序列中的高频模态分量进行了二次分解。

③在最大互信息法特征深度分析下，采用卷积神经网络（CNN）、双向长短期记忆网络（BiLSTM）、注意力机制（Attention）相融合的方法构建了 CNN-BiLSTM-Attention 混合深度学习预测模型。

④采用实际我国南方某地的电力负荷实测数据，通过算例分析，验证该预测方法的优越性。

9.2 研究方法

9.2.1 改进完备集成经验模态分解

ICEEMD 是对传统 EEMD 的一种优化[125]。它通过引入自适应噪声，有效解决了传统 EEMD 中存在的模态混叠问题。ICEEMD 通过引入自适应噪声，有效地解决了传统 EEMD 中存在的模态混叠问题。在分解过程中，ICEEMD 能够更精确地将复杂信号分解为多个固有模态分量（IMF），它的优势在于分解结果具有更高的准确性和可靠性，对非平稳、非线性信号的处理能力更强。与此同时，降低了噪声残留，提高了分解的精度和效率。其实现的主要步骤如下：

①初始化：设置相关参数，如添加噪声的幅度、集合次数等。

②添加自适应噪声：向原始信号多次添加不同幅度的自适应噪声。

③进行分解：对添加噪声后的信号进行 EMD 操作。

④计算均值：计算多次分解得到的固有 IMF 的均值，作为最终的分解结果。

9.2.2 样本熵

样本熵（sample entropy）作为衡量时间序列复杂性的有力工具，其核心原理在于通过对比不同长度的子序列模式之间的相似状况，以此对序列所具有的随机性和复杂性进行量化评估。在实际的计算流程中，它具有显著优势，一方面，不需要预先设定数据的分布形式；另一方面，受数据长度的影响相对微弱。详细而言，针对给定的时间序列，首先构建长度相近的子序列，接着统计符合特定相似条件的子序列的数量，最终完成样本熵值的计算操作，从而实现对时间序列复杂性的精准度量。如果样本熵值越大，说明序列越复杂、越具有随机性；如果样本熵值越小，则序列越规律、越稳定。样本熵在生理信号分析、工程监测等众多领域广泛应用，能有效反映系统的动态变化和复杂性特征。

9.2.3 K-means 聚类算法

K-means 聚类算法是一种熟悉的无监督机器学习算法。它基于数据间的距离来对数据进行分组。

其实现的主要步骤如下：

①数据准备：收集和整理需要聚类的数据，并进行必要的预处理，如标准化。

②初始化：随机选择 K 个数据点作为初始的聚类中心。

③数据点分配操作：首先针对每个数据点到 K 个聚类中心的距离加以计算，紧接着按照距离的远近情况，把数据点归入到距离它最近的中心簇里。

④聚类中心更新操作：针对每个簇，再次计算所有中心点的均值，进而将该均值作为新一轮的聚类中心。

⑤重复迭代操作：持续循环执行步骤 3 以及步骤 4，直至聚类中心维持稳定，不再发生变化，或是达到迭代之前设定的参数。

⑥输出最终结果：获取最终的 K 个聚类情况，同时知晓每个数据点具体所属的聚类类别。

9.2.4 变分模态分解

VMD 是一种信号处理技术，具备将呈现非线性以及非平稳信号分解成不同频率特性的固有模态分量 IMFs 的能力。其核心是构建和求解变分问题，引入拉格朗日乘法算子将有约束变分问题转为无约束。其实现主要步骤如下：

①设定模态个数 K、惩罚参数 α、容差 τ 和最大迭代次数 N 等参数并初始化中心频率和模态分量。

②循环迭代，通过维纳滤波更新模态分量和计算中心频率，检查收敛条件，未满足则继续，满足则停止。

③输出分解后的模态分量和中心频率。

9.2.5 最大互信息

最大互信息是信息论中用于衡量两个随机变量之间的关联程度的一个重要概念。如果两个变量完全独立，它们的互信息为零；如果变量之间相关性越强，互信息的值就越大最大互信息常用于特征选择、图像配准、模式识别等领域，帮助找出最相关的变量或特征，从而优化模型和提升性能。

具体来说，互信息通过计算联合概率分布与边缘概率分布乘积的对数差异来度量，如式(9.1)所列：

$$I(X;Y) = \sum_{x \in X} \sum_{y \in Y} p(x,y) \log_2 \frac{p(x,y)}{p(x) \cdot p(y)} \tag{9.1}$$

式中，$p(x,y)$——联合概率密度；

$p(x), p(y)$——边缘概率分布。

◆ 9.3 预测算法原理

9.3.1 卷积神经网络

CNN 属于深度学习模型的范畴，在图像识别、语音处理等诸多领域都有着极为广泛的应用。该网络主要是由卷积层、池化层和全连接层这几个部分共同构成的。其中，卷积层发挥的作用是借助卷积核来和输入的数据展开卷积运算，通过这样的方式从中提取出局部特征。而池化层存在的意义在于能够对特征图的维度予以降低，进而达到减少计算量和缓解过拟合风险的效果。至于全连接层，它的主要任务是对前面各层所提取出来的特征进行整合，在此基础上完成最终的分类工作或者预测任务。

CNN 凭借其独特的局部连接和权值共享特性，在极大程度上削减了网络所需的参数数量，进而显著提升了训练效率。它能够自动从大量数据中学习特征，对复杂的数据拥有很强的建模能力，如在图像识别中，能够识别不同的物体、场景等。随着技术不断发展，CNN 得到改进和优化，在许多领域获得了显著成果。CNN 的基本结构如图 9.1 所示。

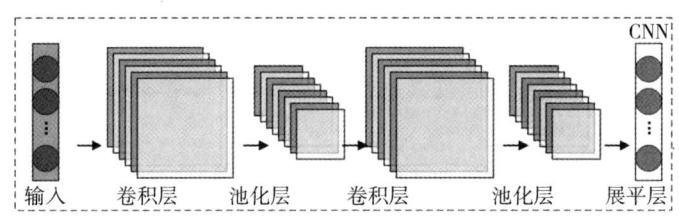

图 9.1　CNN 结构图

9.3.2 双向长短期记忆网络

BiLSTM 是一种改进的 RNN 架构。它由前向和后向两个 LSTM 层组成。前向 LSTM 层从序列的起始到处理结尾，捕获过去的信息；后向 LSTM 层则从序列的结尾到起始处理，获取未来的信息。通过这种双向处理，BiLSTM 能够更全面地学习序列中的上下文信息。

对于序列数据中长期依赖的问题,通过 BiLSTM 能够得到有效处理,避免梯度消失或爆炸。在自然语言处理任务中,如文本分类、情感分析、机器翻译等,BiLSTM 表现出色,能够准确地理解和处理文本中的复杂语义关系。BiLSTM 结构如图 9.2 所示。图 9.2 中的 $X_1, X_2, X_3, \cdots, X_t$ 分别表示模型在 $t_1, t_2, t_3, \cdots, t_t$ 时刻对应的输入数据;$A_1, A_2, A_3, \cdots, A_t$ 分别表示前向 BiLSTM 的隐藏层状态;$B_1, B_2, B_3, \cdots, B_t$ 分别表示后向 BiLSTM 的隐藏层状态;$Y_1, Y_2, Y_3, \cdots, Y_t$ 分别表示模型在 $t_1, t_2, t_3, \cdots, t_t$ 时刻对应的输出数据;$\omega_1, \omega_2, \omega_3, \cdots, \omega_t$ 分别表示模型中各层相应的权重值。

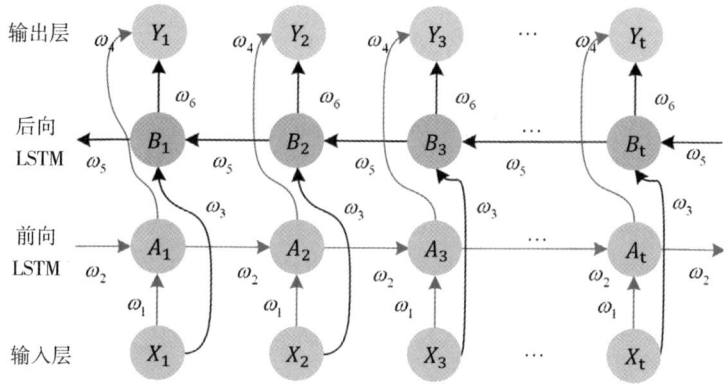

图 9.2 BiLSTM 结构图

BiLSTM 中各层的状态更新以及输出可通过式(9.2)至式(9.3)进行描述:

$$A_i = f_1(\omega_1 X_i + \omega_2 A_{i-1}) \tag{9.2}$$

$$B_i = f_2(\omega_3 X_i + \omega_5 B_{i+1}) \tag{9.3}$$

$$Y_i = f_3(\omega_4 A_i + \omega_6 B_i) \tag{9.4}$$

式中,f_1, f_2, f_3——不同隐藏层之间的激活函数。

9.3.3 注意力机制

Attention 是一种在深度学习中广泛应用的技术,它能够准确地捕捉输入特征的重要程度[126]，即依据特征的重要性程度差异，赋予不同特征不同权重值，强特征赋予大权重值，弱特征赋予小权重值，达到区分输入特征的重要程度，提高模型对输入特征的处理效率的目的。Attention 单元结构如图 9.3 所示。

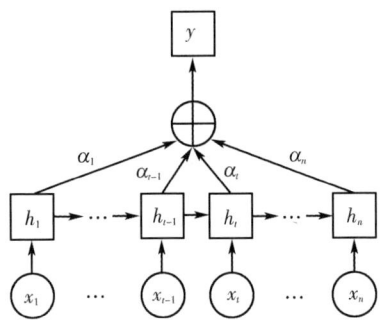

图 9.3 Attention 单元结构图

Attention 中各环节的状态转换关系可通过式(9.5)至式(9.8)进行描述：

$$S_{ti} = V\tanh(Wh_t + Uh_i + b), \quad t = 1, 2, 3, \cdots, t-1 \quad (9.5)$$

$$a_{ti} = \frac{\exp(S_{ti})}{\sum_{k=i}^{t} \exp(S_{tk})}, \quad i = 1, 2, 3, \cdots, t-1 \quad (9.6)$$

$$F = \sum_{i=1}^{t} a_{ti} \times h_i, \quad i = 1, 2, 3, \cdots, t-1 \quad (9.7)$$

$$h'_t = f(F, h_t, y_t) \quad (9.8)$$

式中，a_{ti}——BiLSTM 隐藏层输出值 h_i 针对当前输入所具有的注意力权重值；

$y_1, y_2, y_3, \cdots, y_t$——Attention 单元的输入序列；

$h_1, h_2, h_3, \cdots, h_t$——与 Attention 单元输入序列 $y_1, y_2, y_3, \cdots, y_t$ 相对应的隐藏层状态值，换而言之，也就是对应于输入 y_t 的隐藏层状态值；

h'_t——最终的特征向量；

V，W，U，b——模型在训练过程中所涉及的学习参数。

◆◇ 9.4 预测模型

9.4.1 基于改进二分解技术与 CNN-BiLSTM-Attention 的短期负荷预测模型

ICEEMD-VMD-CNN-BiLSTM-Attention 模型是一种复杂的集成模型。首先，运用 ICEEMD 算法和 VMD 方法对原始数据进行初步处理，将其拆解成多个更为平稳和简单的子序列，从而降低数据的复杂性和非平稳性。随后，引入 CNN，它擅长挖掘数据的局部特征。同时，结合 BiLSTM，能够从序列的前后两个方向把握长期的依赖关系和上下文信息。具体实现步骤如下：

①一次分解操作。由借助 ICEEMD 分解原始负荷序列获取到 k 个子序列，在这些子序列中，其中包括 $k-1$ 个模态分量和 1 个残余分量。

②SE 序列重构环节。首先针对一次分解所获取的各 IMF 分量进行样本熵计算，紧接着将共计 k 个样本熵借助 K-means 聚类为 3 部分，基于聚类结果，与之对应的 k 个子序列被重构为 Co-IMF0、Co-IMF1 和 Co-IMF2 这 3 个序列，通过这种方式以减少在重构序列选择过程中的可能出现的随机性影响。

③二次分解操作。借助 VMD 针对不平稳的高频序列执行二次分解，鉴于防止模态混叠问题，采用 EMD 方法确定 VMD 的分解个数，获取到 b 个子序列。

④数据预处理操作。把经过分解获取的子序列依照式(9.9)作归一化处理，以加快模型训练速度。

$$x' = \frac{x - x_{\min}}{x_{\max} - x_{\min}} \quad (9.9)$$

式中，x'，x，$x_{\min}$，$x_{\max}$——归一化得到的数据、真实数据、测试集中真实数据中的最小值、最大值。

⑤预测操作。把前面获取得到的各序列输入到 CNN-BiLSTM-Attention 模型框架中一一进行预测，再将预测结果叠加整合。其中，CNN 用于完成提取数据

特征任务，进而用来加快模型训练速度；而 BiLSTM 专注于训练模型；Attention 机制用于减少历史信息的丢失并突出关键历史时间点的信息以减小冗杂信息影响负荷预测结果。

9.4.2 评价指标

为了能够客观评价每一种预测模型的预测性能，本章选用平均绝对误差(δ_{MAE})、均方根误差(δ_{RMSE})、平均相对百分误差(δ_{MAPE})和确定系数(R^2)，计算公式分别如下：

$$\delta_{MAE} = \frac{1}{n} \sum_{i=1}^{n} |\hat{y}_i - y_i| \tag{9.10}$$

$$\delta_{RMSE} = \sqrt{\frac{\sum_{i=1}^{n}(\hat{y}_i - y_i)^2}{n}} \tag{9.11}$$

$$\delta_{MAPE} = \frac{1}{n} \sum_{i=1}^{n} \frac{|\hat{y}_i - y_i|}{y_i} \tag{9.12}$$

$$R^2 = 1 - \frac{\sum_{i=1}^{n}(\hat{y}_i - y_i)^2}{\sum_{i=1}^{n}(\bar{y}_i - y_i)^2} \tag{9.13}$$

式中，y_i，$\hat{y}_i$，$\bar{y}_i$——多元负荷的真实值、预测值和平均值；
$\qquad n$——测试样本集中的样本数。

◆ 9.5 算例分析

9.5.1 数据描述和数据预处理

为了验证本章所提出的预测模型的性能，采用实际数据集进行实验测试分析。数据来源于我国南方某地区提供的 2018 年 9 月 1 日至 11 月 30 日的电负荷实测数据,采样频率为 15 min,每天采样点 96 个。每组原始数据包含最高温度、最低温度、平均温度、相对湿度、降雨量 5 个外部环境因素,以及负荷功率数据,共计 8736 组数据(其中 6989 组为训练数据,1747 组为测试数据)。因此本章将基于以上数据进行电力负荷预测研究。

对于数据预处理部分,通过分析数据缺失值和异常值,利用线性插值法对其进行处理,即对缺失或异常的数据用前一时刻和后一时刻的负荷数据的均值填充。对数据也做了归一化和正则化处理。

9.5.2 特征工程分析

采集到的原始数据中共包含 5 个气候因素,分别为最高温度、最低温度、平均温度、相对湿度、降雨量。当原始负荷序列在经过分解生成模态分量之后,原本的气象因素和各个模态分量之间的相关性信息也会发生改变。因此,为减少信息损失从而提升预测性能,需要对各个模态分量进行特征筛选。本章采用最大信息法对特征数据进行筛选,筛选结果如图 9.4 所示。其中,VMD-IMF1、VMD-IMF2、VMD-IMF3 表示由 Co-IMF1 经过 VMD 二次分解所产生的各个分量,Co-IMF2、Co-IMF3 表示原始序列经过一次分解和样本熵聚合之后的合作模态分量。

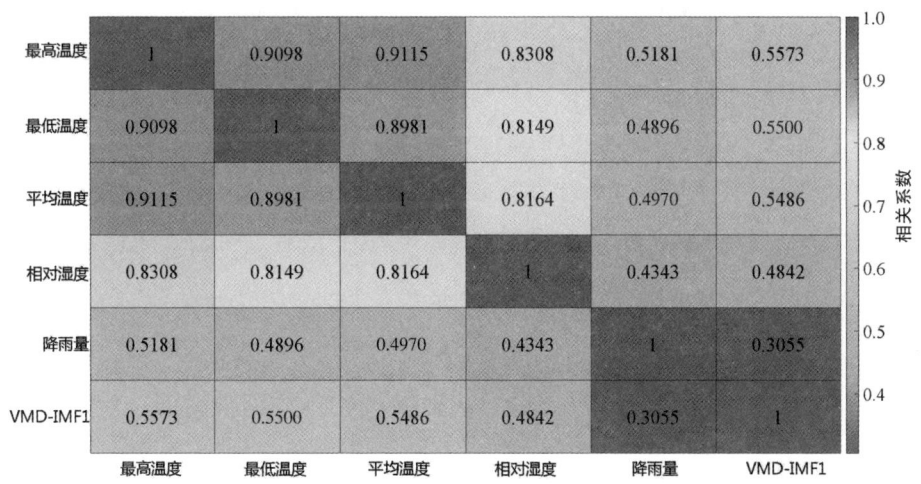

(a) VMD-IMF1 相关性

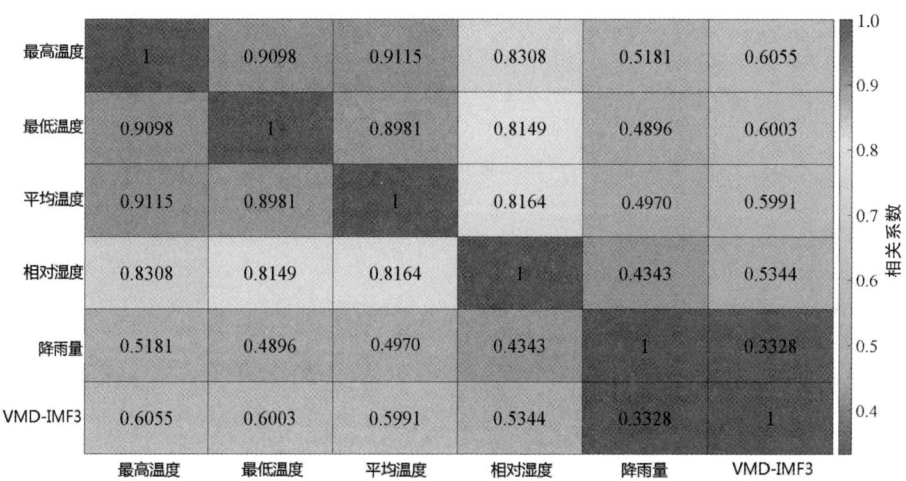

(b) VMD-IMF2 相关性

(c) VMD-IMF3 相关性

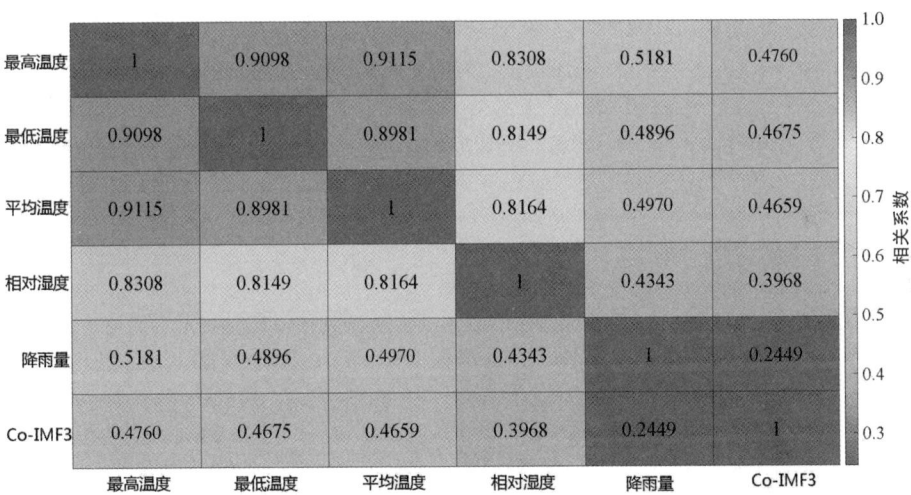

(d) Co-IMF2 相关性

(e) Co-IMF3 相关性

图 9.4　特征筛选结果

从图 9.4 可以看出，最高温度、最低温度、平均温度、相对湿度、降雨量对分量产生了较大的影响。其中，最高温度对分量产生的影响最大，其次是最低温度和平均温度，相关系数近似值都大于 0.5，而相对湿度和降雨量的相关系数都小于 0.5，相关性影响较弱，为了减少模型的计算量，因此，把特征相对湿度和降雨量进行删除操作。

9.5.3 一次分解结果分析

设置采样频率为 4，借助 ICEEMD 分解算法将原始时间序列分解成若干 IMF 分量，如图 9.5 所示(为了效果明显，仅显示部分)。运用 ICEEMD 算法将原始时间序列分解成 14 个 IMF 分量，这些分量各自表征了原时间序列在相异时间尺度上的独特特征，同时从上至下，各 IMF 分量可大致分为高频(IMF1、IMF2 和 IMF3)、中频(IMF4、IMF5 和 IMF6)和低频(IMF7、IMF8、IMF9、IMF10、IMF11、IMF12、IMF13 和 IMF14)3 个区间。为了精确验证上述猜想，通过样本熵-K 均值聚类法的方式进行高、中、低频进行分类，14 个子序列样本熵值结果如图 9.6 所示。运用样本熵-K 均值聚类手段将全部序列实施整合操作，归并成 3 个序列，具体而言，将一次分解序列中的样本熵值位列前三的 IMF1、IMF2 和 IMF3 这 3 个子序列整合成 Co-IMF0 序列，样本熵值处于中间水平的 IMF4、IMF5 和 IMF6 这 3 个子序列整合为 Co-IMF1 序列，而其余的 8 个子序列则被整合成 Co-IMF2 序列。样本熵重构结果如图 9.7 所示。

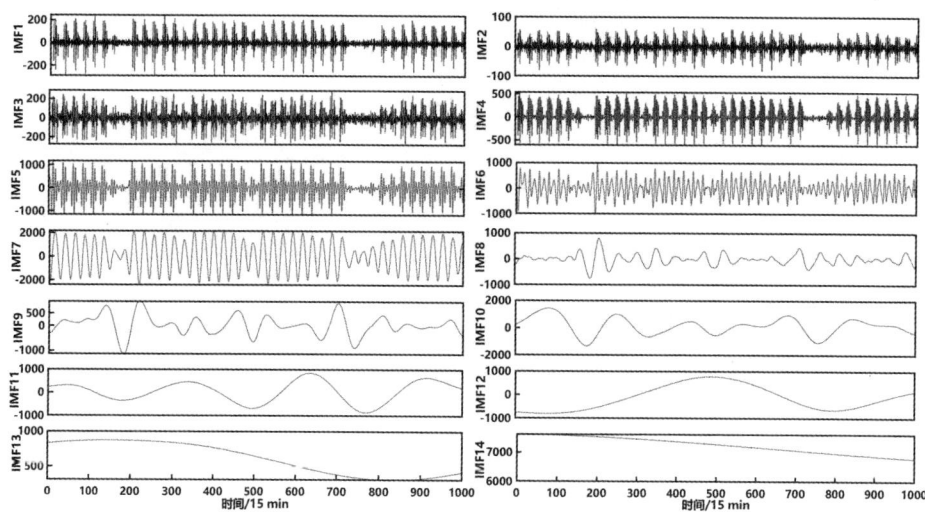

图 9.5　一次分解结果图

第 9 章 融合改进二分解技术与 CNN-BiLSTM-Attention 的短期负荷预测

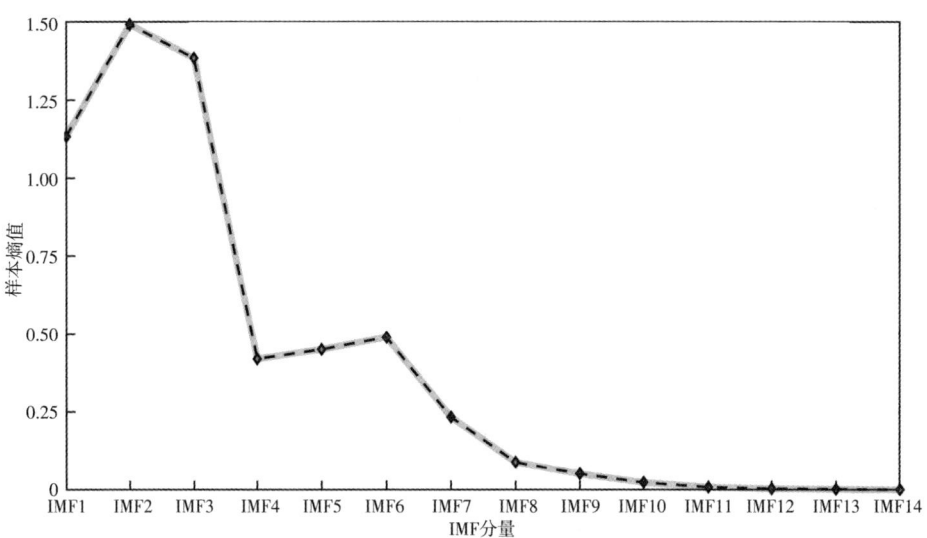

图 9.6 子序列样本熵图

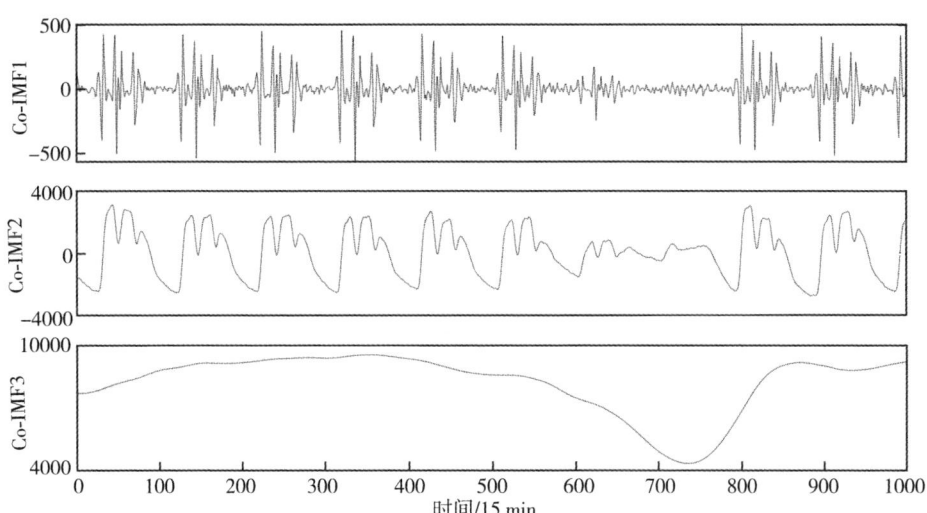

图 9.7 样本熵重构结果图

9.5.4 二次模态分解分析

本章针对经过 K-means 聚类后所得到的高频分量 Co-IMF1 执行 VMD 二次模态分解。指定分解个数 $K=3$，其分解结果如图 9.8 中的 VMD-IMF1、VMD-IMF2 和 VMD-IMF3 所示，其中 VMD-IMF4、VMD-IMF5 即为上述的 Co-IMF2、Co-IMF3。

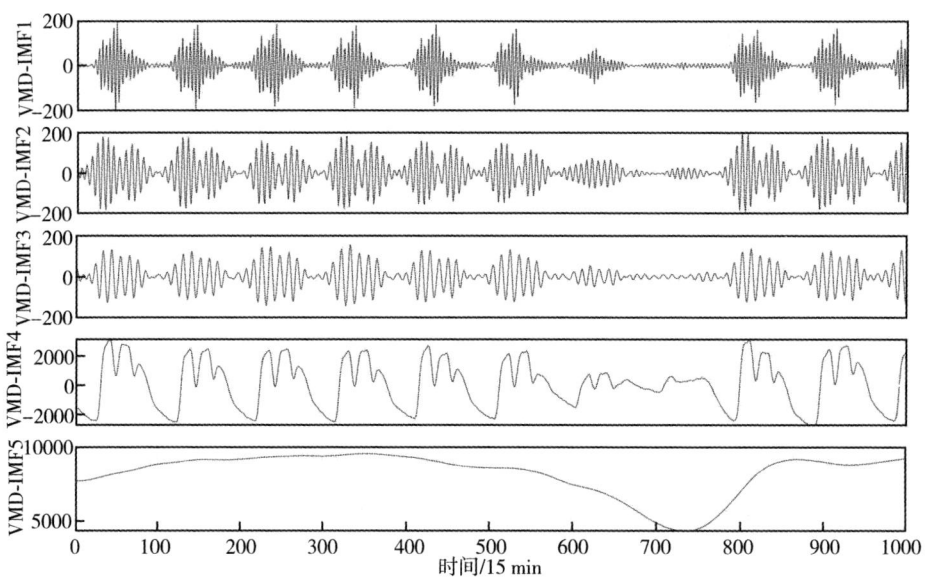

图 9.8 二次分解结果图

9.5.5 特征因素对模型的影响分析

采用不同的变量组合作为模型的输入，能够说明输入特征对预测框架性能的影响。通过比较不同输入特征的预测误差，结果如表 9.1 所列。

表 9.1 特征因素对负荷预测的影响对比表

特征组合类型	δ_{MAE}/kW	δ_{RMSE}/kW	δ_{MAPE}/%	R^2
最高温度	227.514	299.848	3.013	0.964
最高温度+最低温度	125.551	151.277	1.451	0.991
最高温度+最低温度+平均温度	107.394	140.764	1.446	0.994

从表9.1可知,当最高温度和最低温度组合作为模型输入特征时,模型的预测精度提升最大,R^2 提升了2.70%,δ_{MAE}、δ_{RMSE}、δ_{MAPE}分别降低了44.82%、49.55%、51.84%。在此基础上充分考虑平均温度特征因素之后,预测精度也有小幅度提升,R^2 提升了0.30%,δ_{MAE}、δ_{RMSE}、δ_{MAPE}分别降低了14.46%、6.95%、0.34%,这说明了只要充分考虑各环境因素的影响,可有效提升模型的预测精度。

9.5.6 预测结果对比分析

为验证本章所提及模型 ICEEMD-VMD-CNN-BiLSTM-Attention(IVCBA)的优越性,进行了消融实验对比,即将其与 BiLSTM、CNN-BiLSTM(CB)、VMD-CNN-BiLSTM-Attention(VCBA)3个模型进行对比分析。4组模型的预测结果对比如图9.9所示(仅展示部分),对应的预测误差对比如图9.10所示,消融实验对比评价指标如表9.2所列。

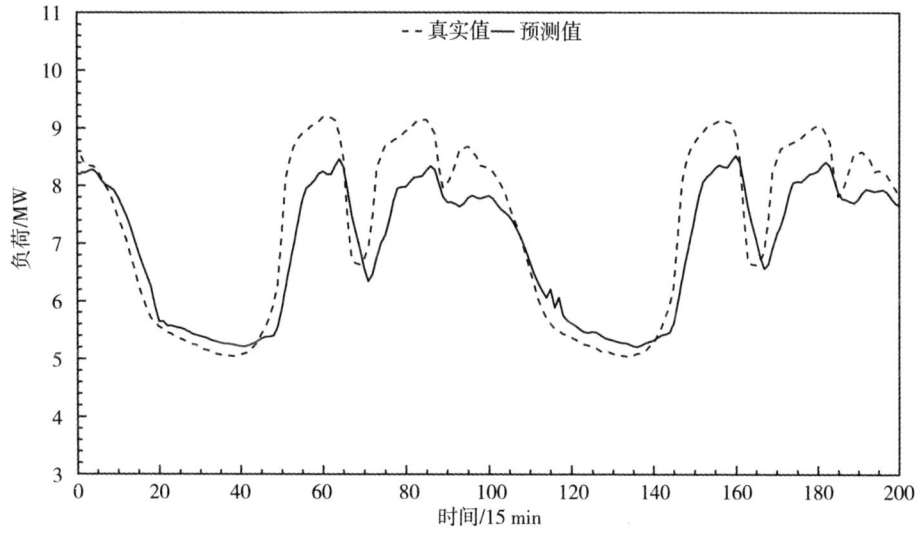

(a) BiLSTM 预测效果图

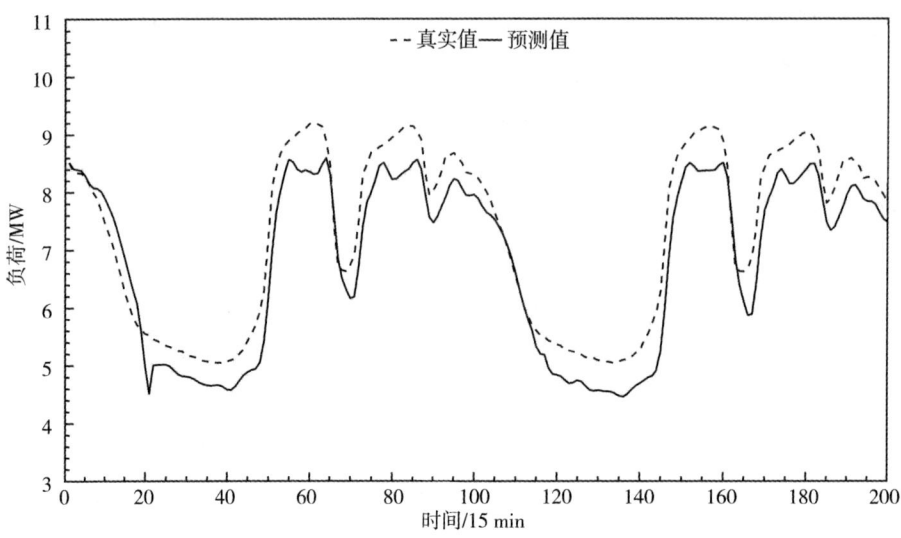

(b) CB 预测效果图

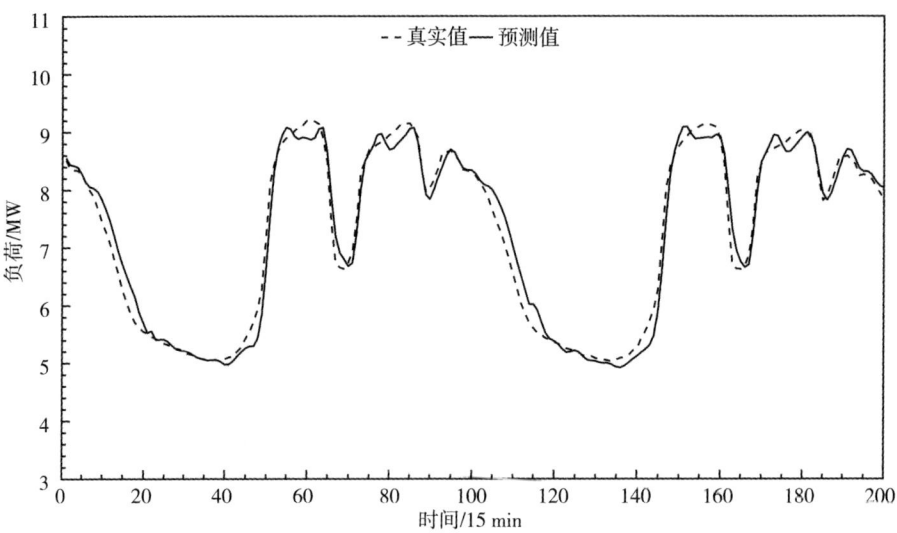

(c) VCBA 预测效果图

第 9 章 融合改进二分解技术与 CNN-BiLSTM-Attention 的短期负荷预测

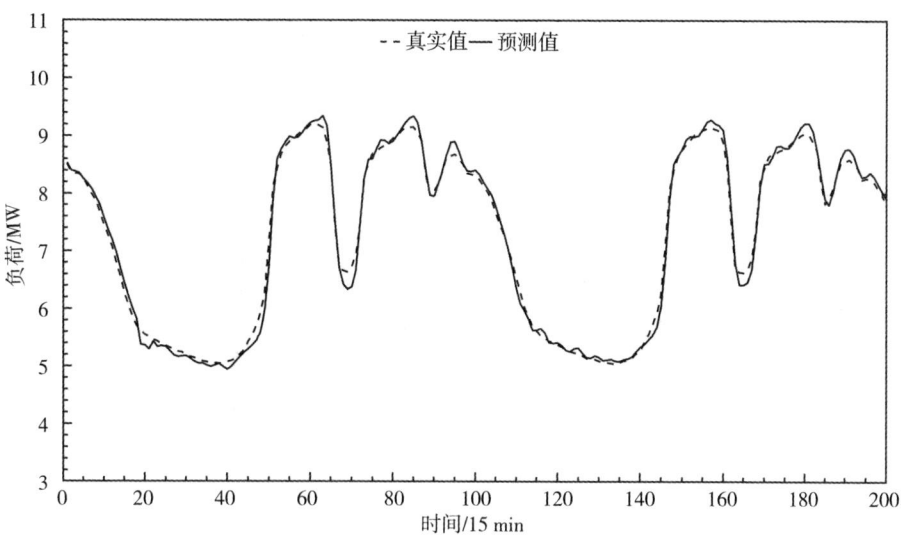

(d) IVCBA 预测效果图

图 9.9 预测结果对比图

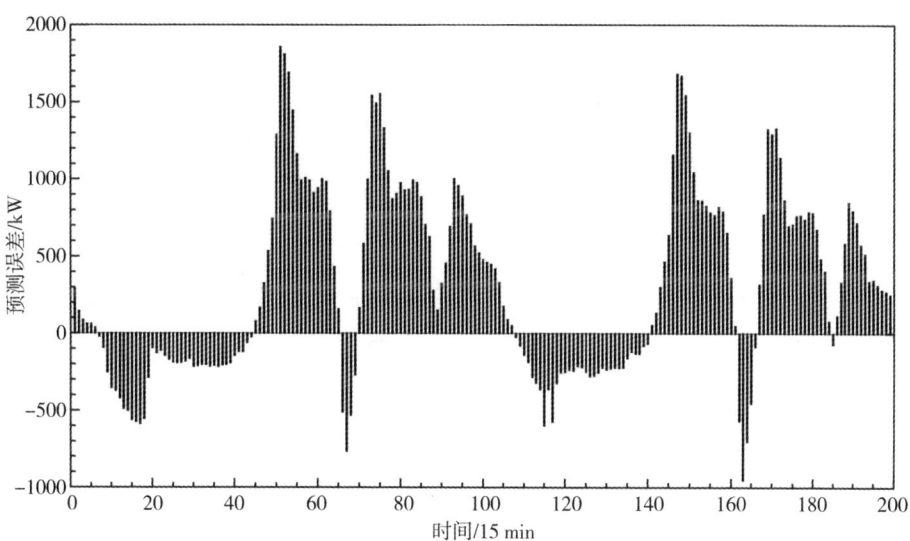

(a) BiLSTM 预测误差图

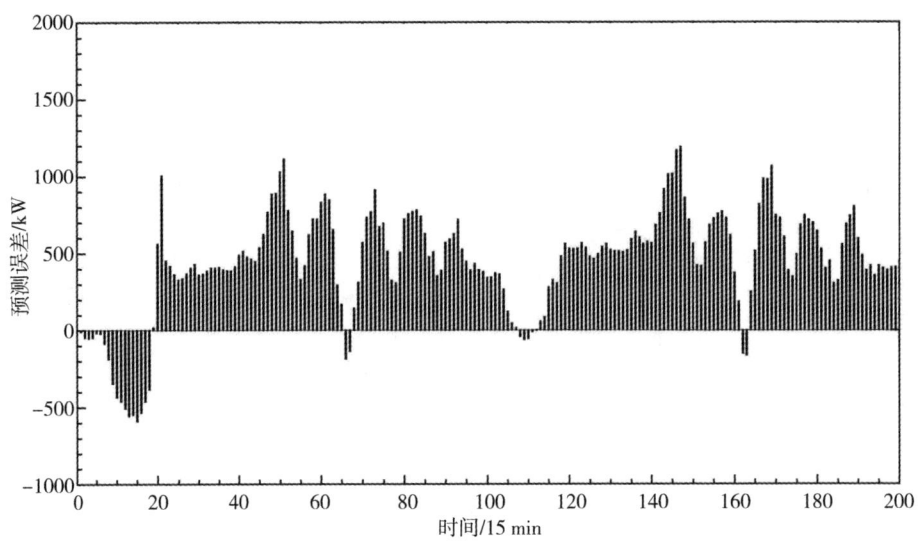

(b) CB 预测误差图

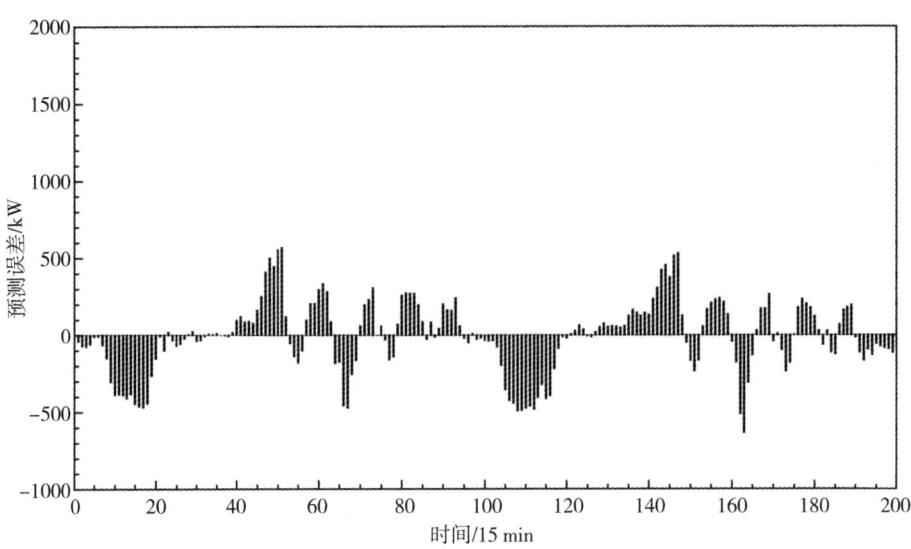

(c) VCBA 预测误差图

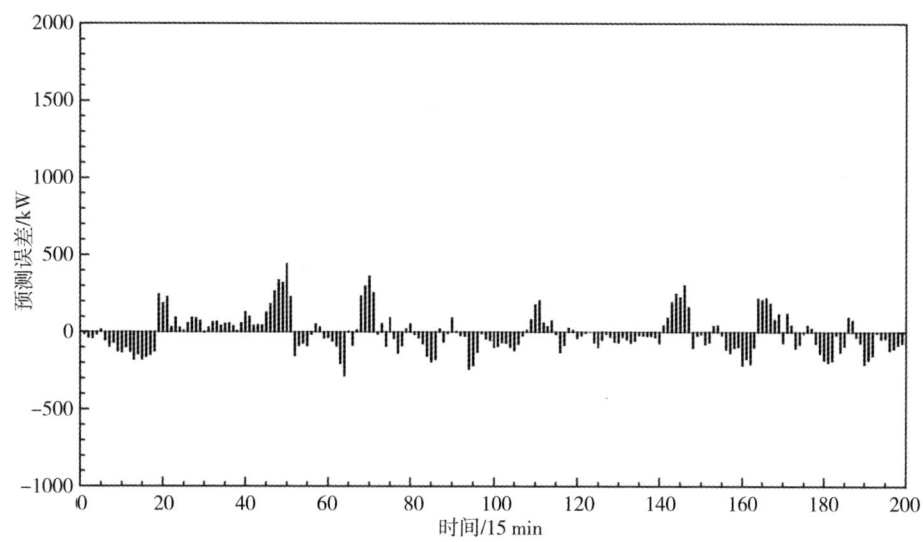

(d) IVCBA 预测误差图

图 9.10　预测误差对比图

表 9.2　消融实验预测性能对比

模型类型	δ_{MAE}/kW	δ_{RMSE}/kW	δ_{MAPE}/%	R^2
BiLSTM	621.57	748.14	8.47	0.78
CB	408.25	508.55	5.71	0.89
VCBA	269.55	344.96	3.57	0.95
IVCBA	101.12	129.15	1.45	0.99

结合图 9.9 和图 9.10 可知，BiLSTM 模型逼近真实值的效果最差，CB 模型次之，VCBA 模型拟合效果较好，而 IVCBA 模型（本章方法）拟合效果最好，预测误差最小。

由表 9.2 可知，BiLSTM 模型预测精度最差，R^2 仅为 0.78，δ_{MAE}、δ_{RMSE}、δ_{MAPE} 分别为 621.57 kW、748.14 kW、8.47%；CB 模型预测精度提升较大，R^2 提升了 12.36%，δ_{MAE}、δ_{RMSE}、δ_{MAPE} 分别降低了 34.32%、32.02%、32.59%；VCBA 模型相较于 CB 模型，预测精度也有提升，R^2 提升了 6.32%，δ_{MAE}、δ_{RMSE}、δ_{MAPE} 分别降低了 33.97%、32.17%、37.48%；相较于单一模型，IVCBA 模型预测精度提升最大，R^2 提升了 21.21%，δ_{MAE}、δ_{RMSE}、δ_{MAPE} 分别降低了

83.73%、82.74%、82.88%,综合预测精度提升了 7.02%。

综合上述算例分析结果可知,本章所述改进二分解相关分析与 CNN-BiLSTM-Attention 的短期负荷预测方法在短期电力负荷预测方面预测性能最佳。

◆ 9.6 结论

本章针对传统电力负荷预测方法在预测精度不高、随动性强、负荷数据噪声大等特征导致负荷预测难度大的问题,深入分析了各气象特征对模型预测精度的影响,提出了改进二分解相关分析与 CNN-BiLSTM-Attention 的短期负荷预测的方法,得出的主要结论如下:

①采用 ICEEMD 对原始负荷进行模态分解,可以有效解决模态混叠、负荷噪声大等关键问题。借助样本熵聚合的手段进行重构操作,从而有效迫使后续预测子模型的复杂度降低。

②采用 VMD 对聚合的高频模态进行二次分解,可以有效削减高频模态的复杂度,进一步获得平滑且稳定的子序列,再加上特征因素影响的精细化分析下,从而可有效提升模型的整体预测精度。

③采用 CNN、BiLSTM、Attention 的有机组合方式,将经过预处理之后获得的序列输入至 CNN-BiLSTM-Attention 混合深度学习模型中执行预测任务,借助 CNN 提取输入特征,将提取的输入特征传递给 BiLSTM 模型分别执行预测,克服了单一模型不能有效提取数据特征的缺陷,较好地利用 Attention 机制有效减少历史信息的丢失并突出关键历史时间点的信息以减小冗杂信息影响负荷预测结果,从而提高了最终预测精度。

该方法在实际工程应用中具有较高价值,在接下来的研究工作中,作者将在特征集多任务学习和电力负荷联合预测上进一步深入研究。

第10章 基于特征综合相关与混合深度学习的综合能源系统多元负荷双阶段预测

◆ 10.1 概述

社会不停向前发展和科技持续地进步，人们对能源的要求越来越高，不仅追求使用效率最大化，还强调环保性和可持续性[127]。面对这样的挑战传统单一的能源供给模式显得力不从心[128]。因此，集成了多种类型的综合能源系统成为了应对当前困境的有效途径之一，它能更好地满足新时代对能源多样化、智能化以及低碳化的需求。

负荷预测是构成综合能源体系不可或缺的一部分，其准确性直接关系到整个系统是否安全高效地运作，并且对实现资源的最佳配置及推动电力市场健康发展至关重要[129]。借助精准的负荷预测，不仅可以让管理者提前做好相应的安排，还能维护好能源供给与需求之间的动态均衡，减少因预测失误导致的能源紧张或闲置问题。

近些年来的国内外学术圈中，在提升综合能源系统(IES)中多元负荷预测精准方面展开了大量研究。例如，闫照康等人[130]通过PCC方法分析了外部因素与电力需求之间的关联程度，并基于此设计了一种融合遗传算法和颗粒群优化(GAPSO)的卷积长期记忆网络(CNN-LSTM)用于构建IES多元负荷预测模型，实验结果显示，该模型具有良好的预测性能。另外，葛众等人[131]采用了结合卷积神经网络及软共享机制的方法来进行IES多元负荷预测。于润泽等人[132]面对含有大量随机波动成分的负荷数据时，提出了一种两步分解重构技术，随后运用于多任务学习框架来提高预测准确性，并配合实施多目标协同训练机制以期获得更优的结果，其研究成果表明，这一新思路确实能够在一定程度上增强IES复杂环境下的负荷变化趋势捕捉能力。徐聪等人[133]通过融合三种特征选择技术来优化输入变量，并利用多任务学习的共享策略，最终采取双向长短期记忆网络模型，对多元负荷进行预测，取得了令人满意的结果。王永利等人[134]运用最大信息系数,深入讨论了多元负荷之间的相互依赖关系,将高度相应负荷整合进特征集中,从而证实了这一策略能够有效提升模型的预测准确度。蔡屹等人[135]介绍了一种结合季节性趋势分解(STL)和交叉变换器(Crossformer)的预测模型。STL 用于处理时间序列的季节性变化,而 Crossformer 则利用其强大的特征提取能力,提高了多元负荷预测的精度。宋朋等人[136]提出了一种名为快速卷积信息特征提取长短期记忆网络(QWCIFGLSTM)的模型,该模型能够迅速从负荷数据中提取关键信息特征,从而加快了短期预测的速度,并提高了其准确性。此外,韩宝慧等人[137]研究了多头概率稀疏自注意力机制在综合能源系统中多元短期负荷预测中的应用潜力,通过结合多头注意机制与概率稀疏化技术,这种方法增强了模型处理复杂负荷模式的能力。刘金虎等人[138]提出了一种融合变分模态分解(VMD)、多任务学习和实践卷积网络(TCN)的预测方法,该方法利用多任务学习框架,同时预测多种能源负荷,并通过时间卷积网络捕捉时间序列中的复杂特征。此外,李云松等人[139]探讨了如何通过引入 Trans-GNN 模型将综合需求响应纳入综合能源系统多元短期负荷预测中,该研究考虑了用户行为和需求响应策略对负荷预测的影响。

综上所述,这些研究展示了深度学习技术在综合能源系统多元负荷预测中的广泛应用,为了进一步提升预测的精准和效率,本章在已有研究的基础上进行了以下探索:

①采用 MIC、PCC、ACF 等数据相关性分析技术融合成特征综合相关性分析方法,对气象因子与负荷之间、负荷与负荷耦合之间、负荷前后之间进行了相关度分析。

②采用 CNN、BiLSTM、Attention 的有机组合方式预测数据,构建 CNN-BiLSTM-Attention 混合深度学习预测模型。

③采用实际 IES 系统的实测数据,通过对比实验分析,去验证该预测方法的优越性。

◆ 10.2 IES 结构及特征综合相关性分析

10.2.1 IES 结构

新型综合能源系统皆在满足用户对电力、地热、冷能和天然气等多种能源需求,其结构如图 10.1 所示。该系统由供能侧、转换组件和用能侧三部分组成。在供能侧中，系统包括天然气、大电网、风力发电和光伏发电等多种动力源，为整个系统提供稳定的能源供应。这些动力源通过不同的方式将自然资源转化为电能或其他形式能源，以满足系统的能源需求。转换组件是系统中的关键部分，涵盖诸如燃气轮机、余热锅炉、电锅炉、蓄电池、电制冷机及吸收式制冷机等一系列设备。这些设备主要功能是将供能侧提供的能源转化为用户侧所需的多种能源形式。用能侧由气负荷、电负荷、热负荷、冷负荷组成，主要消纳系统中的多元能量。这些负荷包括建筑物的电力需求，供暖和空调系统的热能需求、制冷设备的冷凝需求，以及家庭和工业用途的天然气需求。通过合理分配和利用，这些能源系统可以实现能源的高效利用和环境的可持续发展。

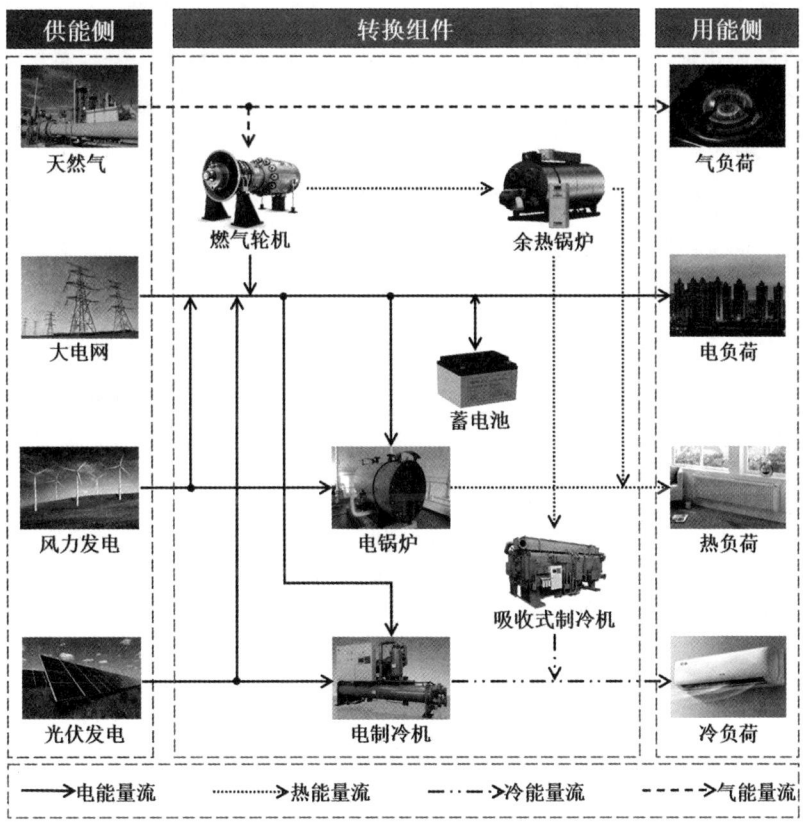

图 10.1　IES 结构图

10.2.2 特征综合相关性分析

在综合能源系统中，对多元负荷进行预测时，需要同时考虑多种负荷作为输入变量。然而，不同负荷在不同时间尺度下的特征表现各异，再加上气象因素的多变性，会导致预测模型的输入量急剧增加，从而增加了模型的计算负担。针对上述问题，单一的特性相关性分析方法已无法满足预测精度的需求。因此，需要对特征进行全面综合分析，包括以下几个方面。其一，气象因素与多元负荷之间的相关性分析，研究气象因素对不同负荷的影响程度，以确定哪些气象因素对负荷变化具有重要影响。其二，多元负荷之间的耦合性分析，探究不同负荷之间的相互关系和依赖性，以了解它们之间互相作用对负荷预测的影响。其三，多元负荷各自相关性分析，对每一种负荷进行单独的相关性分析，以识别对其变化起关键作用的因素。通过以上综合性分析，可精简模型的输入量，提高模型的预测精度，这将有助于更准确地预测综合能源系统中的多元负荷变化，为能源管理和调度提供更可靠的依据。

(1) 气象因素与多元负荷互相关性分析

MIC 是一种用于在大数据集中深入探索变量间相关性的评估工具，它在特征选择过程中属于过滤法的一种。具体来说，MIC 通过分析不同区间划分下的最大规范信息来细致挖掘输入特征与输出特征之间的相关程度，其核心计算遵循式(10.1)。在本章中，利用 MIC 这一高效指标来精确量化特征序列与光伏序列之间的相关性，从而为后续的数据分析和模型构建提供有力支持。

$$\begin{cases} \mathrm{MIC}(X, Y) = \max_{a \cdot b < B} \dfrac{I(X; Y)}{\log_2 \min(a, b)} \\ I(X; Y) = \sum_{y \in Y} \sum_{x \in X} p(x, y) \log_2 \dfrac{p(x, y)}{p(x) \cdot p(y)} \end{cases} \quad (10.1)$$

式中，$\mathrm{MIC}(X, Y)$——特征 X 和 Y 的 MIC 值；

$p(x)$, $p(y)$——特征 X、Y 的边缘概率分布函数；

$p(x, y)$——特征 X、Y 的联合概率分布函数；

a, b——在二维空间中 x、y 方向上划分格子的个数；

B——常量，一般约为数据量的 0.6 次方。

(2) 多元负荷之间耦合性分析

多元负荷之间耦合性分析是采用斯皮尔曼相关系数去分析多元负荷之间的耦合度,如式(10.2)所列:

$$\rho_{x,y} = \left| \frac{\sum_{i=1}^{n}(x_i - \bar{x})(y_i - \bar{y})}{\sqrt{\sum_{i=1}^{n}(x_i - \bar{x})^2 \sum_{i=1}^{n}(y_i - \bar{y})^2}} \right| \quad (10.2)$$

式中,$\rho_{x,y}$——负荷与输入特征之间的相关度,其中,$\rho_{x,y} \leq 1$,越接近1表示相关度越高;

x_i,y_i——第 i 个数据点的两个因素的值;

$\bar{x}$,$\bar{y}$——两个因素的均值;

n——数据点的个数。

(3) 多元负荷各自相关性分析

多元负荷各自相关性采用ACF分析多元负荷历史值与当前值的自相关性,计算公式如式(10.3)所列:

$$\rho_k = \frac{\sum_{t=1}^{n}(O_t - \bar{O})(O_{t-k} - \bar{O})}{\sum_{t=1}^{n}(O_t - \bar{O})^2} \quad (10.3)$$

式中,k,ρ_k——滞后的阶数和滞后 k 阶的ACF值;

O_t,O_{t-k}——t 时刻和 $t-k$ 时刻的负荷;

$\bar{O}$——所有负荷的平均值。

◆◆ 10.3 日前-日内 CNN-BiLSTM-Attention 预测模型

10.3.1 CNN 模型

卷积神经网络是一种深度学习架构,因其出色的特征抽取效能而在图像辨识,语音处理以及电力系统分析等多个领域得到广泛应用[140]。CNN 的核心架构包括两个关键层次,即卷积层与池化层。卷积层利用卷积运算高效捕捉多元负荷数据中的非线性局部特性,并生成特性映射;而池化层则负责缩减这些特性映射的维度,即对输入信息执行降维操作,同时确保留存关键特征信息,以此增强特征的普遍适用性。CNN 的基本结构如图 10.2 所示。

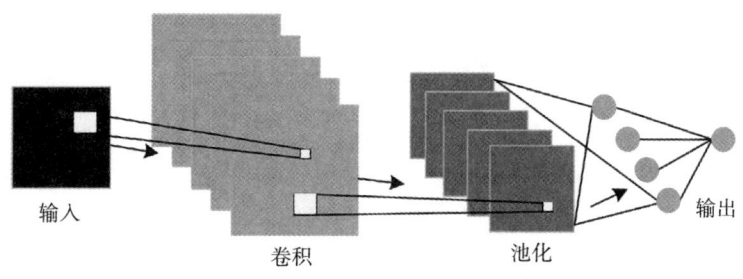

图 10.2　CNN 结构图

10.3.2　BiLSTM 模型

LSTM 作为一种独特的循环神经网络架构,在处理序列数据任务中展现了卓越的性能。而 BiLSTM 则是对 LSTM 的进一步扩展,它结合了前向和后向两个方向的 LSTM,以更全面地捕捉序列中的上下文信息[141]。

基于 LSTM 可充分利用历史输入端元负荷信息的优点,BiLSTM 既可以充分考虑过去信息,又可以充分考虑未来信息,从而进一步提高预测模型的预测精度。BiLSTM 结构如图 10.3 所示。图中 X_1, X_2, X_3, $\cdots$, X_t 分别表示模型在 t_1, t_2, t_3, $\cdots$, t_t 时刻对应的输入数据;A_1, A_2, A_3, $\cdots$, A_t 分别表示前向 LSTM 的隐藏层状态;B_1, B_2, B_3, $\cdots$, B_t 分别表示后向 LSTM 的隐藏层状态;Y_1, Y_2, Y_3, $\cdots$, Y_t 分别表示模型在 t_1, t_2, t_3, $\cdots$, t_t 时刻对应的输出数据;ω_1, ω_2, ω_3, $\cdots$, ω_t 分别表示模型中各层相应的权重值。

BiLSTM 中各层的状态更新以及输出可通过式(10.4)至式(10.6)进行描述。

$$A_i = f_1(\omega_1 X_i + \omega_2 A_{i-1}) \tag{10.4}$$

$$B_i = f_2(\omega_3 X_i + \omega_5 B_{i+1}) \tag{10.5}$$

● 第 10 章　基于特征综合相关与混合深度学习的综合能源系统多元负荷双阶段预测

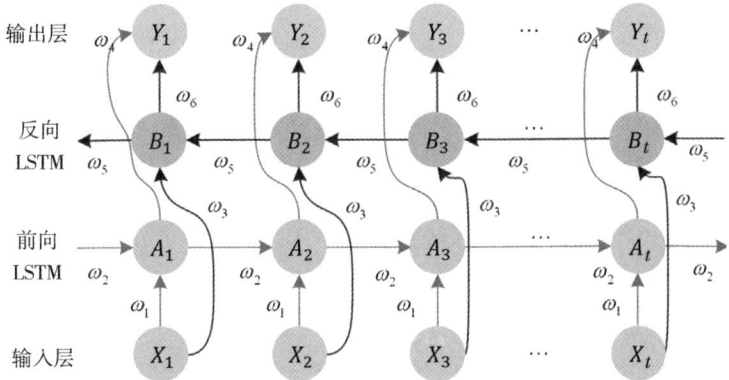

图 10.3　BiLSTM 结构图

$$Y_i = f_3(\omega_4 A_i + \omega_6 B_i) \tag{10.6}$$

式中，f_1, f_2, f_3——不同隐藏层之间的激活函数。

10.3.3　注意力机制

Attention 是深度学习领域内一项极具影响力的技术，它擅长精准衡量输入特征的显著性[142]。该机制通过各个特征赋予差异化的权重来实现这一点，对核心要素给予较重的权重，而对于关联性较弱的特征则给予较轻的权重，以此明确区分并强调输入特性的重要性层级，进而优化模型处理输入特征的能力与效率。注意力机制的单元构造详见图 10.4。

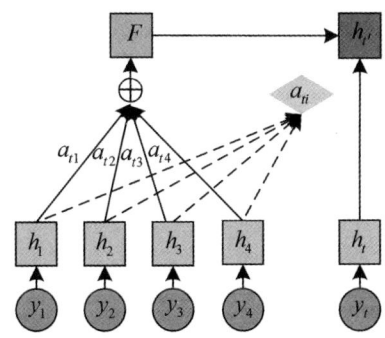

图 10.4　Attention 单元结构图

Attention 中各环节的状态转换关系可通过式(10.7)至式(10.10)进行描述：

$$S_{ti} = V\tanh(Wh_t + Uh_i + b), \ t = 1, 2, 3, \cdots, t-1 \quad (10.7)$$

$$a_{ti} = \frac{\exp(S_{ti})}{\sum_{k=i}^{t}\exp(S_{tk})}, \ i = 1, 2, 3, \cdots, t-1 \quad (10.8)$$

$$F = \sum_{i=1}^{t} a_{ti} \times h_i, \ i = 1, 2, 3, \cdots, t-1 \quad (10.9)$$

$$h_t' = f(F, h_t, y_t) \quad (10.10)$$

式中，a_{ti}——BiLSTM 隐藏层输出值 h_i 针对当前输入所具有的注意力权重值；

$y_1, y_2, y_3, \cdots, y_t$——Attention 单元的输入序列；

$h_1, h_2, h_3, \cdots, h_t$——与 Attention 单元输入序列 $y_1, y_2, y_3, \cdots, y_t$ 相对应的隐藏层状态值，换而言之，也就是对应于输入 y_t 的隐藏层状态值；

h_t'——最终的特征向量；

V, W, U, b——模型在训练过程中所涉及的学习参数。

10.3.4　日前-日内预测实现步骤

基于前文理论所述，本章提出 CNN-BiLSTM-Attention 的综合能源系统多元负荷预测方法。具体实现步骤如下：

①输入层将使用特征综合分析法(MIC、PCC、ACF)筛选出的高相关度特征进行输入；

②CNN 层对多元负荷数据的空间特征进行提取；

③BiLSTM 层分别从前向和后向对多个 LSTM 单元进行训练，BiLSTM 网络将前向 LSTM 和后向 LSTM 有机整合，借助隐藏层同步获取历史数据的前向和后向的信息特征，以此深入探寻当前时刻数据与过去、未来时刻数据之间所蕴

含的内在关联,进而更加全面地从两个方向对当前时刻数据进行拟合;

④Attention 层对各特征赋予不同的权重,得到预测值和时间序列数据的相似度,使用 softmax 函数对注意力得分进行权重计算;

⑤dense 层为全连接层,最后输出预测结果多元负荷值。

◆ 10.4 算例分析

10.4.1 数据来源及评价指标

为了验证本章所提出的预测模型的性能,采用实际数据集进行实验测试分析。该数据涵盖了 2020 年 1 月 1 日至 12 月 30 日期间的冷负荷、热负荷、电负荷、气负荷实际测量值,数据采集间隔设定为每小时一次,确保了每日 24 个数据点的全面覆盖。每条原始记录包含时间信息(月份、某天、小时、节假日类型等 4 维时序特征)、环境参数(风速、气压、环境温度、干球温度、湿球温度、露点温度、相对湿度、总辐射、降雨量等 9 项气象要素)、电价,共计 14 项关键变量,连同对应的负荷功率读数,共同构成了 8760 组丰富翔实的数据样本,其中 6130 组用于模型训练,剩余 2628 组则作为测试集以验证模型预测准确性。基于此数据集,本章深入探究了综合能源系统中多元负荷的预测方法。

为了客观评价每种预测模型的预测性能,本章选用平均绝对误差(MAE)、均方根误差(RMSE)、平均相对百分误差(MAPE)和预测精度(δ),计算公式分别如下:

$$l_{\mathrm{MAE}} = \frac{1}{n} \sum_{i=1}^{n} |\hat{y}_i - y_i| \tag{10.11}$$

$$l_{\mathrm{RMSE}} = \sqrt{\frac{\sum_{i=1}^{n}(\hat{y}_i - y_i)^2}{n}} \tag{10.12}$$

$$l_{\mathrm{MAPE}} = \frac{1}{n} \sum_{i=1}^{n} \frac{|\hat{y}_i - y_i|}{y_i} \tag{10.13}$$

$$\delta = (1 - l_{\text{MAPE}}) \times 100\% \tag{10.14}$$

式中，y_i，$\hat{y}_i$，$\bar{y}_i$——多元负荷的真实值、预测值和平均值；

n——测试样本集中的样本数。

10.4.2 特征综合相关性实验及分析

(1) 气象因素选择实验及分析

在前文对 MIC 完成理论分析并准备好原始数据集后，着手进行实验并对相关参数予以设定，气象因素实验的结果如图 10.5 所示。由图中信息可得，多元负荷与气象因素相互之间的关联程度并非一致，MIC 值的大小直接反映了对应特征与输出的相关紧密程度，MIC 值越大，两者相关性越强。依据过往经验确定一个标准，把特征与电负荷的 MIC 阈值设定为 0.5，此时环境温度与电负荷的 MIC 值为 0.5172，符合要求，所以环境温度被确定纳入电负荷预测数据集的输入变量；对于热负荷，若设定其 MIC 大于 0.5，经筛选，环境温度和气压满足条件被选出；针对冷负荷，设定 MIC 大于 0.6 时，经过对比分析，环境温度、气压、总辐射、干球温度、湿球温度及露点温度这几个特征符合要求被选中；同理，在设定气负荷 MIC 大于 0.6 的情况下，环境温度、气压、干球温度、湿球温度、露点温度脱颖而出成为气负荷预测数据集的输入内容。

	月份	某天	节假日	小时	风速	环境温度	气压	总辐射	降雨量	干球温度	露点温度	湿球温度	湿度	电价	电负荷
月份	1	0.004726	0.002554	1.972e-14	0.05064	0.2749	0.235	0.1825	0.3349	0.1617	0.1861	0.1879	0.04784	0.08748	0.1908
某天	0.004726	1	0.03396	4.588e-14	0.04277	0.2161	0.1749	0.2464	0.4209	0.1217	0.1348	0.1134	0.05402	0.05293	0.174
节假日	0.002554	0.03396	1	1.213e-14	0.01361	0.06844	0.05177	0.1205	0.2708	0.03529	0.04138	0.03142	0.01336	0.03051	0.06633
小时	1.972e-14	4.7e-14	1.238e-14	1	0.0184	0.1851	0.1101	0.356	1.797e-13	0.1117	0.08978	0.0836	0.07501	0.1113	0.1678
风速	0.05064	0.04277	0.01361	0.0184	1	0.1947	0.14	0.2344	0.113	0.1114	0.1156	0.09881	0.04835	0.05336	0.164
环境温度	0.2749	0.2161	0.06844	0.1851	0.1947	1	0.499	0.4638	0.2875	0.4461	0.4509	0.4265	0.3034	0.2472	0.5172
气压	0.235	0.1749	0.05177	0.1101	0.14	0.499	1	0.4168	0.2732	0.373	0.3796	0.3543	0.2295	0.1813	0.4469
总辐射	0.1825	0.2464	0.1205	0.356	0.2344	0.4638	0.4168	1	0.2579	0.3998	0.3908	0.3737	0.3305	0.3255	0.4309
降雨量	0.3349	0.4209	0.2708	1.822e-13	0.113	0.2875	0.2732	0.2579	1	0.2169	0.2378	0.2179	0.1399	0.119	0.2562
干球温度	0.1617	0.1217	0.03529	0.1117	0.1114	0.4461	0.373	0.3998	0.2169	1	0.3612	0.359	0.2043	0.1701	0.4126
露点温度	0.1861	0.1348	0.04138	0.08978	0.1156	0.4509	0.3796	0.3908	0.2378	0.3612	1	0.3788	0.2163	0.158	0.4161
湿球温度	0.1879	0.1134	0.03142	0.0836	0.09881	0.4265	0.3543	0.3737	0.2179	0.359	0.3788	1	0.1778	0.144	0.3918
湿度	0.04784	0.05402	0.01336	0.07501	0.04835	0.3034	0.2295	0.3305	0.1399	0.2043	0.2163	0.1778	1	0.09423	0.2665
电价	0.08748	0.05293	0.03051	0.1113	0.05336	0.2472	0.1813	0.3255	0.119	0.1701	0.158	0.144	0.09423	1	0.2056
电负荷	0.1908	0.174	0.06633	0.1678	0.164	0.5172	0.4469	0.4309	0.2562	0.4126	0.4161	0.3918	0.2665	0.2056	1

(a) 电负荷

第 10 章 基于特征综合相关与混合深度学习的综合能源系统多元负荷双阶段预测

(b) 热负荷

(c) 冷负荷

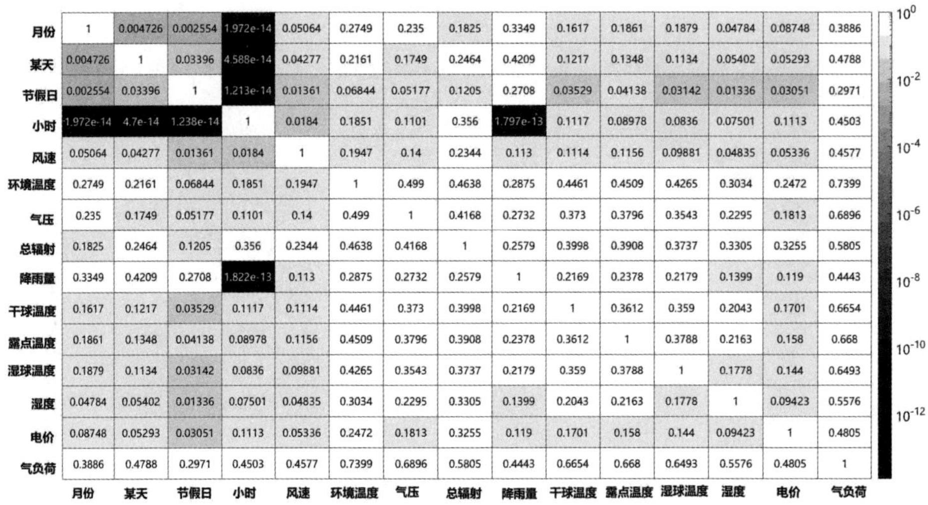

	月份	某天	节假日	小时	风速	环境温度	气压	总辐射	降雨量	干球温度	黑点温度	湿球温度	湿度	电价	气负荷
月份	1	0.004726	0.002554	1.972e-14	0.05064	0.2749	0.235	0.1825	0.3349	0.1617	0.1861	0.1879	0.04784	0.08748	0.3886
某天	0.004726	1	0.03396	4.588e-14	0.04277	0.2161	0.1749	0.2464	0.4209	0.1217	0.1348	0.1134	0.05402	0.05293	0.4788
节假日	0.002554	0.03396	1	1.213e-14	0.01361	0.06844	0.05177	0.1205	0.2708	0.03529	0.04138	0.03142	0.01336	0.03051	0.2971
小时	1.972e-14	4.7e-14	1.238e-14	1	0.0184	0.1851	0.1101	0.356	1.797e-13	0.1117	0.08978	0.0836	0.07501	0.1113	0.4503
风速	0.05064	0.04277	0.01361	0.0184	1	0.1947	0.14	0.2344	0.113	0.1114	0.1156	0.09881	0.04835	0.05336	0.4577
环境温度	0.2749	0.2161	0.06844	0.1851	0.1947	1	0.499	0.4638	0.2875	0.4461	0.4509	0.4265	0.3034	0.2472	0.7399
气压	0.235	0.1749	0.05177	0.1101	0.14	0.499	1	0.4168	0.2732	0.373	0.3796	0.3543	0.2295	0.1813	0.6896
总辐射	0.1825	0.2464	0.1205	0.356	0.2344	0.4638	0.4168	1	0.2579	0.3998	0.3908	0.3737	0.3305	0.3255	0.5805
降雨量	0.3349	0.4209	0.2708	1.822e-13	0.113	0.2875	0.2732	0.2579	1	0.2169	0.2378	0.2179	0.1399	0.119	0.4443
干球温度	0.1617	0.1217	0.03529	0.1117	0.1114	0.4461	0.373	0.3998	0.2169	1	0.3612	0.359	0.2043	0.1701	0.6654
黑点温度	0.1861	0.1348	0.04138	0.08978	0.1156	0.4509	0.3796	0.3908	0.2378	0.3612	1	0.3788	0.2163	0.158	0.668
湿球温度	0.1879	0.1134	0.03142	0.0836	0.09881	0.4265	0.3543	0.3737	0.2179	0.359	0.3788	1	0.1778	0.144	0.6493
湿度	0.04784	0.05402	0.01336	0.07501	0.04835	0.3034	0.2295	0.3305	0.1399	0.2043	0.2163	0.1778	1	0.09423	0.5576
电价	0.08748	0.05293	0.03051	0.1113	0.05336	0.2472	0.1813	0.3255	0.119	0.1701	0.158	0.144	0.09423	1	0.4805
气负荷	0.3886	0.4788	0.2971	0.4503	0.4577	0.7399	0.6896	0.5805	0.4443	0.6654	0.668	0.6493	0.5576	0.4805	1

(d) 气负荷

图 10.5　气象因素与多元负荷相关性分析结果图

(2) 多元负荷互相关性实验及分析

在 10.2.2 节所介绍的斯皮尔曼相关系数法基本理论的指引下,运用实验基础参数展开了实验,结果如图 10.6 所示。由该图可清晰得知,电负荷与热负荷的相关度数值为 0.5566,与冷负荷的相关度数值是 0.7407,与气负荷的相关度数值为 0.7188;热负荷与冷负荷的相关度数值达 0.7867,与气负荷的相关度数值是 0.7671;冷负荷与气负荷的相关度数值则为 0.8967。若将多元负荷相关度阈值设定为 0.70,那么在电负荷和热负荷预测数据集的输入量选取方面,冷负荷与气负荷会被选中;而在冷负荷与气负荷预测数据集的输入量确定时,热负荷、气负荷及电负荷将被筛选出来。

(3) 多元负荷自相关性实验及分析

依照 10.2.2 节中介绍的自相关函数(ACF)基本理论,借助实验基础参数开展了相应实验,实验的结果如图 10.7 所示。通过观察该图能够发现,随着预测时刻朝着历史时刻不断往前推移,预测值与历史值之间的相关度呈现出周期性变化的特点,具体表现为相关度依次递减,并且同一时刻的负荷值相对偏大。针对电、热、冷、气这几种负荷的 ACF,分别设定了 0.85, 0.90, 0.95, 0.90 的阈值。在这样的设定下,能够选出的历史负荷值作为预测数据集输入量的相关实验结果如表 10.1 所列。在表 10.1 里,符号"K"代表的是前 1 天的同一时刻,而符号"N"表示的是当天的同一时刻。

第10章 基于特征综合相关与混合深度学习的综合能源系统多元负荷双阶段预测

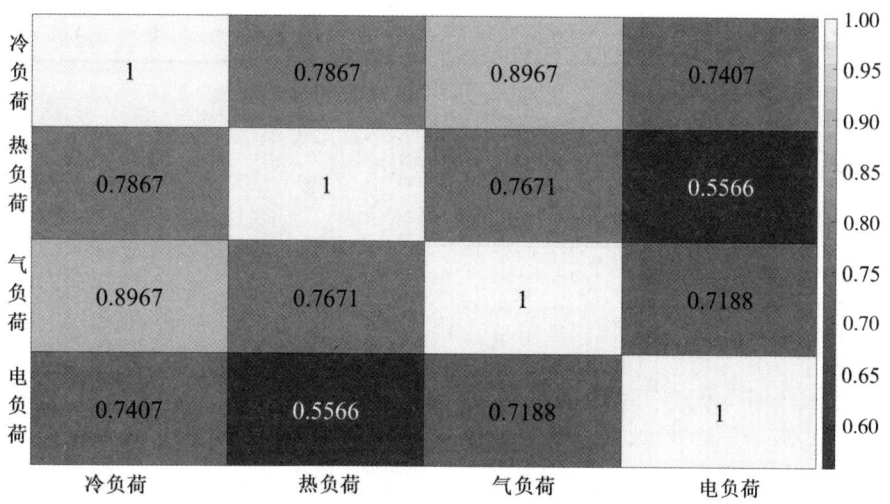

图10.6 多元负荷互相关性分析结果图

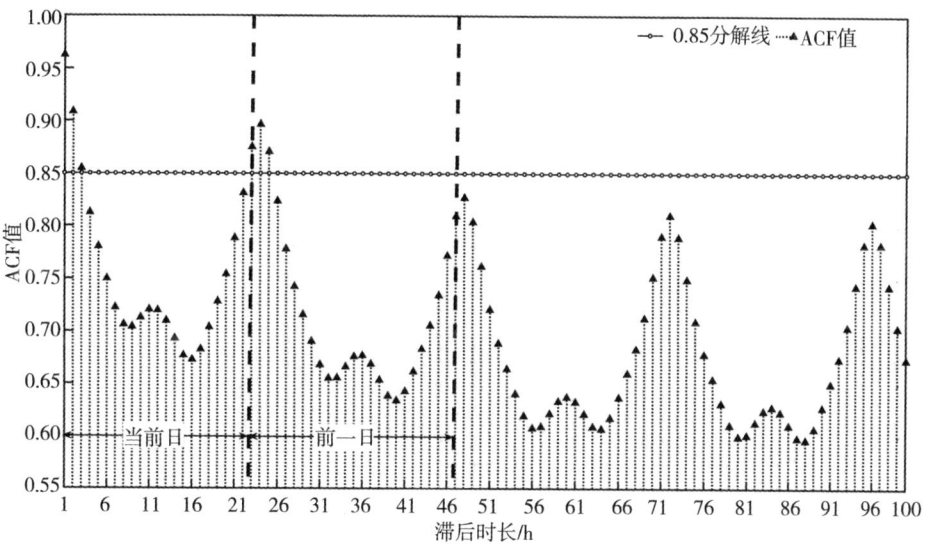

(a)电负荷

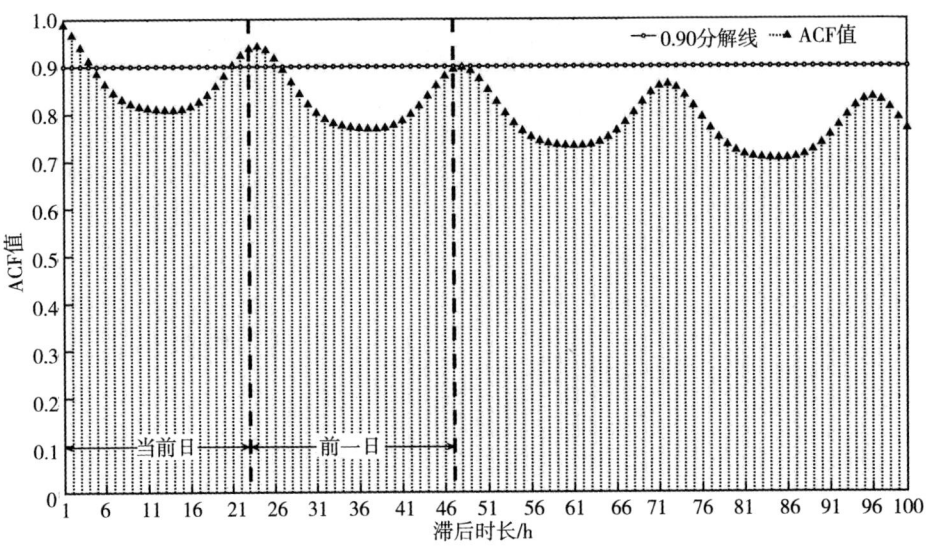

(b) 热负荷

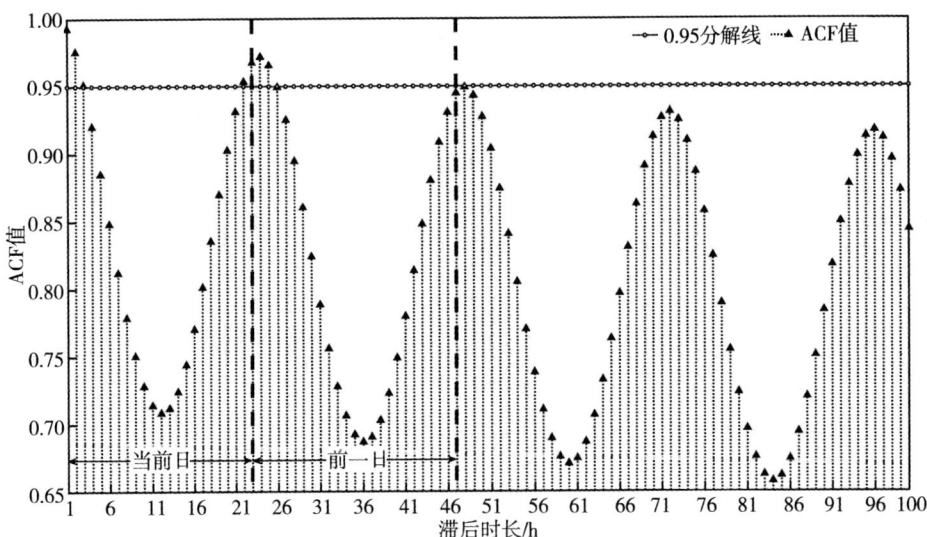

(c) 冷负荷

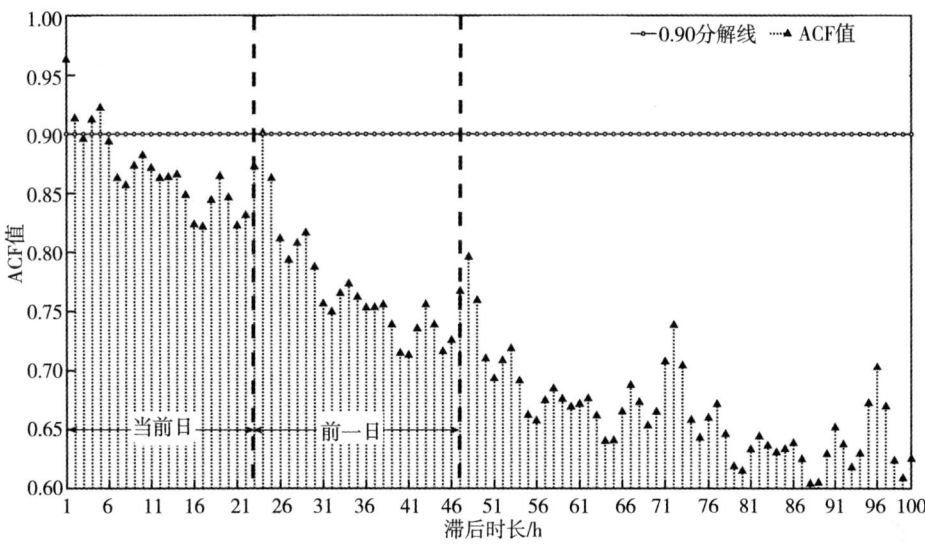

(d) 气负荷

图 10.7 多元负荷自相关性分析结果图

表 10.1 初级输入特征介绍

负荷类型	预测类型	特征类型	特征含义	ACF 值
电负荷	日前	T1	K 时刻负荷值	0.90
		T2	K+1 时刻负荷值	0.87
	日内	T3	N+1 时刻负荷值	0.96
		T4	N+2 时刻负荷值	0.91
		T5	N+3 时刻负荷值	0.85
		T6	N+23 时刻负荷值	0.88
热负荷	日前	T7	K 时刻负荷值	0.94
		T8	K+1 时刻负荷值	0.93
		T9	K+2 时刻负荷值	0.92
	日内	T10	N+1 时刻负荷值	0.99
		T11	N+2 时刻负荷值	0.97
		T12	N+3 时刻负荷值	0.94
		T13	N+4 时刻负荷值	0.91
		T14	N+21 时刻负荷值	0.90
		T15	N+22 时刻负荷值	0.92
		T16	N+23 时刻负荷值	0.94

表10.1(续)

负荷类型	预测类型	特征类型	特征含义	ACF值
冷负荷	日前	T17	K时刻负荷值	0.97
		T18	K+1时刻负荷值	0.96
	日内	T19	N+1时刻负荷值	0.99
		T20	N+2时刻负荷值	0.98
		T21	N+3时刻负荷值	0.95
		T22	N+22时刻负荷值	0.95
		T23	N+23时刻负荷值	0.97
气负荷	日前	T24	K时刻负荷值	0.90
	日内	T25	N+1时刻负荷值	0.96
		T26	N+2时刻负荷值	0.91
		T27	N+4时刻负荷值	0.91
		T28	N+5时刻负荷值	0.92

10.4.3 多元负荷预测实验及分析

(1)日前预测实验及分析

在前期对特征进行综合分析后,筛选出了与输出负荷相关的关键特征,并据此构建了预测数据集。同时,为了对比分析,设立了一个未经过特征筛选的预测数据集。在同一预测模型的框架下,对这两个数据集进行了日前预测的对比实验,实验对比结果如图10.8至图10.10所示。具体预测性能指标如表10.2和表10.3所列。

从图10.8中可以观察到,通过特征综合分析方法构建的预测数据集在各负荷预测方面表现出色,其拟合优度普遍超过0.9。相比之下,未经过特征筛选直接用于预测的数据集,其各负荷预测的拟合优度仅维持在0.7~0.8(冷负荷除外)。进一步结合图10.9、图10.10的分析结果,可以明确看到,采用特征综合分析方法处理后的预测数据集在提升预测准确性方面具有显著优势,特别是对于电负荷的预测,其误差明显小于使用未经特征提取数据集进行预测时的结果。

由表10.2和表10.3可知,特征筛选前后的预测实验结果显示,筛选前的MAE、RMSE、MAPE都比筛选后的大,且经过特征综合分析后,电负荷、热负荷、冷负荷、气负荷的预测精度分别提高了11.99%、11.43%、10.83%、13.07%。

第 10 章 基于特征综合相关与混合深度学习的综合能源系统多元负荷双阶段预测

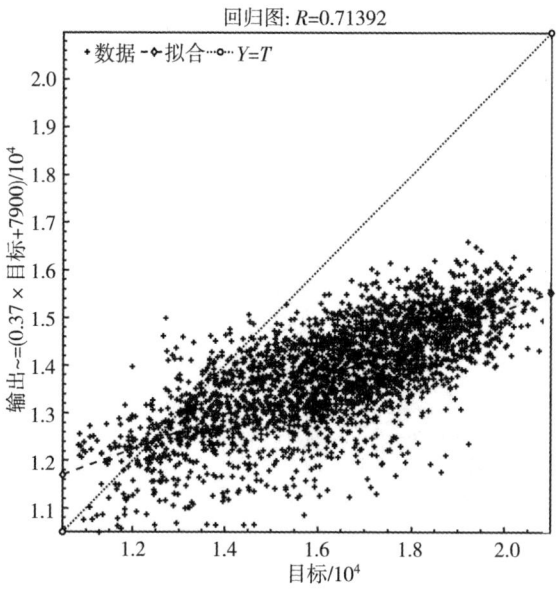

(a) 电负荷-未经特征筛选

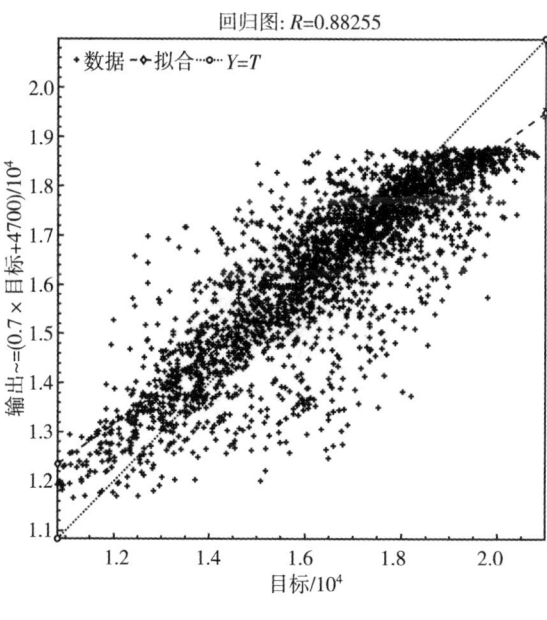

(b) 电负荷-特征筛选后

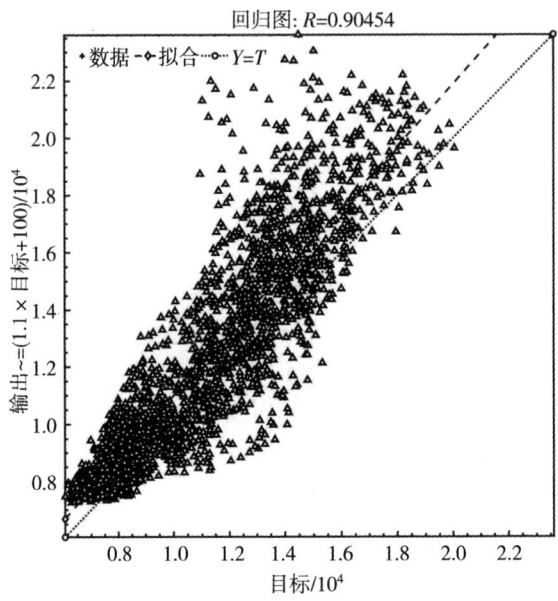

(c)热负荷-未经特征筛选

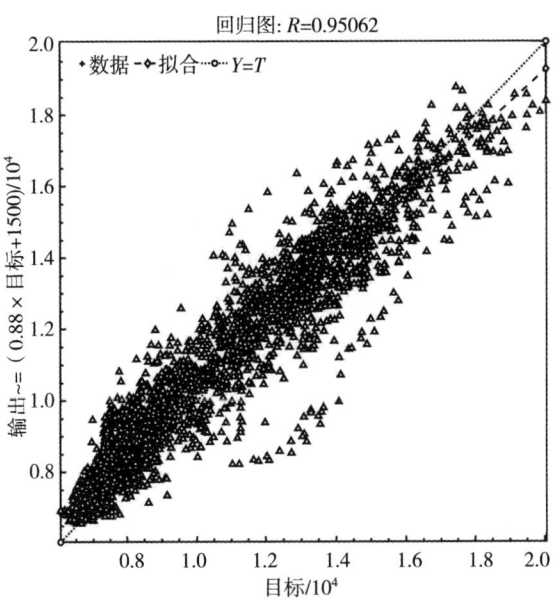

(d)热负荷-特征筛选后

第 10 章　基于特征综合相关与混合深度学习的综合能源系统多元负荷双阶段预测

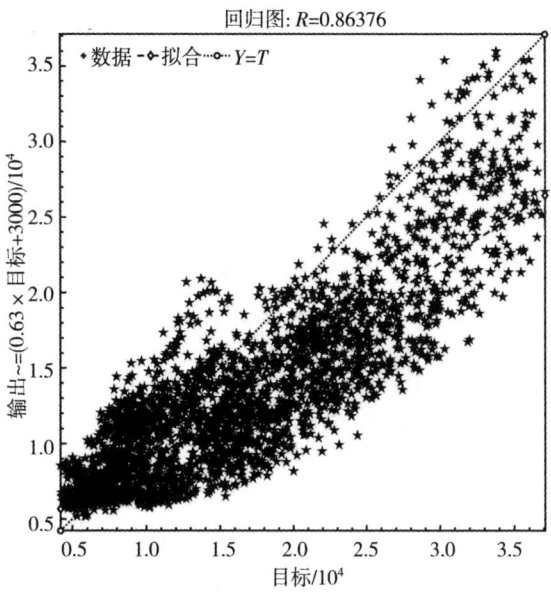

(e) 冷负荷-未经特征筛选

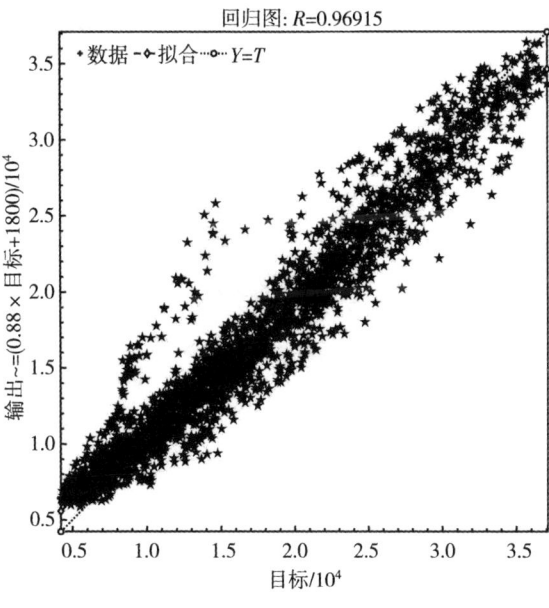

(f) 冷负荷-特征筛选后

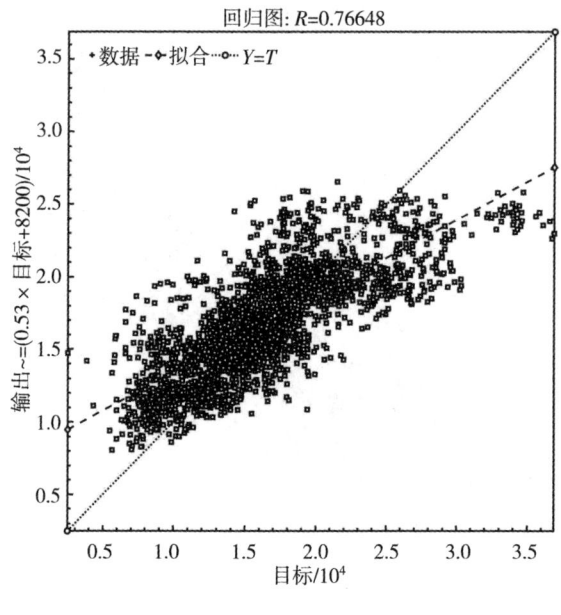

(g)气负荷-未经特征筛选

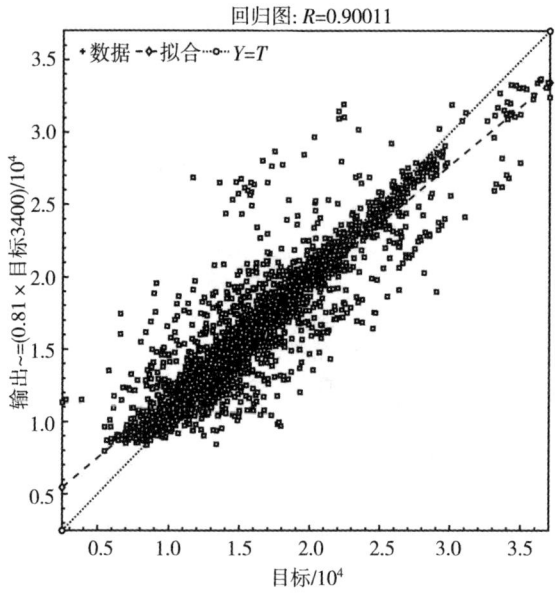

(h)气负荷-特征筛选后

图 10.8　多元负荷日前预测回归图

第10章　基于特征综合相关与混合深度学习的综合能源系统多元负荷双阶段预测

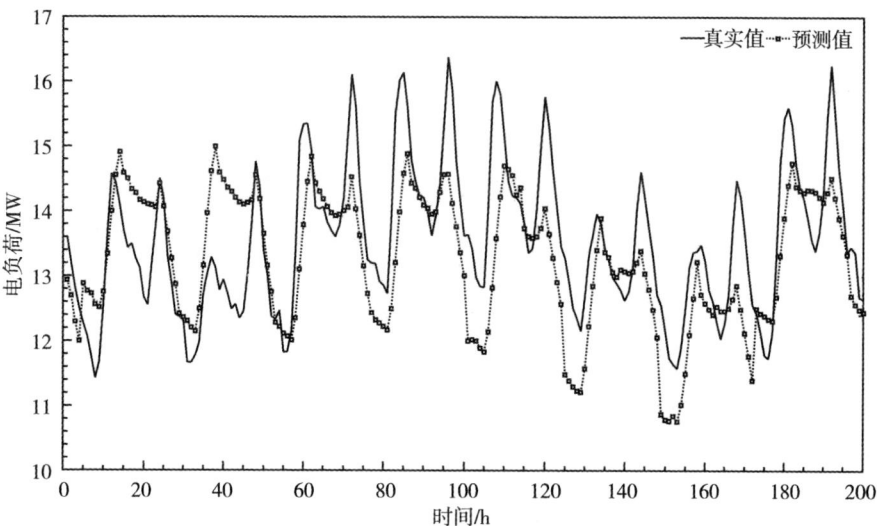

(a) 电负荷-未经特征筛选

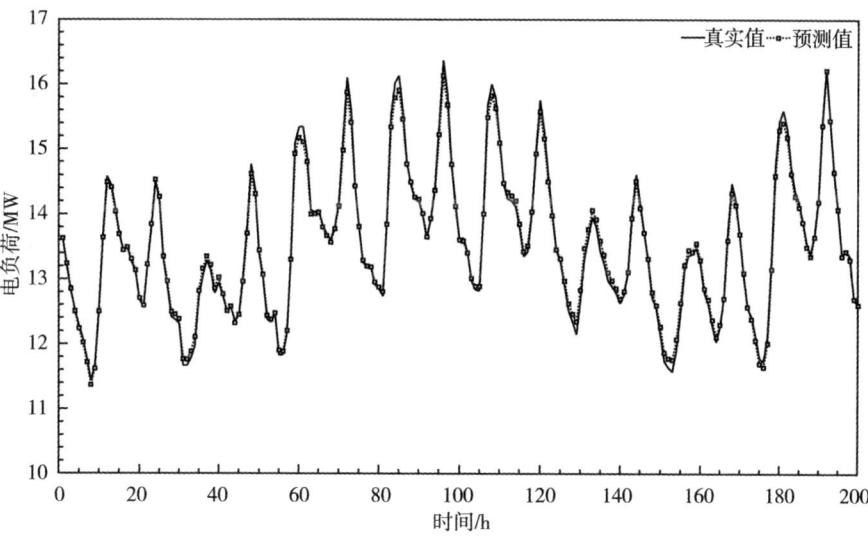

(b) 电负荷-特征筛选后

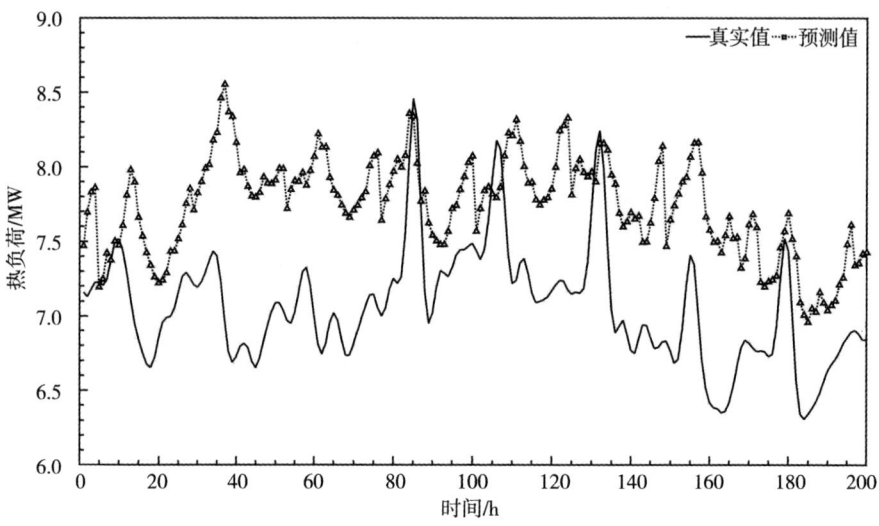

(c)热负荷-未经特征筛选

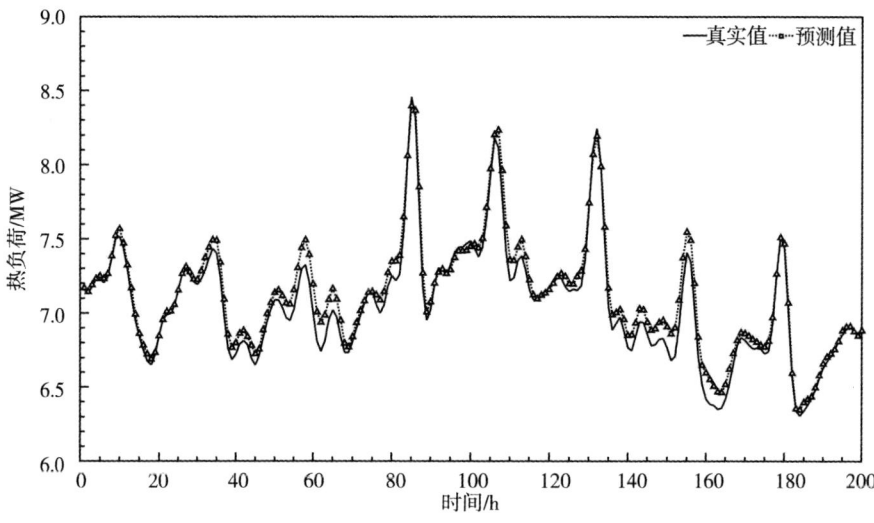

(d)热负荷-特征筛选后

第10章 基于特征综合相关与混合深度学习的综合能源系统多元负荷双阶段预测

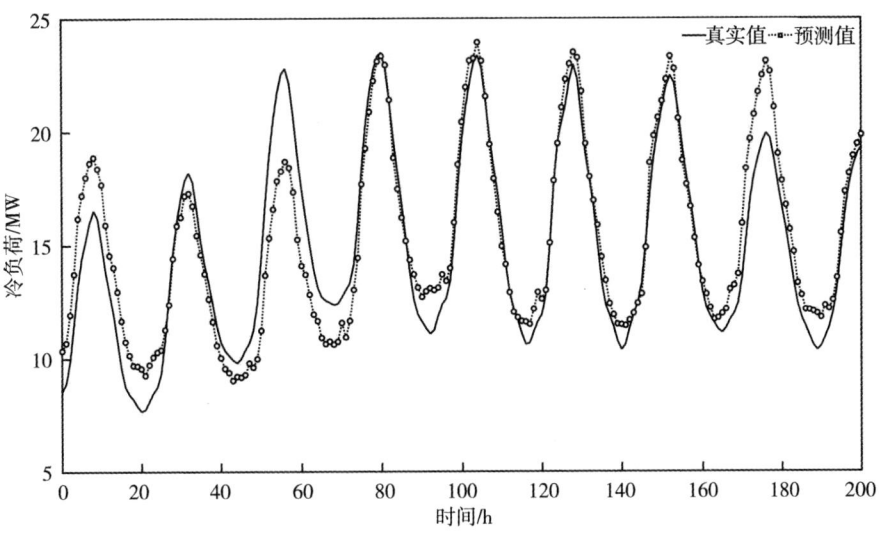

(e) 冷负荷-未经特征筛选

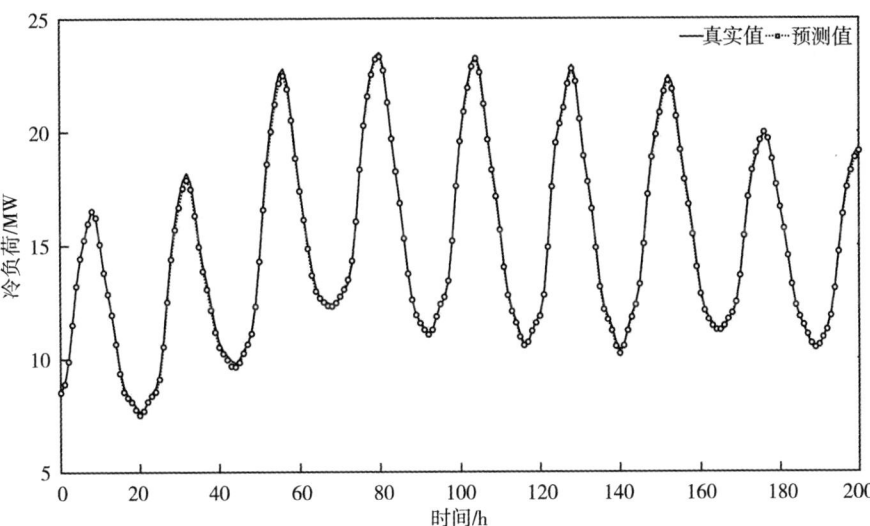

(f) 冷负荷-特征筛选后

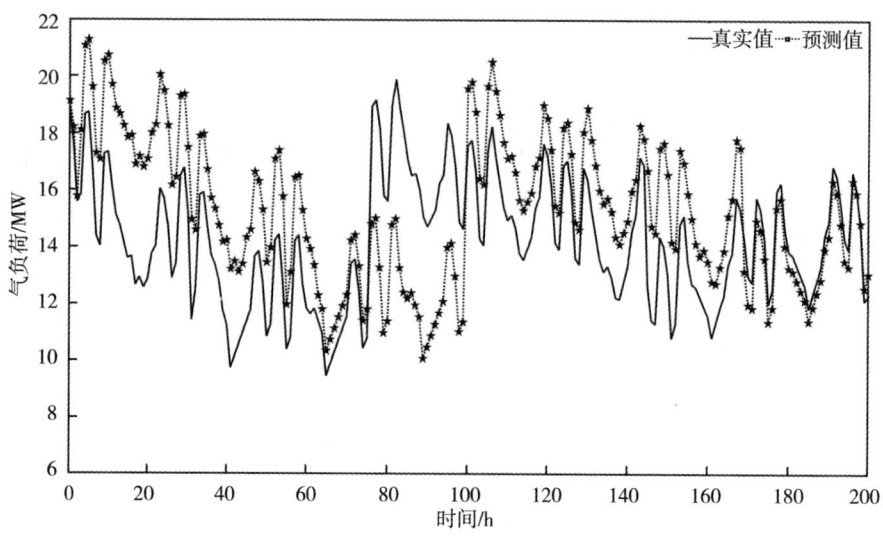

(g)气负荷-未经特征筛选

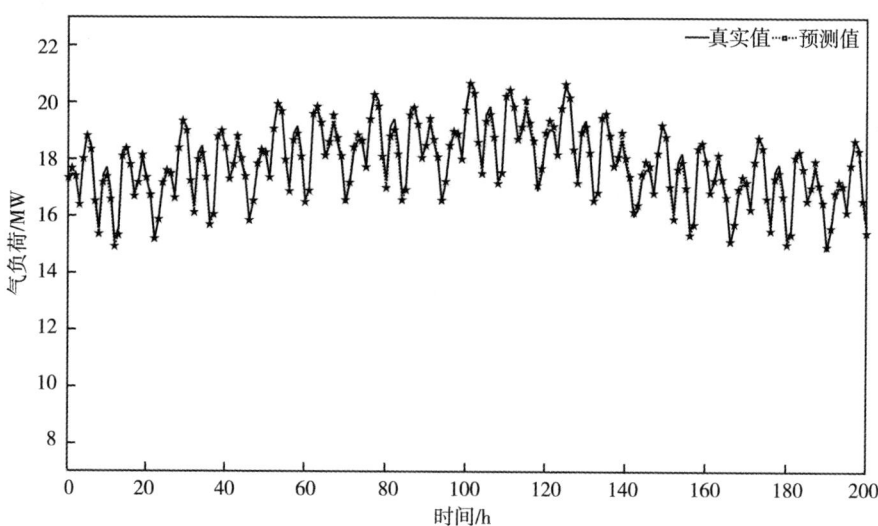

(h)气负荷-特征筛选后

图 10.9 多元负荷日前预测效果图

第10章 基于特征综合相关与混合深度学习的综合能源系统多元负荷双阶段预测

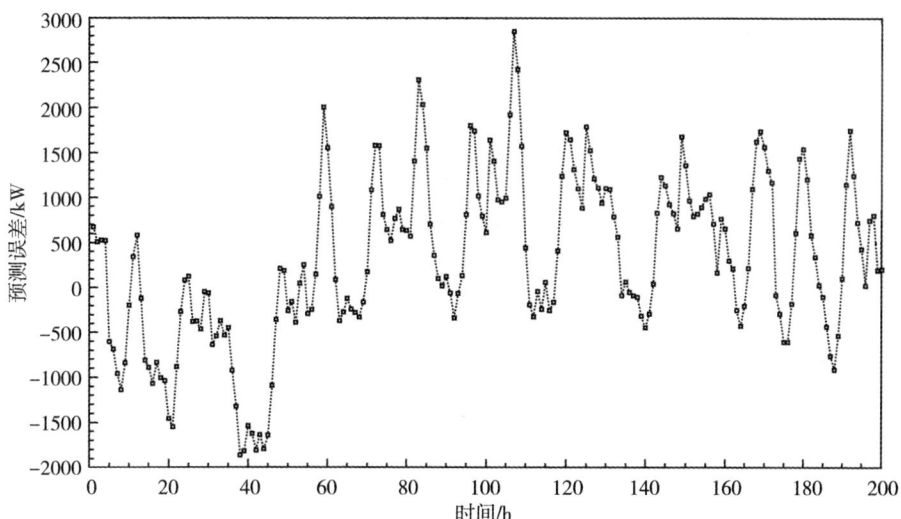

(a) 电负荷-未经特征筛选

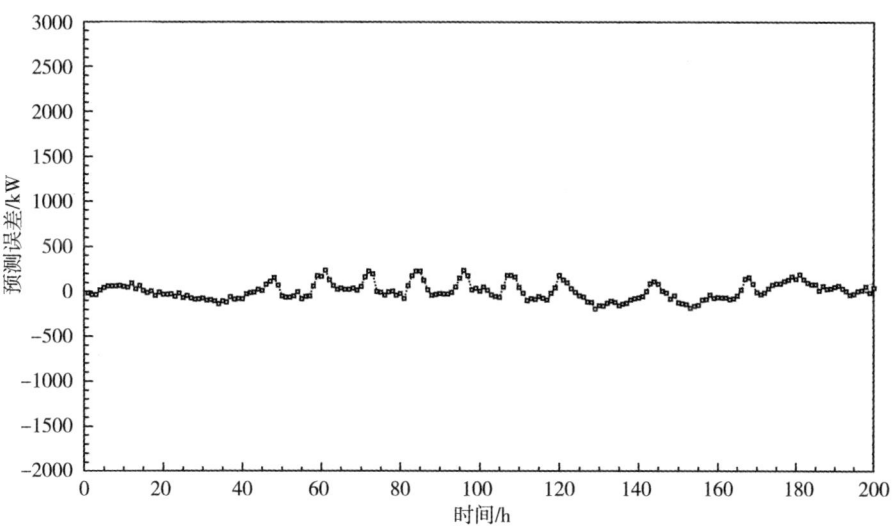

(b) 电负荷-特征筛选后

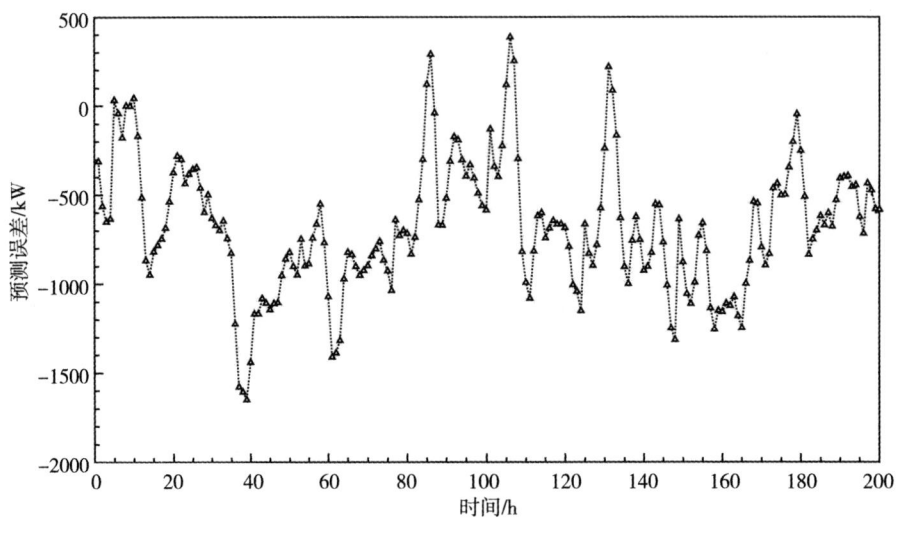

(c)热负荷-未经特征筛选

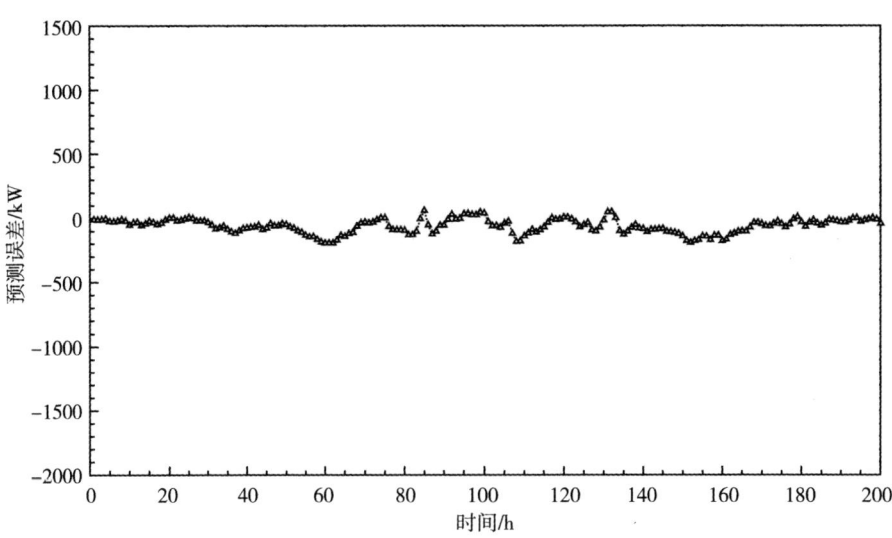

(d)热负荷-特征筛选后

第10章 基于特征综合相关与混合深度学习的综合能源系统多元负荷双阶段预测

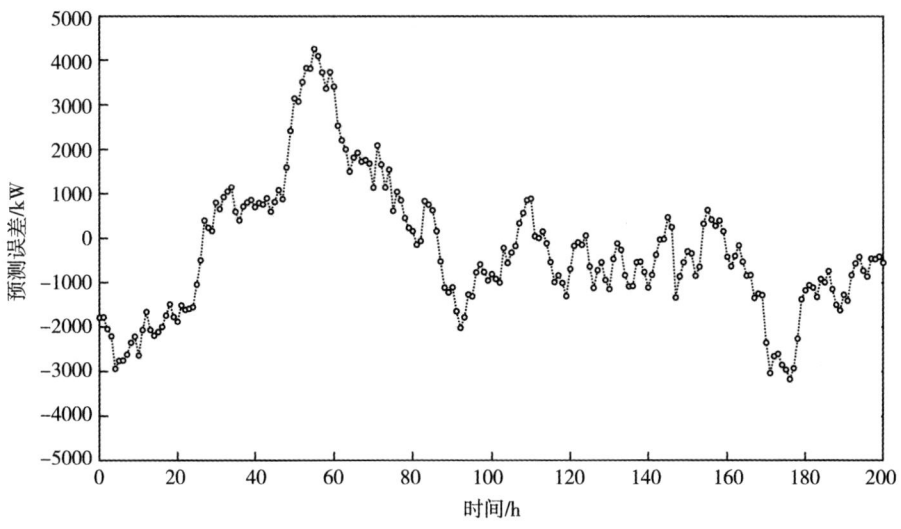

(e) 冷负荷-未经特征筛选

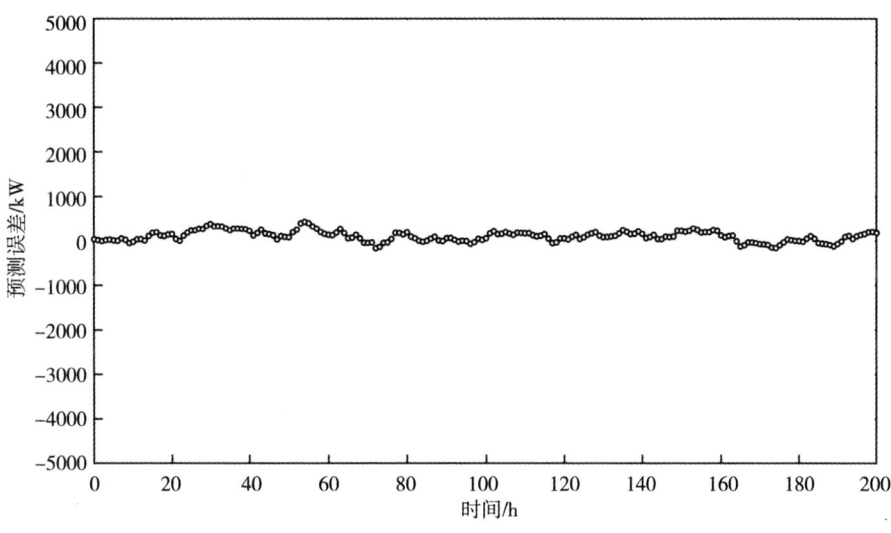

(f) 冷负荷-特征筛选后

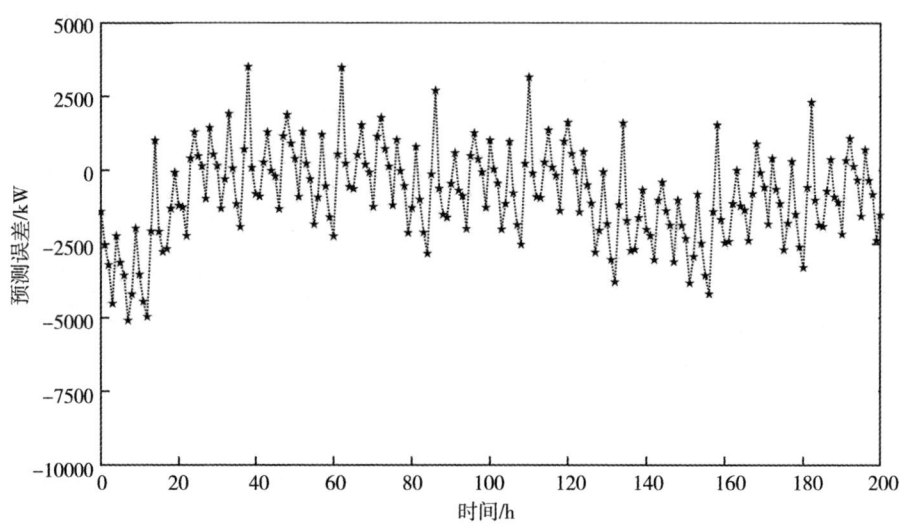

(g)气负荷-未经特征筛选

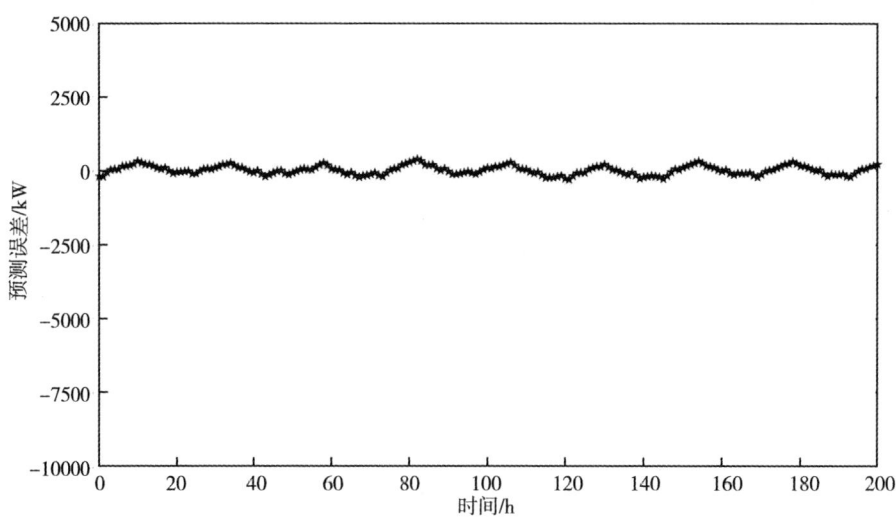

(h)气负荷-特征筛选后

图 10.10　多元负荷日前预测误差图

表10.2 日前预测精度-未经特征筛选

负荷类型	MAE/kW	RMSE/kW	MAPE	δ/%
电负荷	2568.05	2941.36	0.1498	85.02
热负荷	1399.49	1945.61	0.1508	84.92
冷负荷	1705.60	2236.36	0.1529	84.71
气负荷	2643.82	3468.43	0.1823	81.77

表10.3 日前预测精度-特征筛选后

负荷类型	MAE/kW	RMSE/kW	MAPE	δ/%
电负荷	492.51	644.07	0.0299	97.01
热负荷	389.72	534.87	0.0365	96.35
冷负荷	787.33	1044.89	0.0446	95.54
气负荷	1015.65	1317.15	0.0516	94.84

(2) 日内预测实验及分析

基于目前预测实验阐述的相关理论，这里不再赘述，实验对比结果如图10.11至图10.13所示。具体预测性能指标如表10.4和表10.5所列。

根据图10.11的数据分析，可以明显看出通过特征综合分析方法构建的预测数据集在各负荷预测方面表现出色，其拟合优度普遍超过0.9。相比之下，未经过特征筛选直接用于预测的数据集，其各负荷预测的拟合优度仅维持在0.7~0.8(冷负荷除外)。进一步结合图10.12和图10.13的结果分析，我们可以明确看到，采用特征综合分析方法处理后的预测数据集在提升预测准确性方面具有显著优势，特别是对于热负荷和气负荷的预测，其误差明显小于使用未经特征提取数据集进行预测时的结果。

由表10.4和表10.5可知，特征筛选前后的预测实验结果显示，筛选前的MAE、RMSE、MAPE都比筛选后的大，且经过特征综合分析以后，电负荷、热负荷、冷负荷、气负荷的预测精度分别提高了11.78%、13.72%、10.48%、11.60%。

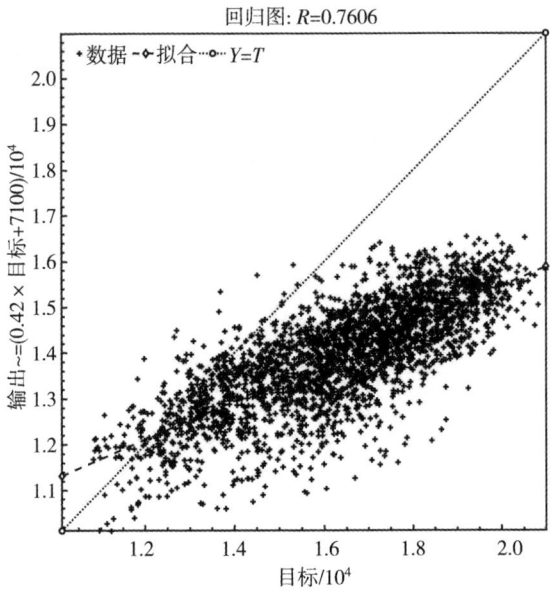

(a)电负荷-未经特征筛选

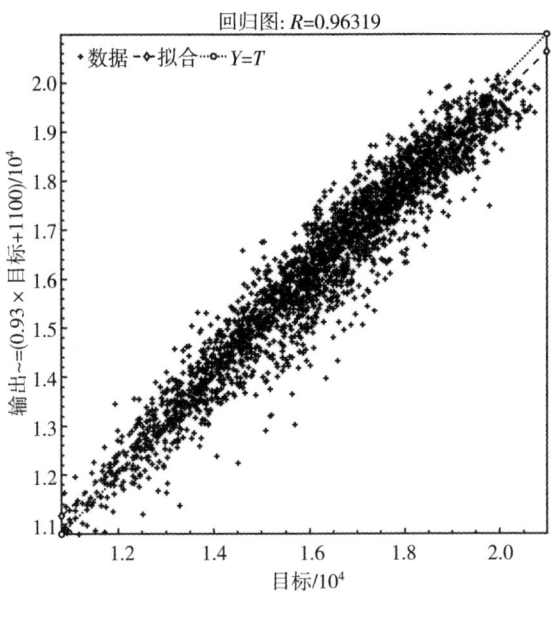

(b)电负荷-特征筛选后

第 10 章　基于特征综合相关与混合深度学习的综合能源系统多元负荷双阶段预测

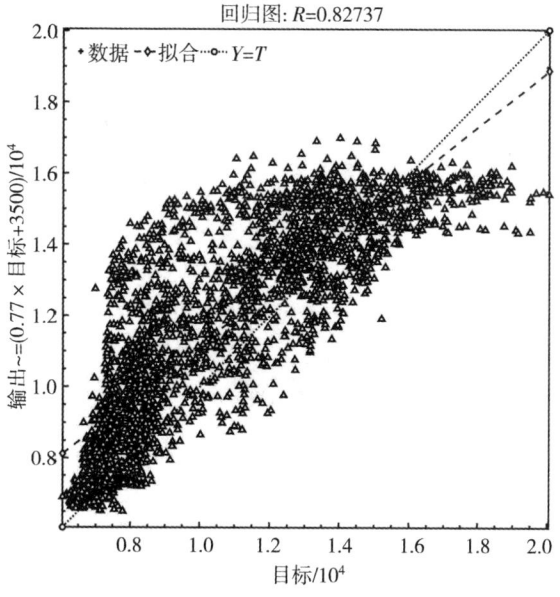

(c) 热负荷-未经特征筛选

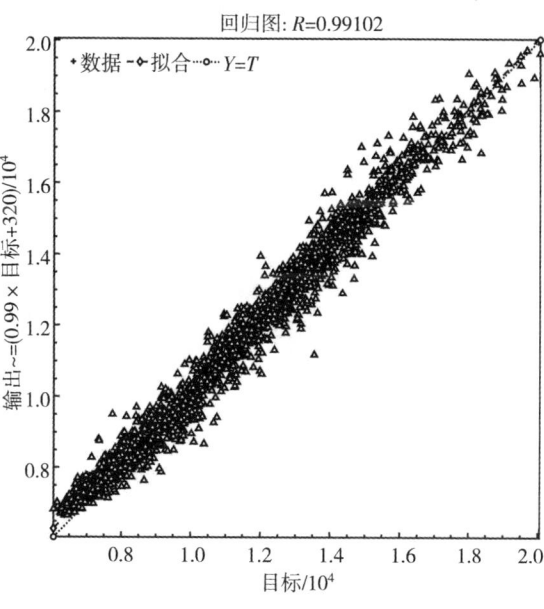

(d) 热负荷-特征筛选后

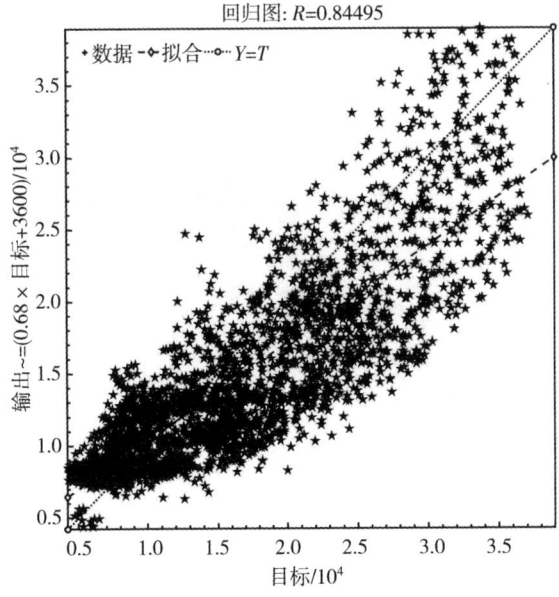

(e) 冷负荷-未经特征筛选

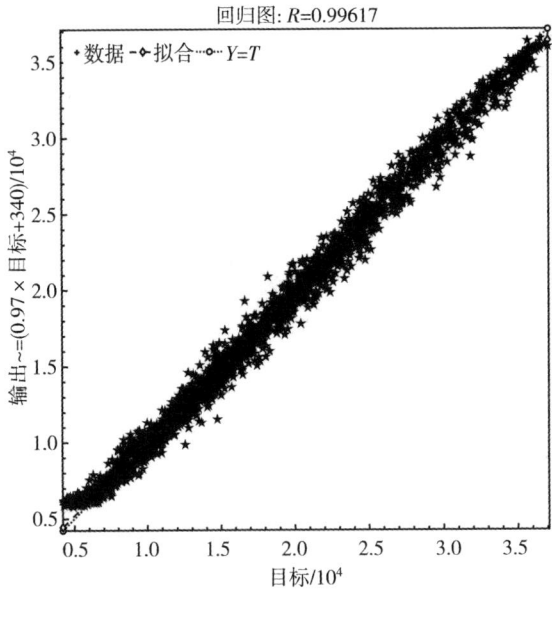

(f) 冷负荷-特征筛选后

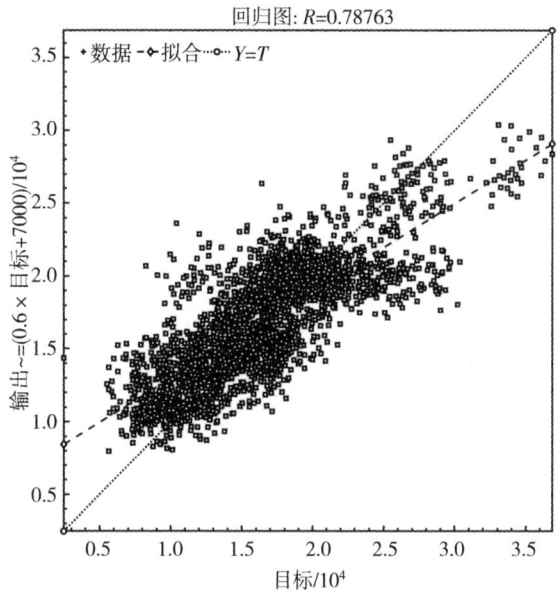

(g)气负荷-未经特征筛选

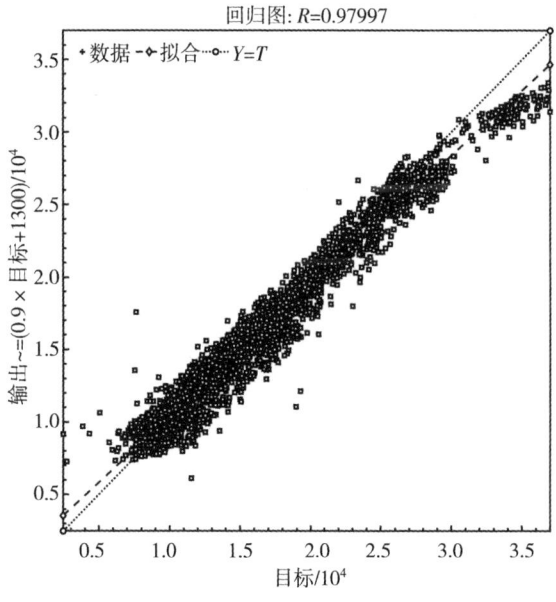

(h)气负荷-特征筛选后

图 10.11 多元负荷日内预测回归图

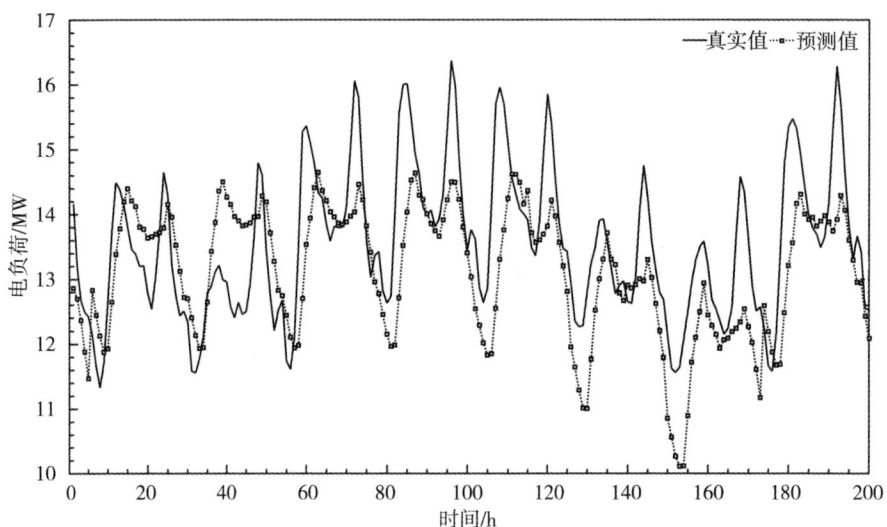

(a) 电负荷-未经特征筛选

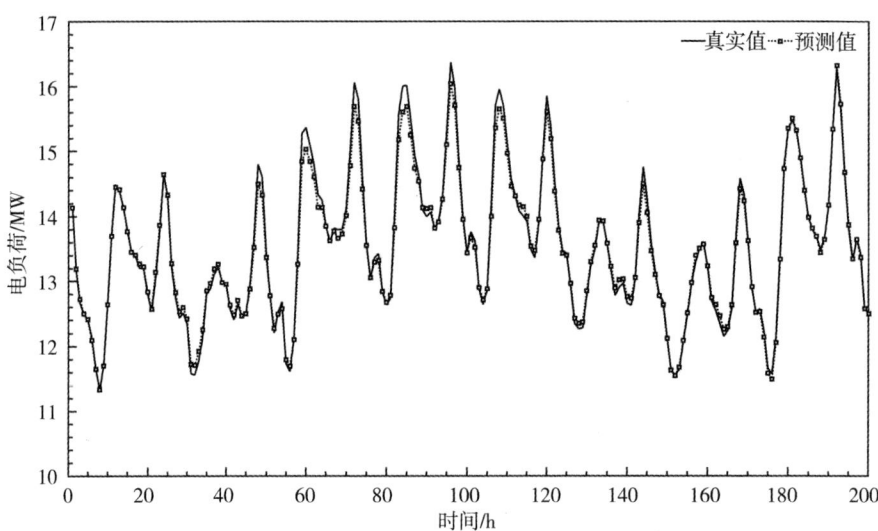

(b) 电负荷-特征筛选后

第10章 基于特征综合相关与混合深度学习的综合能源系统多元负荷双阶段预测

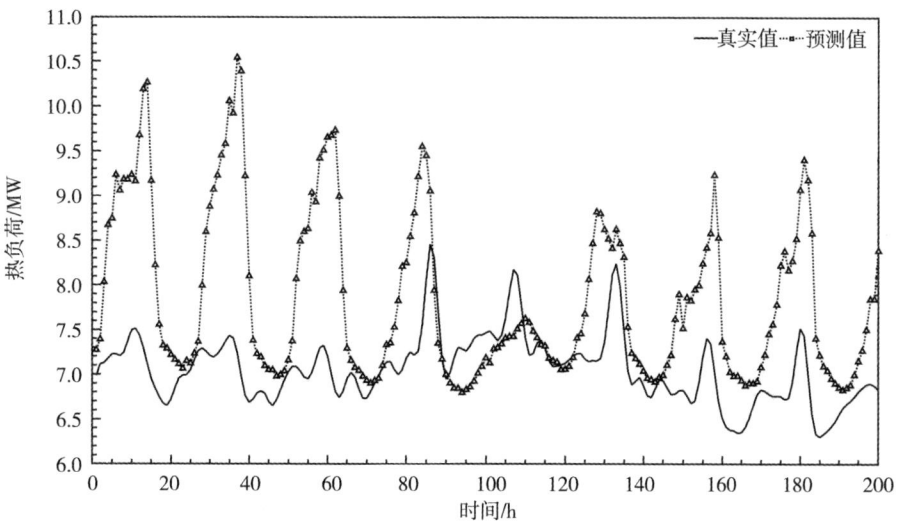

(c) 热负荷-未经特征筛选

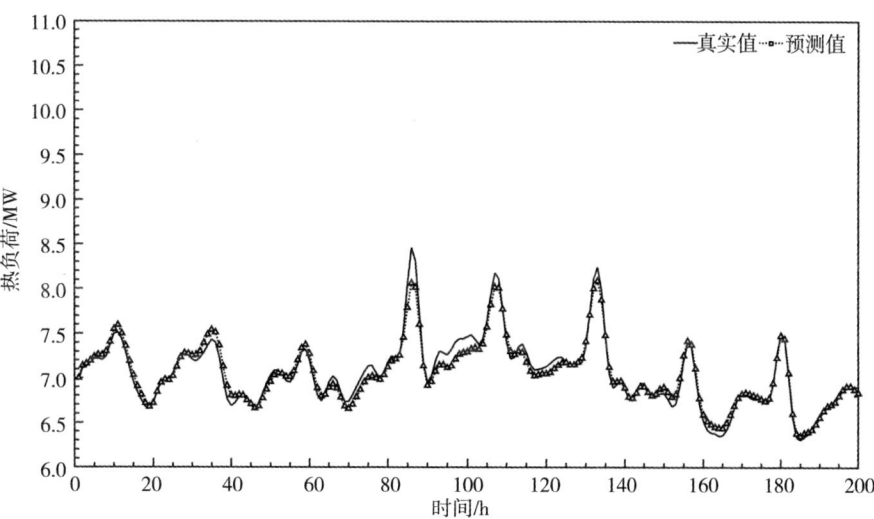

(d) 热负荷-特征筛选后

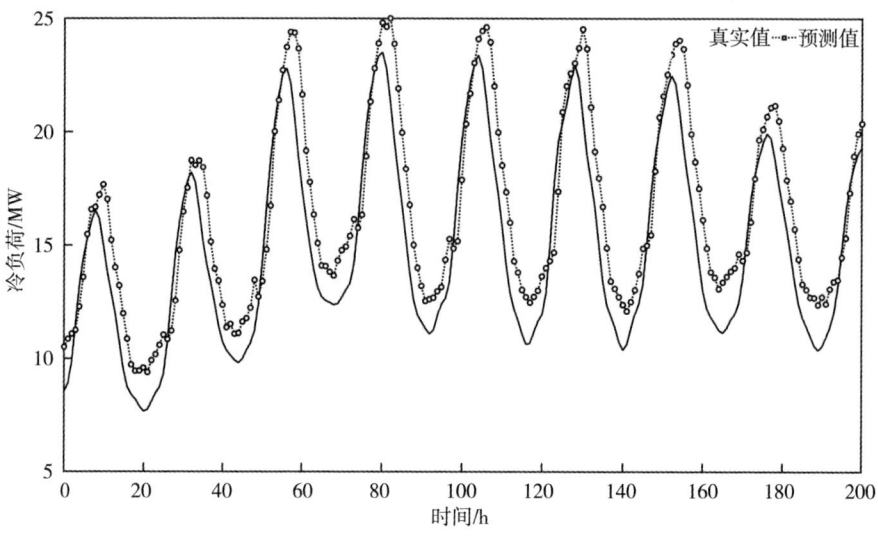

(e)冷负荷-未经特征筛选

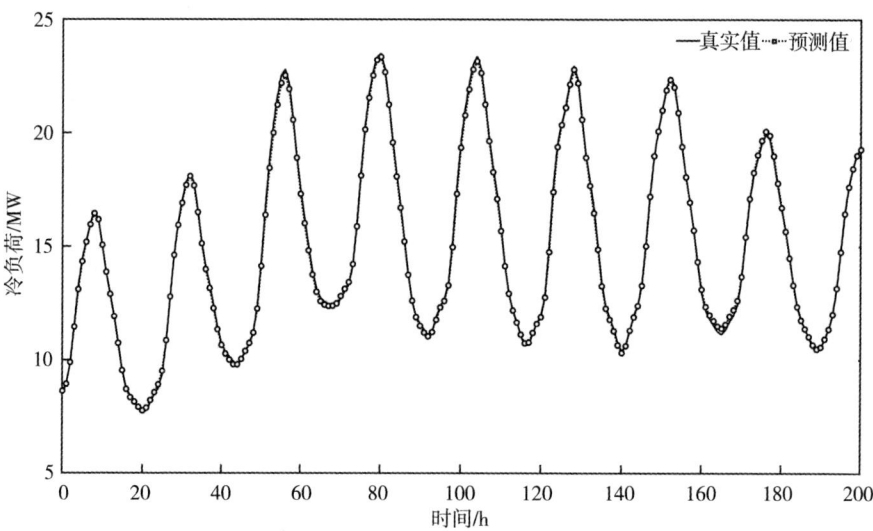

(f)冷负荷-特征筛选后

第10章 基于特征综合相关与混合深度学习的综合能源系统多元负荷双阶段预测

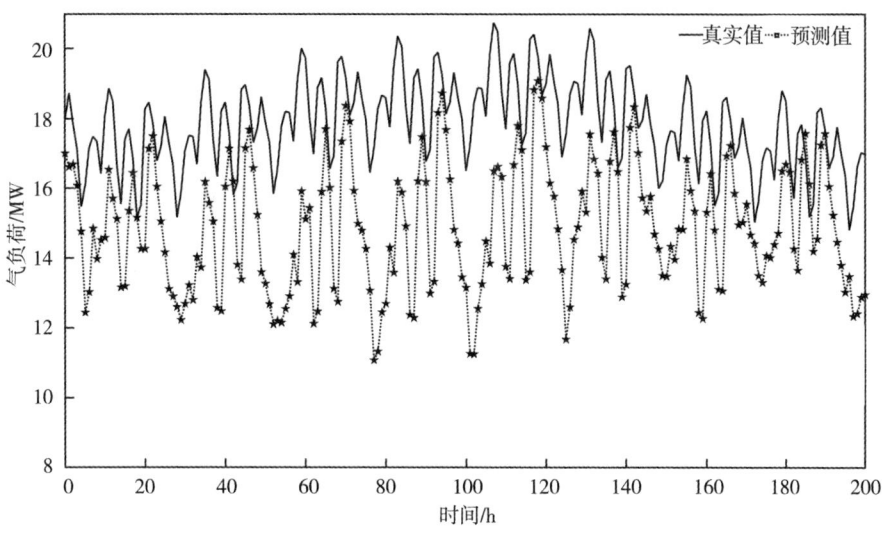

(g)气负荷-未经特征筛选

(h)气负荷-特征筛选后

图 10.12 多元负荷日内预测效果图

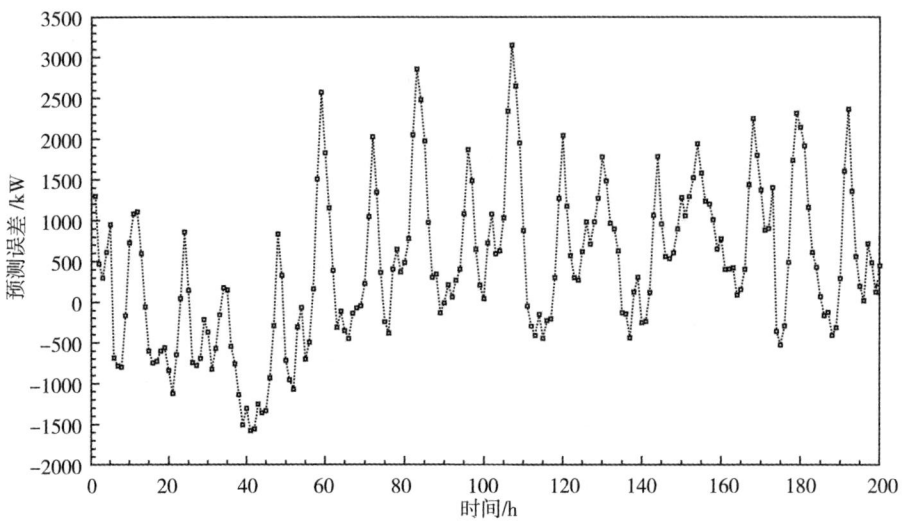

(a)电负荷-未经特征筛选

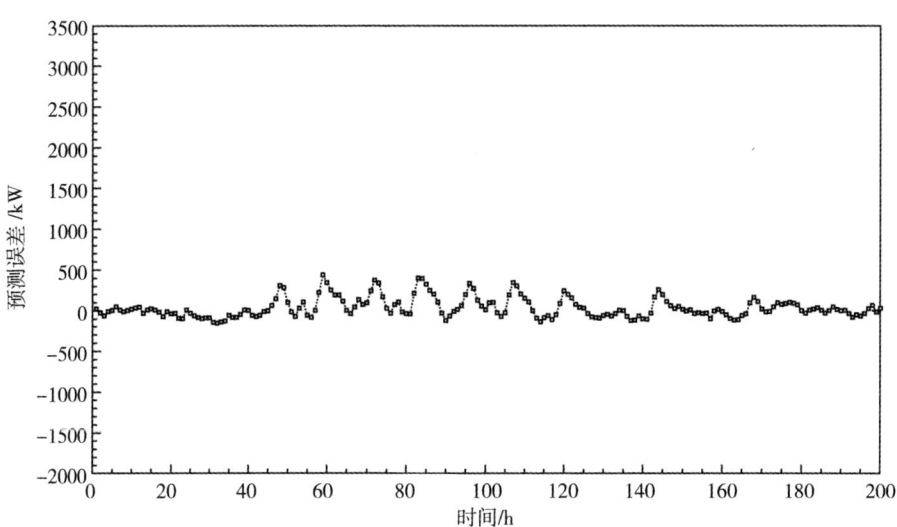

(b)电负荷-特征筛选后

第10章 基于特征综合相关与混合深度学习的综合能源系统多元负荷双阶段预测

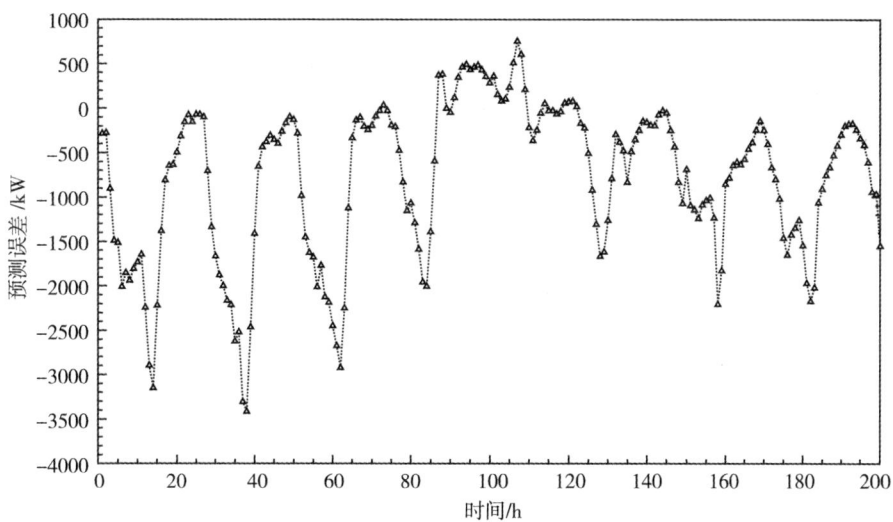

(c) 热负荷-未经特征筛选

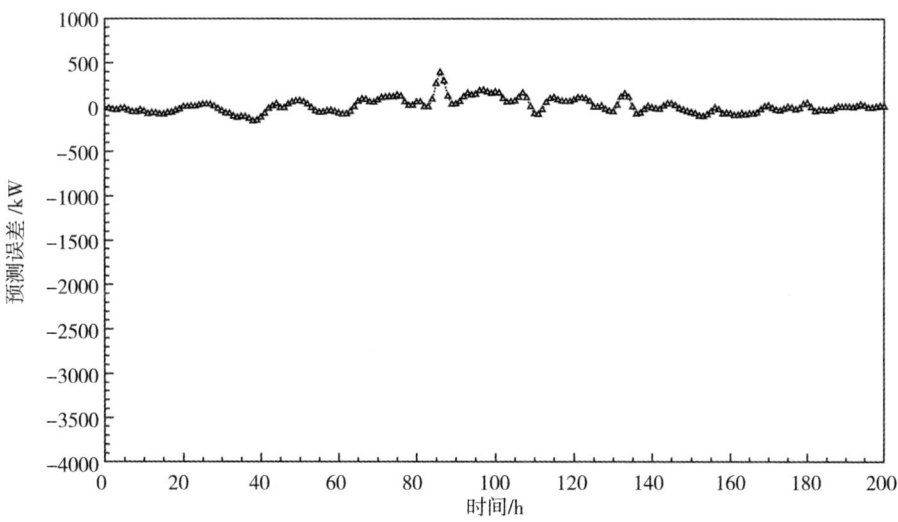

(d) 热负荷-特征筛选后

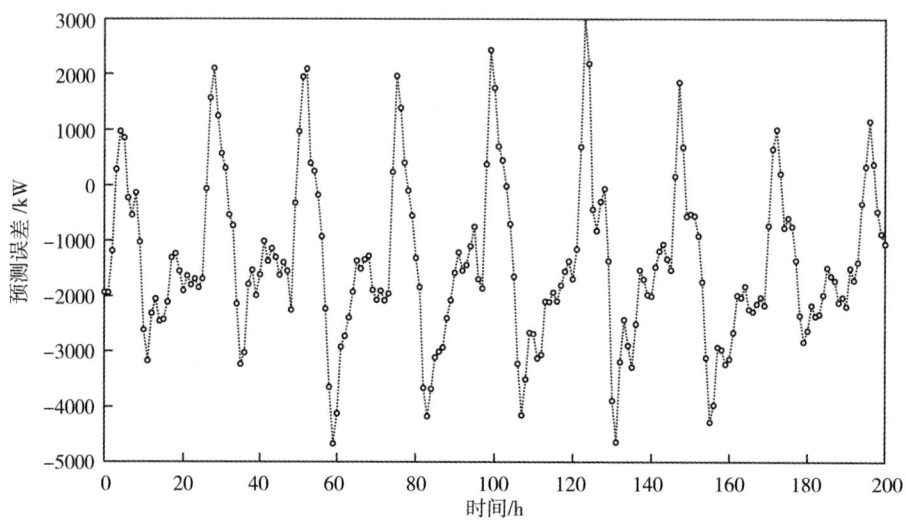

(e) 冷负荷-未经特征筛选

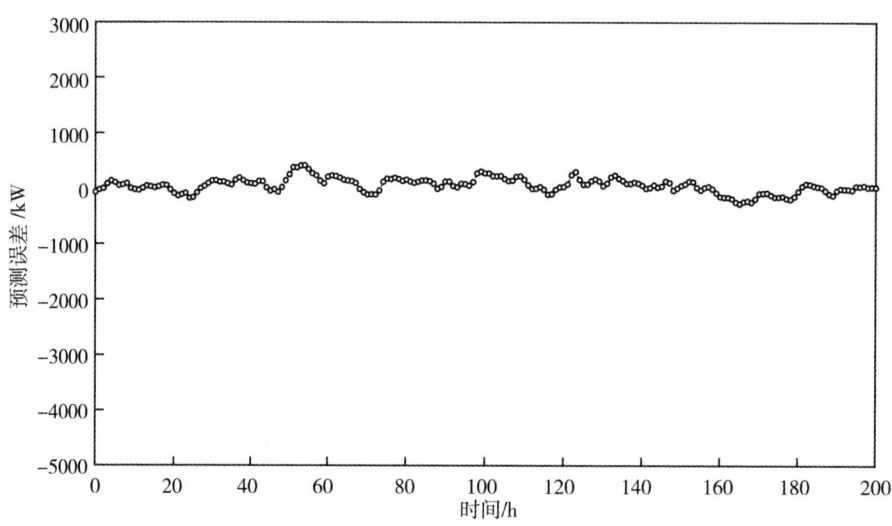

(f) 冷负荷-特征筛选后

● 第10章 基于特征综合相关与混合深度学习的综合能源系统多元负荷双阶段预测

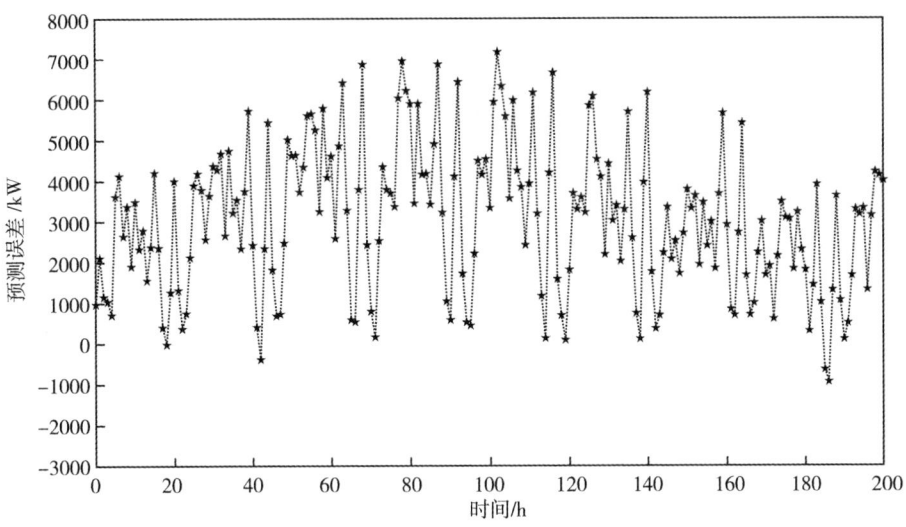

(g) 气负荷-未经特征筛选

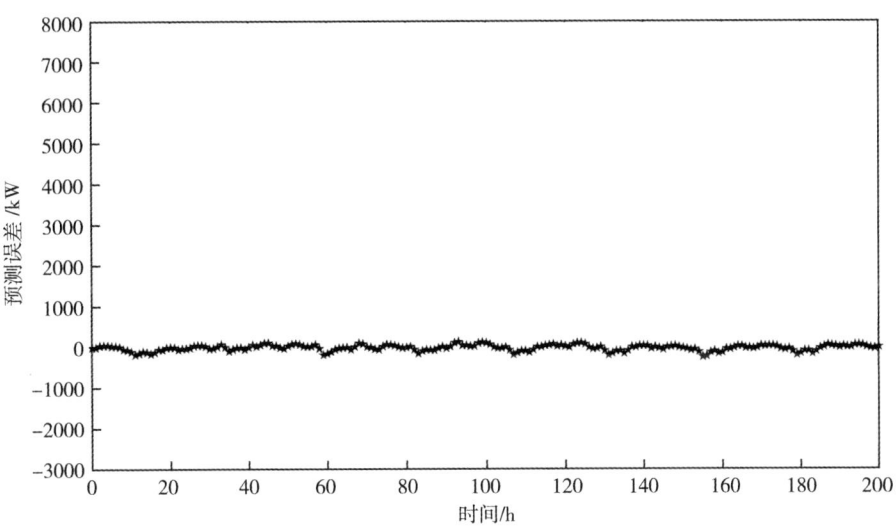

(h) 气负荷-特征筛选后

图 10.13 多元负荷日内预测误差图

表 10.4　日内预测精度–未经特征筛选

负荷类型	MAE/kW	RMSE/kW	MAPE	$\delta/\%$
电负荷	2461.21	2807.98	0.1439	85.61
热负荷	1565.99	2074.16	0.1604	83.96
冷负荷	1415.58	1625.77	0.1422	85.78
气负荷	2516.78	3273.29	0.1745	82.55

表 10.5　日内预测精度–特征筛选后

负荷类型	MAE/kW	RMSE/kW	MAPE	$\delta/\%$
电负荷	430.22	566.75	0.0261	97.39
热负荷	361.67	461.47	0.0232	97.68
冷负荷	682.58	919.09	0.0374	96.26
气负荷	1104.39	1449.01	0.0585	94.15

综合上述实验结果可得，本章所述特征综合相关分析与混合深度学习预测方法在 IES 中多元负荷预测方面性能最佳。

10.5　结论

针对 IES 中负荷波动量大、非线性影响因素众多、数据集构建难度大等特征导致负荷预测难度大、预测精度低等问题，本章提出了将特征综合相关分析方法与混合深度学习预测模型融合的方式，构建了 MIC-PCC-ACF-CNN-BiLSTM-Attention 预测模型，设置了对比实验进行分析，得出了如下结论：

①将 MIC、PCC、ACF 等数据相关性分析技术融合成特征综合相关性分析方法，对气象因子与负荷之间、负荷与负荷耦合之间、负荷前后之间进行了相关度分析，提出高相关度特征，降低了多元负荷预测模型输入层的维数，提高了输入数据质量。

②采用 CNN、BiLSTM、Attention 的有机组合方式预测数据，既能够使 CNN 充分发挥其对空间特征高效提取能力，又能让 BiLSTM 网络尽可能展现对序列数据的双向时序特征提取的优势，较好地利用 Attention 机制有效减少历史信息的丢失，并突出关键历史时间点的信息，以减小冗杂信息影响负荷预测结果。

第 10 章　基于特征综合相关与混合深度学习的综合能源系统多元负荷双阶段预测

从而能够有效防止预测算法过拟合现象，提高模型预测精度。

③将 IES 中多元负荷预测分为日前预测策略和日内预测策略，更贴合实际工程中系统的调度需求，该预测方法能对系统日前调度和日内运行优化提供良好支撑。

该方法在实际工程应用中具有较高价值，在接下来的研究工作中，本章后续将在特征集多任务学习和多种多元负荷联合预测方面进一步深入研究。

第11章　考虑风电消纳的多能流系统模型预测控制方法

11.1　概述

能源是人类生存和国民经济的基础。在经济发展的同时，随着世界对电能需求的增加，高消耗、高污染的传统发电模式不再适合社会发展理念[143]。在能源需求和气候环境的双重压力下，迫切需要提高可再生能源分布式发电的渗透率[144]。据统计，目前地球上使用的三种不可再生资源（原油、天然气和煤炭）的使用量即将耗尽，开采寿命逐渐增加，分别为39年、50年和239年[145]。这三种不可再生能源燃烧产生的有害气体排放量惊人，分别为320亿吨二氧化碳、1.2亿吨二氧化硫和1.1亿吨氮氧化物。如此大量的有害气体对生态系统造成了严重危害[146-150]。待开采的可再生能源储量丰富，目前，风能、水能和太阳能储量待开采产量占储量的99.95%。清洁资源储量更为丰富，风能、水能和太阳能储量分别为1万亿千瓦、100万亿千瓦和100万亿千瓦[151]。可以看出，大规模开发利用可再生能源可以解决人类的能源需求。

风能是一种取之不尽的可再生能源，但风能是动态的，因此大规模并网是有限的，导致许多弃风。风能和氢能储存的结合是增加风电消耗的一种方式，因为电解水装置可以适应风电不稳定的输出[152]。不能在电网中使用的风力可以通过电解水装置转化为氢气进行储存（可以储存很长时间）。氢气还可以用于燃料电池发电，以返回电网并抑制电网的波动。关于风力发电与储氢和风力发电消耗相结合的研究很多。为了实现当地风电消耗最大化的目标，文献[153]建立了一个基于高效利用能源和低碳目标的三种能源的多功能耦合系统，将风电和煤化工相结合，并通过氢能系统的连接建立了一种功能数学模型。该数学模型中使用的约束条件是风电的最大利用率和稳定运行。根据遗传优化算法，得到了系统的可行运行方案。文献[154]设计了一种在离网状态下自动运行的混合动力系统。从实时运行的测试结果来看，带有备用合成气发电机组的混合太阳能/电池系统更可靠，可以满足不断变化的电力需求。该发电机组的运行策略基于电池的荷电状态(SOC)，发电机组处于自启动状态，通过发电为负载供电。当 SOC 降至 40% 时，充电至 SOC 恢复至 80%。针对新疆偏远地区的能源问题，文件[155]提出了一套包括风力发电、氢能储存、煤炭利用和太阳能合理利用在内的混合能源系统。根据新疆哈密的地理位置，建议使用风能和太阳能，并建立其优化模型，以最大限度地提高当地风能和太阳能的消耗。

  MPC 被广泛认为是一种非常有效的方法，适用于具有高不确定性、多干扰和多未知参数的系统。它具有广泛的应用，如食品加工、灌溉系统、机器人、建筑通风、无人驾驶汽车等。MPC 通过在闭环控制系统中在线连续检测预测值和实际值之间的误差来校正误差，以确保控制系统的稳定性。

  此外，MPC 能源管理方法是一种先进的能源管理技术，可以帮助企业和个人更有效地管理能源消耗，从而降低能源成本和环境影响。MPC 可以通过能源系统的建模和预测来实现能耗的最优控制，实现能源的高效利用。近年来，MPC 和 GA 的结合可以实现不同能源形式的优化[156-157]，作为研究电力系统最优控制的一种研究方法，它受到了广泛的关注[158-161]。

  关于 MPC 方法的研究，文献[162]提出了一种基于家庭能源局域网的模型预测控制方法。该方法可以通过优化家庭局域网中微电源有效组合的分配来降低家庭消费成本，提高可再生能源的利用率。文献[163]研究并分析了基于传统经济优化调度的微电网能源优化调度方案，提出了一种新的多时间尺度调度方案。在电网每天运行期间，对不同时段的不同用电量和电价进行分配和调整。然而，这种多时间调度方法也缺乏 MPC 的反馈部分和滚动优化，整个调度过程相对僵化。文献[164]将微电网的最小运行成本作为优化的目标函数。文献[165]将多时间尺度预测控制用于微电网能源的优化调度。当时间尺度为上下慢尺度时，使用最优成本控制，当时间尺度是下快尺度时，主要满足整体电力需求。文献[166]采用分布式预测控制的控制方法，提出了根据各时段电价参数进行调度的策略和方法。在微电网控制管理中，采用对偶分析将整个结构规划为两级调度结构，并采用拉格朗日协调因子进行优化求解。文献[167]采用模型预测控制方法对微电网储能装置和柴油发电机进行协调和优化，提高微电网系统的最大风能消耗，最大限度地减少微电网系统弃风量。

  此外，为了提高能源利用率，文献[168]提出了一种基于深度学习的间接多能源交易方法，该方法是在促进当地能源市场多能源协同优化的基础上，通过自我能源的个性化响应来实现的。文献[169]提出了一种基于不动点的分布式多能流计算方法，用于解决多能流的计算问题。该方法在计算时间、精度和抗数据丢失的鲁棒性方面具有良好的效果。为了进一步提高多能量流系统的适应性和灵活性，文献[170]提出了一种基于分布式动态触发 Newton-Rawson 算法的多能量系统能量管理方法。为了缓解冬季天然气供应短缺的问题，文献[171]提出了一种考虑天然气季节性调峰的城市多能流系统中长期能源优化方法。

上述文献针对多能流系统及其能量管理展开了多样化的研究工作，且成果斐然。不可否认的是，通过逐步细化多级协调和调度策略，确实能够在相当程度上有效吸纳间歇能量以及负载所产生的波动，从而为系统的稳定运行提供一定保障。然而，开环优化调度过程存在着明显的局限性。因此，基于风力发电、氢能储存系统和储气罐等效荷电状态的数学模型，基于模型预测控制方法对系统的能量优化进行了研究和分析，即建立状态空间预测模型(state space models, SSM)，建立以系统与大电网相互作用最小(当地风电吸收最大)为目标的多能流系统优化模型，并使用遗传算法进行滚动求解，针对系统运行过程中产生的干扰和预测误差，通过嵌入反馈校正来校正系统的控制精度。最后，算例表明，该方法可以有效地提高风电消耗水平，减少弃风，实现当地风电最大消耗的最优能量流控制。

◆◇ 11.2　多能流系统描述

为了更多的消纳风电，本章构建的多能流系统如图 11.1 所示，该系统由风力发电系统、电能分配系统和氢储能系统等三个子系统组成。其中，风力发电系统由风机叶片、变速箱和双馈异步风力发电机组成，负责电能的产生；电能分配系统控制风功率的流向，包括供当地负荷消耗、供电解水消纳和并网消纳三条路径；氢储能系统由电解水装置和燃料电池组成，主要模拟蓄电池的充放电原理，充电相当于电解水制氢消纳风电，放电相当于燃料电池消纳氢发电。三个子系统间电与气耦合，风力发电系统发电，电能分配系统分配风电，氢储能系统"缓存"风电。首先，风电可先供当地负荷消纳，有多余的风电再给电解水制氢储存，则最后剩余的风电并网消纳，若风电过小时，风电不能满足负荷，则此时燃料电池消纳之前风大时暂存的氢气发电，补给当地负荷消纳，如果仍然不能满足负荷时，电网再进行补给，系统中具体的能量流如图 11.2 所示。

▶ 第 11 章 考虑风电消纳的多能流系统模型预测控制方法

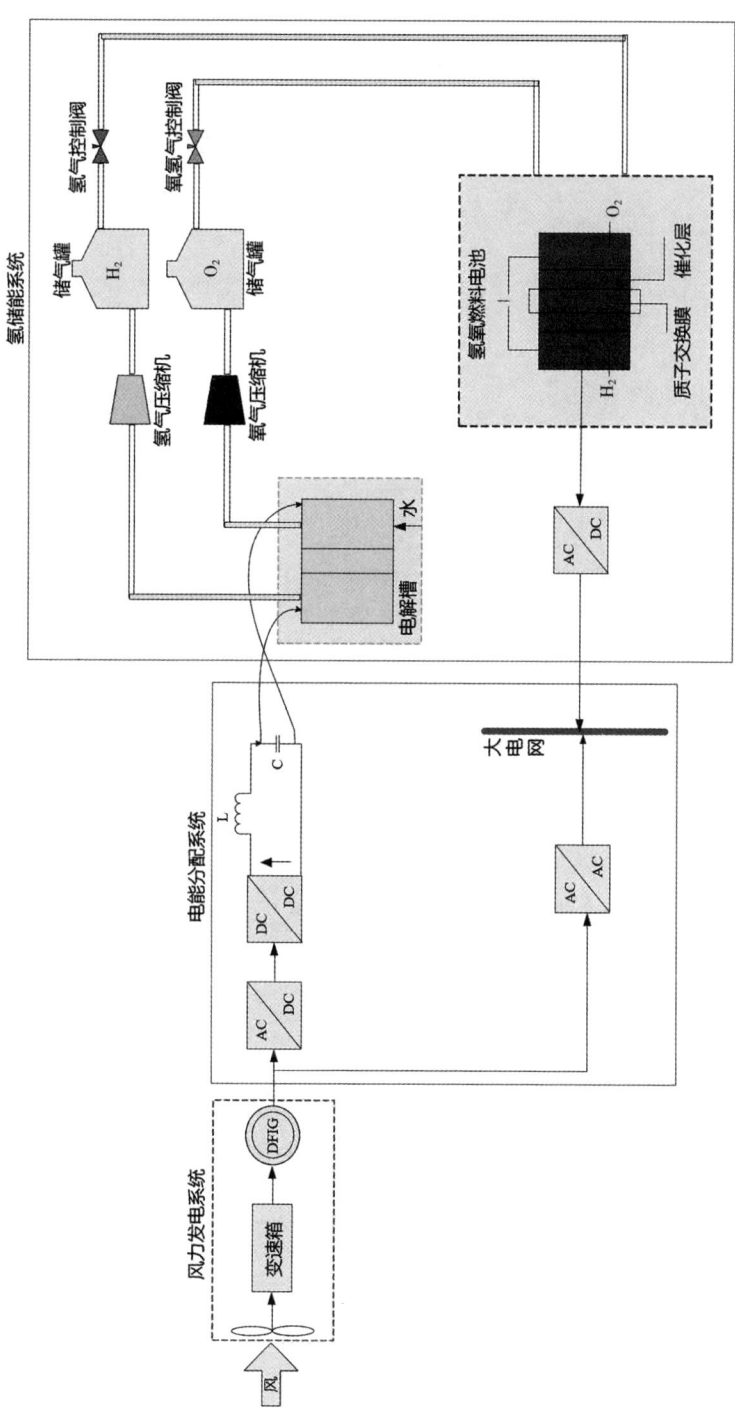

图11.1 多能流系统结构图

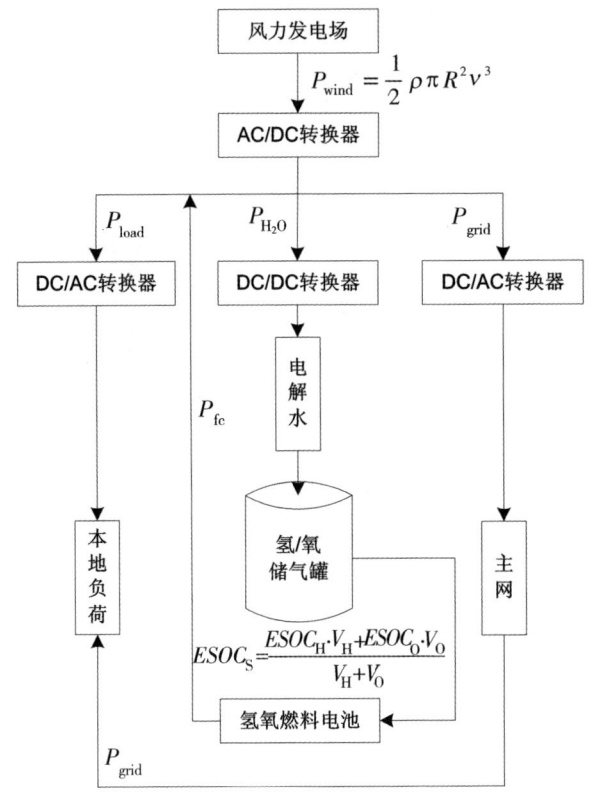

图 11.2 系统能量流图

◆ 11.3 多能流系统模型

建立系统模型的目的是定量分析系统能量的流向,以此来判断系统的出力情况,具体包括风电出力数学模型、氢储能系统数学模型(电解水制氢模型、储气罐中的等效荷电状态模型和燃料电池出力数学模型)。

11.3.1 风电出力数学模型

根据空气流体学的相关知识,当气流通过风轮时,假设风能能够全部转换成机械能,则风电出力数学模型可以方程式(11.1)的形式呈现:

$$P_m = \omega T_m = \frac{1}{2}\rho \pi R^2 \cdot v^3 \cdot C_f \qquad (11.1)$$

式中，P_m——实际风电功率，W；

ρ——空气密度，$kg \cdot m^3$；

ω——风机的转速，$r \cdot min^{-1}$；

v——风机轮毂高位处的风速，$m \cdot s^{-1}$；

T_m——风机机械转矩，$kg \cdot m$；

R——风轮的半径，m；

C_f——风能利用系数（无量纲），最大可取 0.593。

C_f 的具体值可通过式（11.2）计算得到：

$$\begin{cases} C_f(\gamma, \beta) = C_1\left(\dfrac{C_2}{\gamma_i} - C_2\beta - C_4\right)e^{-\frac{C_5}{\gamma_i}} + C_6\gamma \\ \dfrac{1}{\gamma_i} = \dfrac{1}{\gamma + 0.008\beta} - \dfrac{0.035}{\beta^3 + 1} \end{cases} \qquad (11.2)$$

式中，$C_1 \sim C_6$——常数；

γ——风机的叶尖速比，$\gamma = \dfrac{\omega R}{v}$；

β——桨距角。

11.3.2 氢储能系统数学模型

（1）电解水制氢模型

电解水制氢时，在标准状态下，根据物料守恒定律，电解水过程中制得的氢和氧气的物质的量如方程式（11.3）所列，制得氢氧的流量如方程式（11.4）所列：

$$\begin{cases} n_{H_2} = \dfrac{\eta_f \cdot n_{el} \cdot I_{el}}{2F} \Rightarrow n_{O_2} = \dfrac{1}{2}n_{H_2} \\ \eta_f = 96.5 \cdot e^{\left(\frac{0.09}{I_{el}} - \frac{75.5}{I_{el}^2}\right)} \end{cases} \qquad (11.3)$$

$$\begin{cases} V_{H_2} = 2V_{O_2} = 418 \cdot P_s \cdot \dfrac{\eta_f}{U_s} \\ U_s = U_q + \dfrac{r_1 + r_2 \cdot T_{el}}{A_{el}} \cdot I_{el} + (s_1 + s_2 \cdot T_{el}^2) \cdot \\ \log_2\left(\dfrac{t_1 + \dfrac{t_2}{T_{el}} + \dfrac{t_3}{T_{el}^2}}{A_{el}} \cdot I_{el} + 1\right) \end{cases} \quad (11.4)$$

式中，n_{H_2}, n_{O_2}——电解水制得的氢和氧的物质的量；

n_{el}——电解液物质的量；

U_s——电解槽两端的电压；

P_s——通入电解槽的功率；

A_{el}——电极面积；

T_{el}——电解液温度；

η_f——电解槽电解效率；

I_{el}——电解槽等效电流；

F——法拉第常数，$F = 96485 \text{C/mol}$；

U_q——电解槽可逆电压；

V_{H_2}, V_{O_2}——氢流量(L/h)和氧流量(L/h)；

s_1, s_2, s_3, t_1, t_2, t_3——电极过电压参数。

(2)储气罐中的等效荷电状态模型

本章是将电解水装置、氢氧罐和燃料电池组合成能量储存系统。氢/氧消耗电能类似于给电池充电。在放电过程中，燃料电池通过消耗氢/氧来发电，而氢/氧则逐渐减少。为了评估储存中的剩余量，本章引入了等效电荷状态[172-173]（ESOC）的概念，如式(11.5)、式(11.6)和式(11.7)所列。且为了储气罐的安全考虑，储气罐的等效荷电状态有个安全范围(0.2~0.9)。

$$ESOC_H = \dfrac{P_{H_S}}{P_H^M} \quad (11.5)$$

$$ESOC_O = \dfrac{P_{O_S}}{P_O^M} \quad (11.6)$$

$$ESOC_S = \frac{ESOC_H \cdot V_H + ESOC_O \cdot V_O}{V_H + V_O} \qquad (11.7)$$

式中，$ESOC_H$，$ESOC_O$，$ESOC_S$——氢气罐、氧气罐和氢储能系统的等效荷电状态；

P_{H_S}，P_{O_S}——氢氧储气罐当前剩余压强；

P_H^M，P_O^M——氢氧储气罐满压强值；

V_H，V_O——氢氧储气罐的体积。

(3) 燃料电池出力数学模型

基于质子交换膜的燃料电池[174-178]（PEMFC）因转换效率高、环保等特性具有运用广泛的前景，它可以迅速地将氢和氧化学能转换成电能，并可以与不同功率的电子转换器相连，进而接入大电网。由于不可逆的损耗，PEMFC 的实际输出电压 E^{cell} 低于其平衡电势，这是由于多种原因造成的不可逆损耗。这种损耗通常被称为极化或过电压，主要来源于开路电势 E^o、活化损耗电势 η^{act}、欧姆损耗电势 η^{ohmic} 和浓度损耗电势 η^{con}。E^{cell} 是输出电流、温度、反应物分压的函数，可以用方程式（11.8）表示：

$$\begin{cases} E^{cell} = E^o - \eta^{act} - \eta^{ohmic} - \eta^{con} \\ \text{其中：} \begin{cases} E^o = -\dfrac{(\Delta H - T \cdot \Delta S)}{n \cdot F} + R \cdot T \cdot \ln\left(\dfrac{P_{H_2} \cdot P_{O_2}^{0.5}}{P_{H_2O}}\right) \\ \eta^{act} = \dfrac{R \cdot T}{\alpha \cdot n \cdot F} \cdot \ln\left(\dfrac{i}{i^o}\right) \\ \eta^{ohmic} = i \cdot \dfrac{I_M \cdot \lambda_M}{A} \\ \lambda_M = \dfrac{181.6 \cdot \left[1 + 0.03 \cdot \left(\dfrac{i}{A}\right) + 0.062 \cdot \left(\dfrac{T}{303}\right)^2 \cdot \left(\dfrac{i}{A}\right)^{2.5}\right]}{\left[\lambda - 0.634 - 3 \cdot \left(\dfrac{i}{A}\right) \cdot \exp\left(4.18 \cdot \dfrac{T-303}{T}\right)\right]} \\ \eta^{con} = \dfrac{R \cdot T}{n \cdot F} \cdot \ln\left(1 - \dfrac{i}{i^L}\right) \end{cases} \end{cases}$$

(11.8)

式中，
- T——电池工作温度，K；
- ΔS——总反应熵，且 $\Delta S = 163.15\ \text{mol} \cdot \text{K}$；
- ΔH——总反应焓，$\Delta H = \Delta G + T \cdot \Delta S$，其中，$\Delta G$ 为吉布斯自由能，且 $\Delta G = 237.18\ \text{KJ/mol}$；
- n——每个氢分子的电子数，$n = 2$；
- α——电荷转移系数；
- R——阿伏伽德罗常数，$R = 8.134\ \text{J}/(\text{mol} \cdot \text{K}^{-1})$；
- F——法拉第常数，$F = 96485\ \text{C/mol}$；
- R_{ele}——电池内部产生阻碍作用的电子电阻（可忽略不计）；
- i^{o}——交换电流密度；
- i^{L}——极限电流密度；
- i——流过电池内部的电流，A；
- A——质子交换膜活化细胞面积，m^2；
- I_M——质子交换膜厚度，m；
- λ_M——膜电阻率；
- λ——膜含水量，常数；
- P_{H_2}，P_{O_2}，P_{H_2O}——氢气、氧气、水的分压，Pa。

则 N 节 PEMFC 的输出功率 P_{Nemst} 如式(11.9)所列：

$$P_{\text{Nemst}} = N \cdot i \cdot E^{\text{cell}} \tag{11.9}$$

◆◇ 11.4 多能流系统 MPC 策略的实现

MPC 是一种基于模型的闭环优化控制策略，它的核心环节是内部模型、控制算法和参考轨迹，抑或是预测模型、滚动优化和反馈校正[179]。其原理是根据系统模型预测系统在一段时间内的输出，并反馈实际输出及时修正控制量，重复上述过程实现滚动优化[180]。MPC 的优点是对系统模型的精度要求不高，可以考虑各种约束条件，可以处理多目标优化问题，具有良好的动态控制性能[181-182]。

基于以上关于 MPC 策略及思路的分析，针对本章所搭建的多能流系统来说，系统内部各信息流的 MPC 策略如图 11.3 所示。其中，主要由两部分构成，即 MPC 控制器(涵盖优化算法和预测模型)、被控对象。优化算法采用 GA 优化算法，预测模型采用状态空间模型。具体思路是根据前期改进 PSO-BP 的预测风功率和真实负荷(参考值)，设定预测时域为 24 h，通过滚动求解(GA)只选取每个采样周期(24 h)的最优控制方案(预测风功率、储能系统功率、储能系统状态和电网功率)的第一个时刻的值作用于实际系统，结合实际测量值，从实际系统有个真实的反馈(实际负荷、储能系统实际功率、储能系统实际状态和实际电网功率)，并以该值根据系统 SSM 计算得到的系统下一状态作为系统下一时刻的初始状态，如此反复。综合上述内容，该方法利用历史数据作预测，利用预测数据去求解做出决策，并作用于当前，因此涉及多个时间尺度。

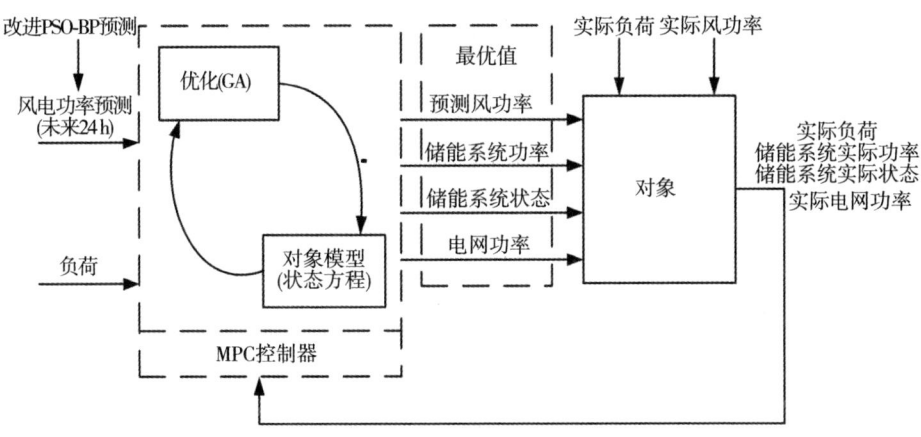

图 11.3　MPC 策略实现过程

11.4.1　改进 PSO-BP 预测算法

PSO 是一种基于种群的智能化算法，1995 年，美国的两位心理学家 Eberhart 和 Kennedy 受鸟类群体行为的启发而提出来的[183]。PSO 算法的基本思想是模拟社会，即把随机的一个解看作群体中的一员(微粒)，这个微粒在解空间中有自己的位置和运行速度，根据实际问题确定一个限制条件(适应度函数)，所有粒子在解空间中以一定速度飞行，通过追随当前最优解来找全局最优解。

常规的 PSO 中粒子具备超强的"惯性记忆"能力，随着过程的持续推进，粒子逐渐聚集在一起,进而使得粒子种群呈现出快速趋同的效应。这种现象发展到后期,极大程度上会引发局部极值问题,或是导致早熟收敛情况的发生,甚至还能造成算法停滞不前等诸多缺陷的出现,因此为了解决上述问题,对 PSO 进行改进,即将自适应惯性权重因子 ω 引入速度更新公式中,对气进行修正得到式(11.10),位置更新如式(11.11)所列:

$$v_{is}(t+1) = \omega \cdot v_{is}(t) + c_1 r_{1s}(t)[p_{is}(t) - x_{is}(t)] + c_2 r_{2s}(t)[p_{gs}(t) - x_{is}(t)]$$
(11.10)

$$x_{is}(t+1) = x_{is}(t) + v_{is}(t+1) \qquad (11.11)$$

式中,v_{is}——S 维目标搜索空间中第 i 个粒子的飞行速度,$i = [1, m]$,$s = [1, S]$;

c_1,c_2——学习因子,为非负常数;

r_1,r_2——$[0, 1]$ 范围内的均匀随机数;

x_{is}——S 维目标搜索空间中第 i 个粒子的位置;

p_{is}——第 i 个粒子搜索到的最优位置;

p_{gs}——整个粒子群搜索到的最优位置;

其中,ω 的取值规则如式(11.12)所列:

$$\omega = \begin{cases} \omega_{\min} - \dfrac{(\omega_{\max} - \omega_{\min}) \times (f - f_{\min})}{f_{\text{avg}} - f_{\min}}, & f \leq f_{\text{avg}} \\ \omega_{\max}, & f > f_{\text{avg}} \end{cases} \qquad (11.12)$$

式中,$\omega_{\max}$,$\omega_{\min}$——ω 的最大值和最小值;

f——微粒此时的目标值;

f_{avg},$f_{\min}$——所有微粒在整个运动过程中(寻优)的平均目标值和最小目标值。

具体算法流程如图 11.4 所示,具体算法描述如下:

①根据神经网络的输入、输出样本集及经验,建立网络的拓扑结构为 29-6-23-1;

②随机产生初始权、阈值;

③对神经网络的权、阈值进行编码。以实数向量的形式标记个体微粒;

④初始化参数。

群体的粒子数 $N=100$,最大迭代次数 $K_{max}=100000$,加速因子 $c_1=c_2=1.49445$,个体位置 x_{min},$x_{max} \in [-5 \quad 5]$,飞行速度 v_{min},$v_{max} \in [-1 \quad 1]$;

⑤计算各粒子适应度值 $Fit[t]$;

⑥比较第 i 个粒子迄今为止搜索到的最优位置 $\vec{P}_{iS}$ 和整个粒子群迄今为止搜索到最优位置 $\vec{P}_{gS}$。如果 $Fit[t]$ 比 $\vec{P}_{iS}$ 更优,则把该值赋给 $\vec{P}_{iS}$;同理,如果 $Fit[t]$ 比 $\vec{P}_{gS}$ 更优,则用 $Fit[t]$ 替换掉 $\vec{P}_{gS}$;

⑦根据式(11.10)和式(11.11)更新粒子的速度 v_i 和位置 x_i;

⑧终止条件的判定。判定满足则退出,则输出最优的权值和阈值,否则返回⑤。

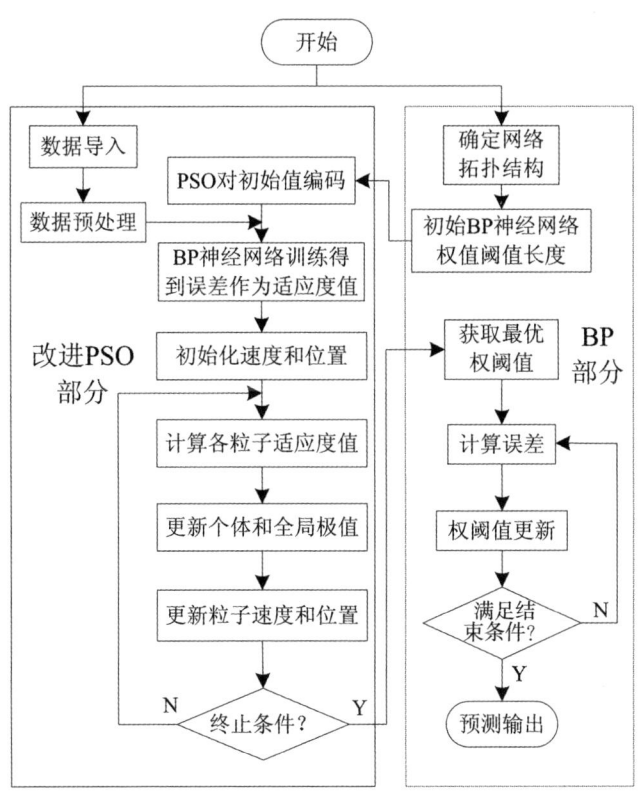

图 11.4 改进 PSO-BP 算法流程图

11.4.2 采用 SSM 的系统模型构建

在系统中，为了推导出各能量分量之间的关系，采用了传统的描述复杂多矢量能量系统的 SSM 表达式。在系统中，系统的能量平衡方程可以表示如下：

$$P_{load}(k) + P_{H_2O}(k) = P_{fc}(k) + P_{grid}(k) + P_{wind}(k) \tag{11.13}$$

假设把电解水装置和氢氧燃料看成一个整体——氢储能系统（P_{soc}），则可得到如下方程式：

$$P_{load}(k) + P_{soc}(k) = P_{wind}(k) + P_{grid}(k) \tag{11.14}$$

式中，$P_{wind}(k)$，$P_{grid}(k)$，$P_{fc}(k)$，$P_{H_2O}(k)$，$P_{load}(k)$——k 时段风电功率、电网功率、燃料电池、电解水消耗功率、当地负荷所消耗的功率，kW。

为了构造状态空间表示，定义了两个状态变量和一个输出变量，如式（11.15）和式（11.16）所列：

$$x_1(k) = ESOC_S(k) \tag{11.15}$$

$$x_2(k) = y(k) = P_{wind}(k) \tag{11.16}$$

则状态空间模型可以表示如下：

$$x_1(k) = x_1(k-1) + \zeta_1 \cdot x_2(k) + \phi_1 \tag{11.17}$$

$$y_2(k) = x_2(k) \tag{11.18}$$

式中，ξ_1——换算率（即电与气之间的转换率）；
ϕ_1——常数。

11.4.3 滚动优化 GA 的求解

想要使系统中的本地资源(风能)在本地消纳最大化,则系统要优化的目的就是尽量减少向电网输送电力,使大部分风电都在本地消纳。因此目标函数可描述如下:

$$\begin{cases} f(k) = \min \sum_{k=0}^{24} P_{\text{grid}}(k) \\ \text{s.t.} \begin{cases} P_{\text{load}}(k) + P_{\text{grid}}(k) + P_{\text{soc}}(k) = P_{\text{wind}}(k) \\ 0.2 \leqslant ESOC_{\text{S}}(k) \leqslant 0.9 \\ 0.2 \leqslant ESOC_{\text{H}} \leqslant 0.9 \\ 0.2 \leqslant ESOC_{\text{O}} \leqslant 0.9 \\ 0 \leqslant P_{\text{wind}}(k) \leqslant P_{\text{windmax}}(k) \\ 0 \leqslant P_{\text{soc}}(k) \leqslant P_{\text{socmax}}(k) \\ 0 \leqslant P_{\text{grid}}(k) \leqslant P_{\text{wind}}(k) \end{cases} \end{cases} \quad (11.19)$$

式中,$f(k)$——k 时刻的目标函数;

$P_{\text{windmax}}(k)$——k 时刻风功率最大值;

$P_{\text{socmax}}(k)$——k 时刻储能系统等效荷电状态最大值。

在前文已经建立了优化模型,将风电在本地消纳最大化转换成使系统与大电网交互量最小来考虑,其中包括目标函数及各种约束条件,具体的寻优算法采用的是遗传算法。遗传算法调用 GA 函数,它是以 $ESOC_{\text{S}}$ 为目标,让其保持在一个安全范围(0.2~0.9)的同时,又能够使得适应度函数最小,而适应度函数的目标又是尽量减少它与大电网之间的互动,即尽量使本地电能本地消纳。

适应度函数中会包含各种各样的情况,在经过系统的功率流进行分析之后,得出可能性的功率流大致是 9 种,如图 11.5 所示。这 9 种当中有合适或者不合适的,对于合适的功率流来时,对其设置的惩戒因子较小,对于不合适的功率流则对其设置相应较大的惩戒因子,如最理想的情况就是风能发出的电刚好满足负荷的需求,且此时储能系统的 $ESOC_{\text{S}}$ 处在 0.2~0.9,此时设置惩戒因子为 0。

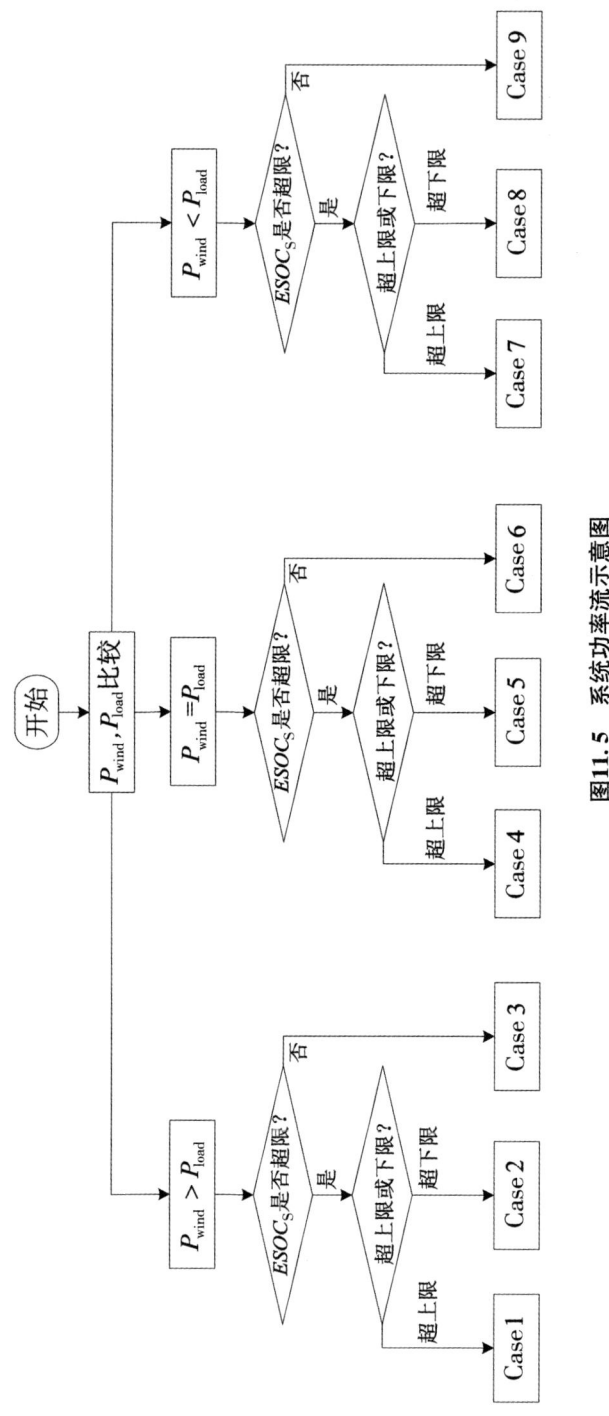

图11.5 系统功率流示意图

遗传算法在前面已叙述，它是利用选择、交叉和变异操作遗传算子进行搜索，在其适应度函数在视界内达到最优值(最大值或最小值)时，寻找最佳候选解，其流程图见图 11.6。GA 优化的步骤描述如下：

①产生初始解。在 0.2~0.9 随机产生初始解，如 SSM 中在状态变可以表示为 $\{x(k)_{k=1\sim24}|[0.212,0.301,0.376,\cdots,0.897]\}$。

②适应度值的计算。通过适应度函数计算每一个候选解(候选解决方案)，本章中的适应度函数由 SSM 函数和一系列约束组成，一个 SSM 函数表示变量 $x(k)$、$x(k-1)$ 和 $y(k)$ 之间的相关性，同时定义了约束。

③终止条件判定。假若候选解同时满足结束条件和目标函数，则退出循环输出最优解(最优方案)，否则采用交叉和变异两种算子生成新的候选解，再通过 GA 的作用，生成新一代的遗传算子，返回②。

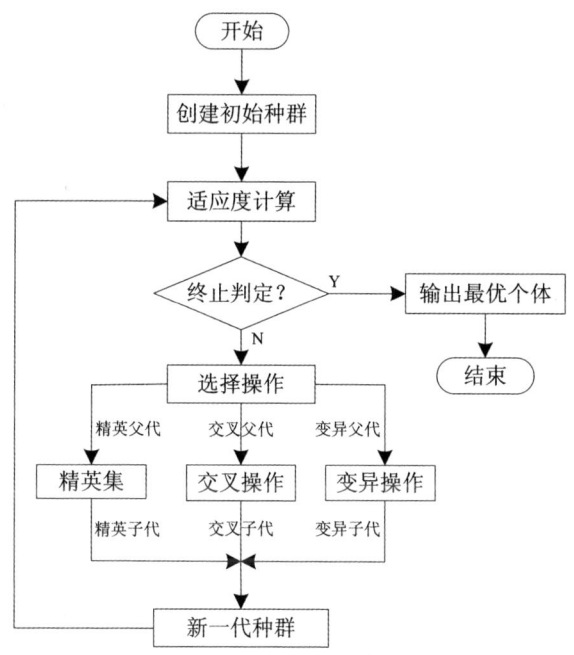

图 11.6　GA 优化流程图

11.4.4　反馈校正的实现

在多能流系统实际运行过程中，参考值是基于改进 PSO-BP 的预测值，使得通过滚动优化计算出的最优控制方案与实际系统运行的最佳运行方案有一定的偏差，以及其他外在存在的一些扰动情况等，最后得到的预测值不能够与实际值一致，为了能够让预测值和实际值更加相近，加入了反馈调节的环节，利用每一次得到的实际值作为基础，对下一次的预测值进行修正，使得下一次的实际值和预测值更加接近，以此进行优化改进，使得整个系统成为闭环控制优化系统，得到符合要求的输出值。具体做法就是在线测量系统当前的实际状态值，作为当前时刻滚动优化的初始值，不断根据实际输出值对预测输出值进行滚动优化，形成闭环控制，使预测输出值更准确。

$$x(k+1) = x_{real}(k+1) \tag{11.20}$$

式中，$x(k+1)$——$k+1$ 时刻风电功率初始值；

$x_{real}(k+1)$——k 时刻预测风电功率下发后通过实际量测系统采集到 $k+1$ 时刻风电功率值。

◆ 11.5 算例分析

11.5.1 改进 PSO-BP 算例分析

应用上述所建模型，且为了更好地验证模型的优越性及普遍适用性，以荷兰某风电场实测数据进行研究分析，以 15 min 为间隔采样，每天观测 96 个数据。选取 3 月 1 日至 29 日的风电功率为训练样本（即 2784 组数据），3 月 30 日的风电功率为测试样本（即 96 组数据）。其他仿真实验参数如表 11.1 所列。

表 11.1 仿真实验参数

仿真参数名称	参数值
BP 网络结构	29-6-23-1
学习率 η	0.1
训练目标误差	0.001
训练函数	'trainlm'
网络结构激活函数	'logsig', 'logsig', 'purelin'
最大迭代次数 K_{max}	100000
加速因子 $c_1 = c_2$	1.49445
个体位置 x_{min}, x_{max}	[-5 5]
飞行速度 v_{min}, v_{max}	[-1 1]
种群规模	100

第 11 章 考虑风电消纳的多能流系统模型预测控制方法

基于以上设置的参数,把研究样本导入 MATLAB 相关设计程序,获得的预测风功率曲线和实际风功率曲线如图 11.7 所示。相对应的预测误差曲线如图 11.8 所示。

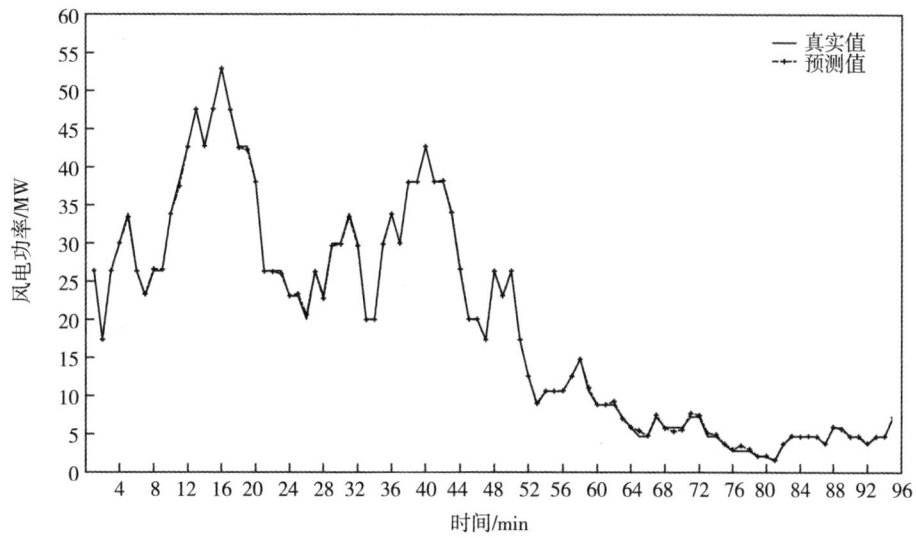

图 11.7 风电功率预测输出对比曲线图

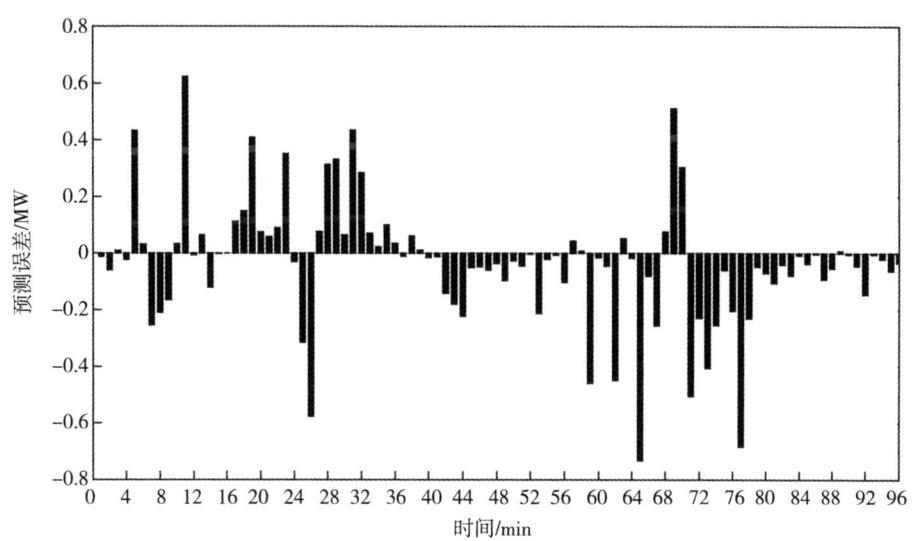

图 11.8 风电功率预测误差对比曲线图

通过图 11.7 和图 11.8 可知,大致可以知道改进 PSO-BP 神经网络的组合模型预测效果好,但为了更精确地验证各预测模型的准确度,本章将采用平均百分比误差 e_{MAPE}、均方根误差(RMSE)和相对熵值 E(反映实际值与预测值之间"贴近"的距离)三种评价方法改进 PSO-BP 组合预测模型进行性能评估(对 96 个观测值进行评估)。三种评价指标的定义如下:

$$e_{MAPE} = \frac{1}{N} \sum_{k=1}^{N} \left| \frac{O(k)-T(k)}{O(k)} \right| \cdot 100\% \tag{11.21}$$

$$RMSE = \sqrt{\frac{1}{N} \cdot \sum_{k=1}^{N} (O(k) - T(k))^2} \tag{11.22}$$

$$E = \sum_{k=1}^{N} \left\{ T(k) \ln \frac{T(k)}{O(k)} + [1-T(k)] \ln \frac{1-T(k)}{1-O(k)} \right\} \tag{11.23}$$

式中,k——时间节点;

N——预测样本数;

$T(k)$——预测值;

$O(k)$——实际值。

预测模型的预测性能如表 11.2 所列。

表 11.2 预测模型的预测性能分析

模型类型	$e_{MAPE}/\%$	RMSE	E
改进 PSO-BP	1.72	0.02	0.01

由上述图表的预测结果可知,平均百分白误差、均方根误差和相对熵值分别为 1.72%、0.02、0.01,经过改进 PSO 优化的 BP 神经网络与历史数据更为接近,预测较为准确。

11.5.2 MPC 策略算例分析

(1)算例描述

本章拟以荷兰某地区的四个不同季节一天的实际数据为实例,验证所提出的多能流系统控制方法的可行性和有效性。通过改进 PSO-BP 预测得到的风电功率和实际负荷,即实际的日用电量和预测得到的日风电功率,见图 11.9。

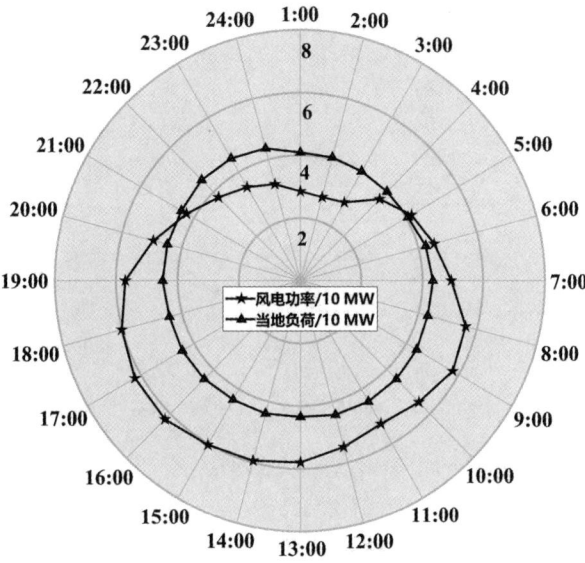

(a) 春季某一天

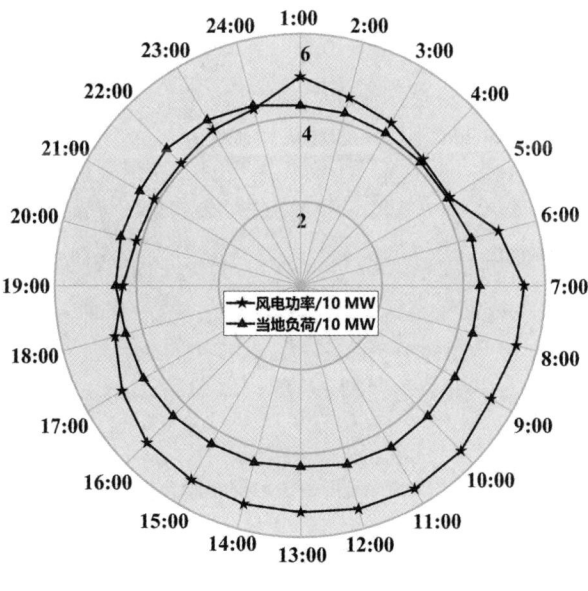

(b) 夏季某一天

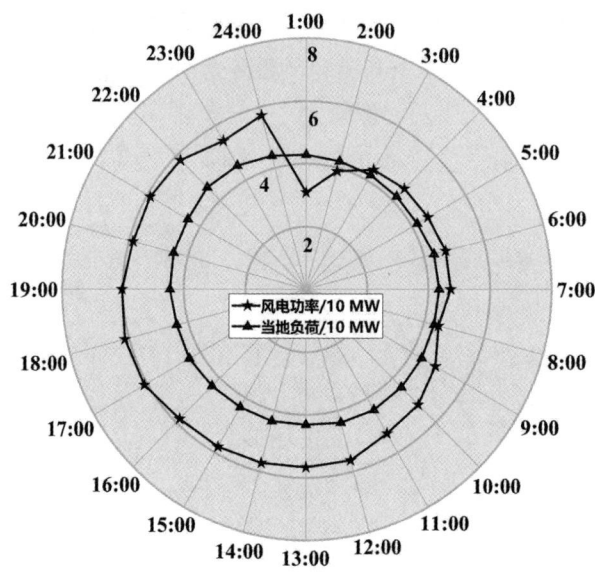

(c)秋季某一天

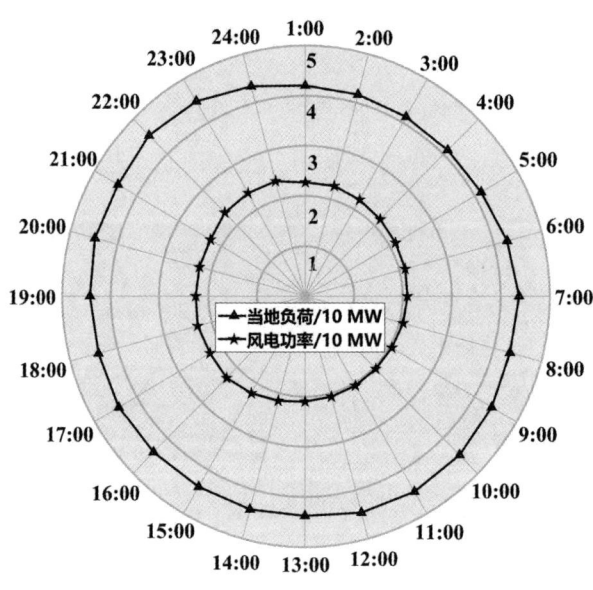

(d)冬季某一天

图 11.9 日用电量和风电功率图

从图 11.9 中可知,四季一天的负荷和风电功率在 24 h 内波动,但是随着时间的推移,负荷呈现出些许的规律,每天在 1:00—6:00 用电都较少,7:00—23:00 用电都较多,其中 7:00 和 20:00 为一天中用电最多,分别可达

54.92 和 58.69 MW。然而风电是极其不稳定的，其中，春日风电波动最大，波动范围为 27.62~62.48 MW；其次是秋日的风电波动较大，波动范围为 30.88~61.38 MW；而夏日和冬日风电波动不大，其中最数冬日波动最小，整天风电也最小（最大仅 23.72 MW），整天都小于日用电量。

由图 11.9 可明显看出，供求之间明显不匹配，那是因为对于这个系统而言，供求都属于间歇性的。因此，需要氢储能系统来平衡能量之间的差异，本章利用的是 MPC 优化方法在满足能量需求的同时，保持储能系统的最优运行。且为了方便对实测数据进行研究，对图 11.9 中数据进行处理，统一为 1 h 采集一次数据。

（2）结果分析

为了充分的证明本章所提 MPC 优化方法的可行性和有效性，即实现本地风电本地消纳最大化的目标，在相同风电和负载前提下，以未优化氢储能系统的多向量流控制结果作为对比，算例的结果如图 11.10 至图 11.14 所示。

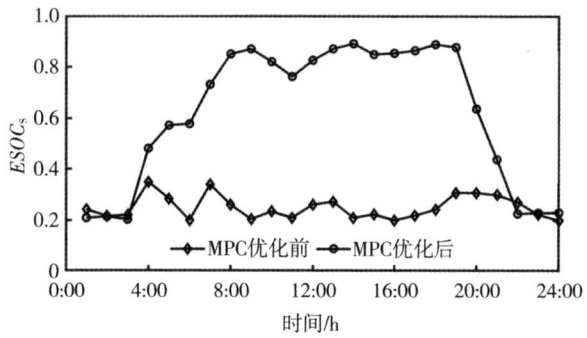

(a) 春季某一天

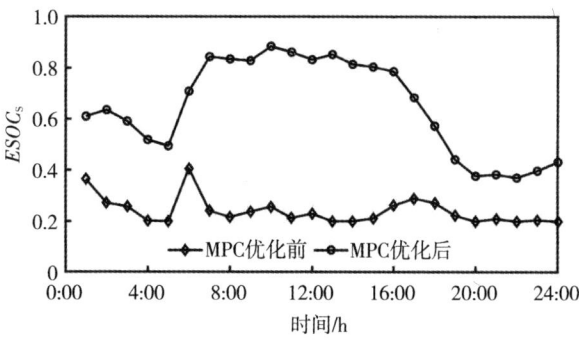

(b) 夏季某一天

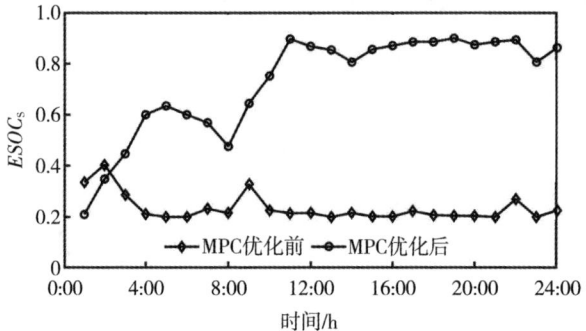

(c)秋季某一天

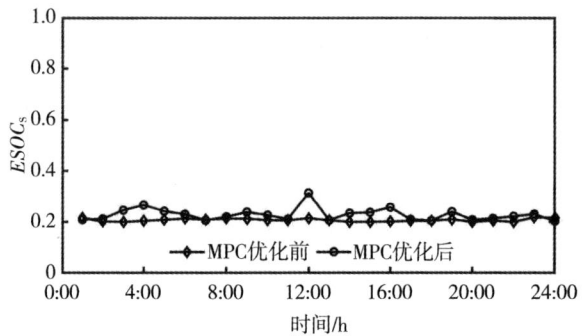

(d)冬季某一天

图 11.10 $ESOC_S$ 结果对比图

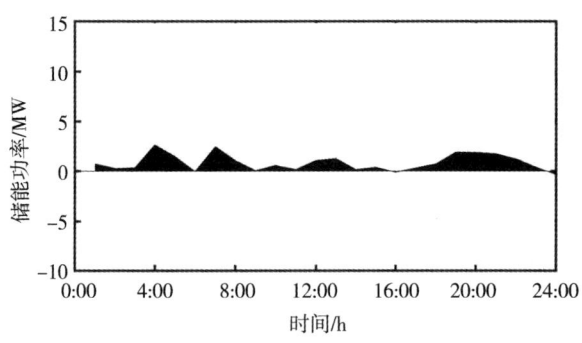

(a)春季某一天

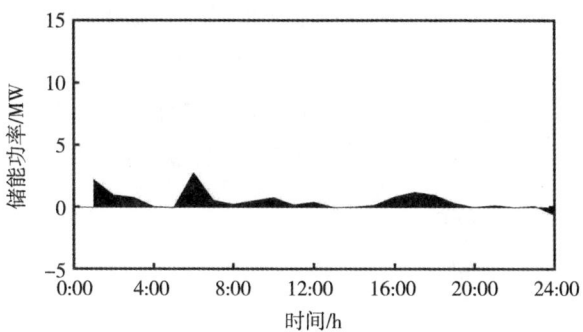

(b)夏季某一天

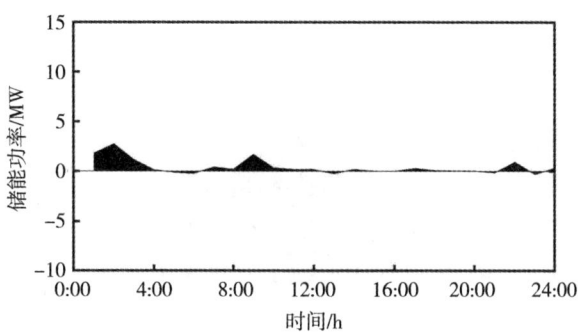

(c)秋季某一天

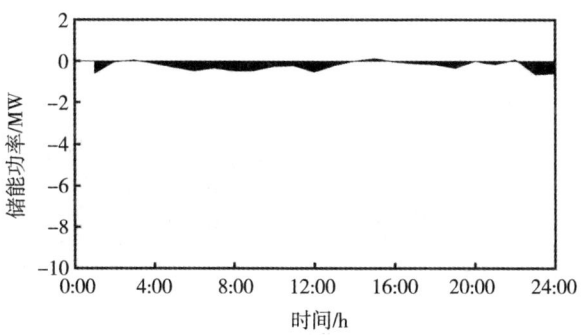

(d)冬季某一天

图 11.11　MPC 优化前储能系统功率变化对比图

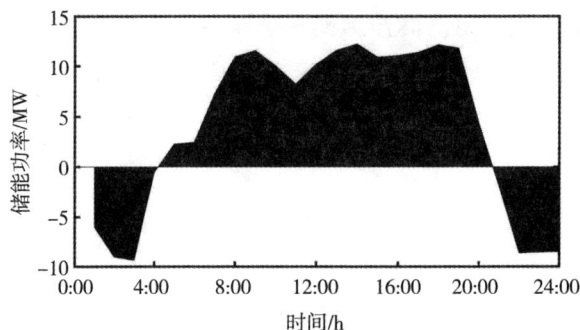

(a)春季某一天

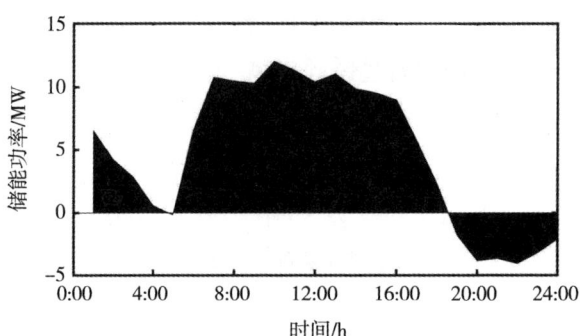

(b)夏季某一天

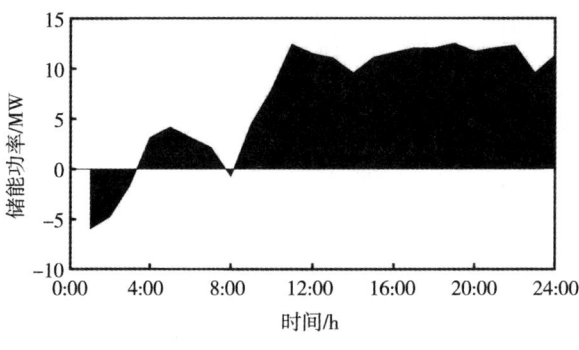

(c)秋季某一天

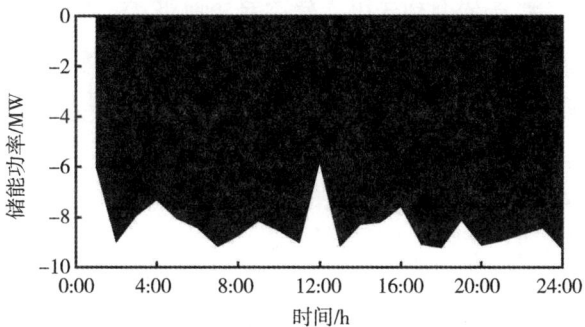

(d) 冬季某一天

图 11.12　MPC 优化后储能系统功率变化对比图

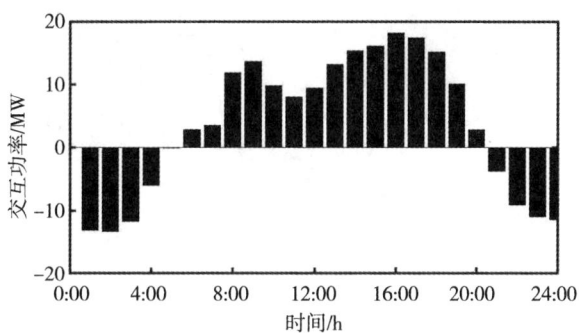

(a) 春季某一天

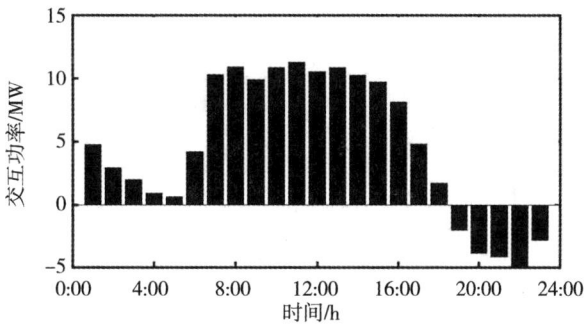

(b) 夏季某一天

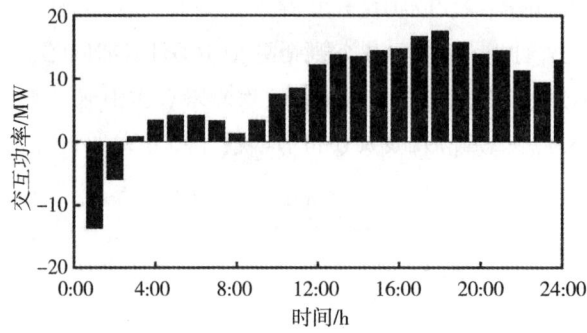

(c)秋季某一天

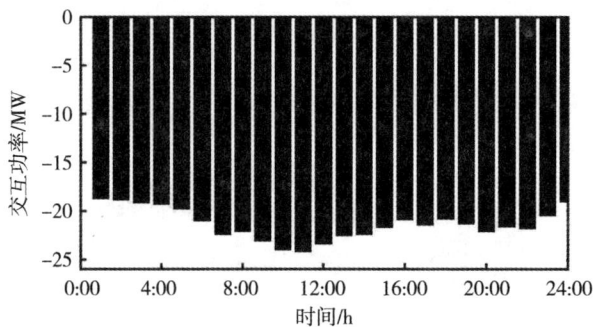

(d)冬季某一天

图 11.13　MPC 优化前交互功率变化对比图

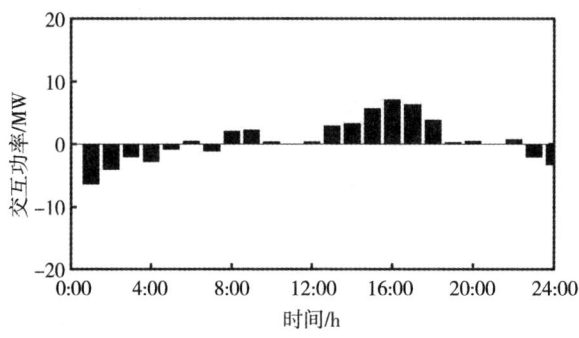

(a)春季某一天

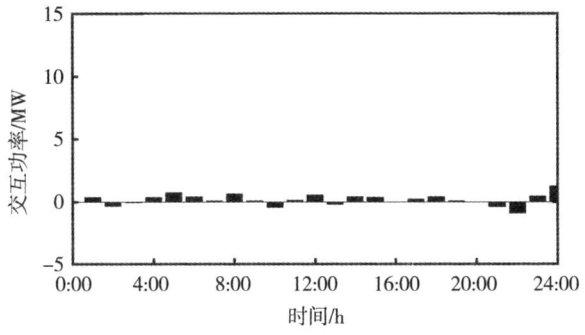

(b)夏季某一天

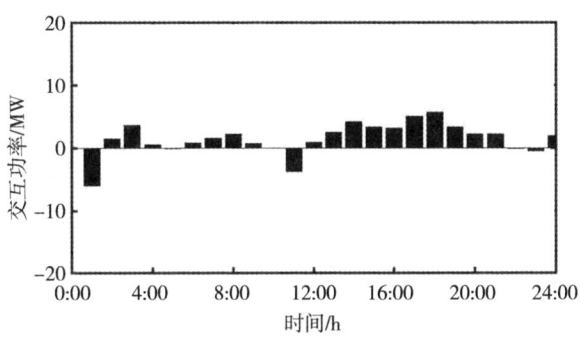

(c)秋季某一天

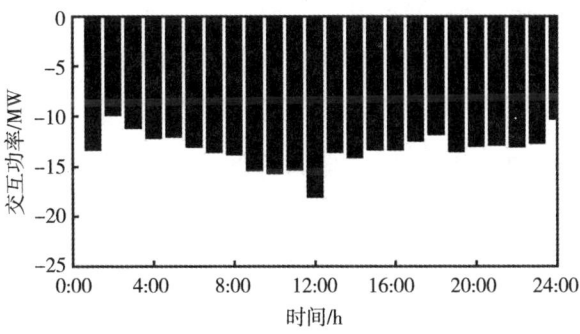

(d)冬季某一天

图 11.14　MPC 优化后交互功率变化对比图

图 11.10 为所选四天 $ESOC_S$ 测试的结果对比图,从图 11.10 中可知 24 h 内 $ESOC_S$ 有时高有时低,意在系统风电丰富时暂存风电,风电稀少时给所需负荷放电,以此来平衡系统的这种需求关系,进而实现本地风电尽可能本地消纳。

如图 11.10(a)所示，3:00—22:00 MPC 优化后的 $ESOC_S$ 大于其优化前的值，且这段时间风电大于负荷的需求，因此过多的风电被储能系统暂时储存，即更多的风电被用来给储能系统充电了(电解水制氢)，MPC 优化前，$ESOC_S$ 的变化范围为 0.20~0.35，而优化后 $ESOC_S$ 的变化范围为 0.21~0.89。如图 11.10(b)所示，1:00—5:00 风电减少，则储能系统为了保持微网系统的供需平衡，处于放电状态，即 $ESOC_S$ 减小，而 5:00—16:00 风电增大且保持较大的水平，则储能系统开始充电，即 $ESOC_S$ 从 0.3 增大到 0.9，随后风电减小，$ESOC_S$ 因放电而减少。因此从图 11.10(a)和(b)中对比可知，优化的 $ESOC_S$ 能够更多地暂存风电，待风电减小时供负载消纳，增大了风电的本地消纳。如图 11.10(c)所示，对于秋季来说，由于风电起初不大，因而 $ESOC_S$ 起伏不大，直到 8:00 以后风电较大，则 MPC 优化后的 $ESOC_S$ 一直保持在 0.9 左右，而 MPC 优化前的 $ESOC_S$ 波动不大，在 0.25 左右。从图 11.10(d)中可知，由于冬季的风电整天较小，且小于负荷，则 $ESOC_S$ 的值相对较小，未优化情况下，虽有波动，但其值几乎保持在 0.2，即使是 MPC 优化情况下，$ESOC_S$ 也变化较小，最大不超 0.3。总的来说，MPC 优化情况下的 $ESOC_S$ 变化幅值大。

图 11.11 为储能系统功率未经 MPC 优化得出的结果，从图中可知，在 MPC 优化前，储能系统中功率变化不大，即使在系统风电小于负荷时，其作用也不大，如春季 5:00—21:00 和夏季 5:00—18:00，涨幅最大为 2.5 MW，因此使得系统只能向大电网请求大量的补电。而 MPC 优化后的储能系统功率变化情况如图 11.12 所示，经 MPC 优化后的储能系统暂存(充为正，即电解制氢为正；放为负，燃料电池放电为负)风电的能力较强，特别是对比图 11.11(d)和 11.12(d)可清楚得知，MPC 优化前储能系统最大暂存风电量为 0.8 MW，且多数时候为 0 MW，而 MPC 优化后，储能系统暂存风电量大都在 8 MW 以上。

图 11.13 和图 11.14 表示系统与大电网的交互功率(并入为正，来自为负)结果对比，从整体来看，经 MPC 优化后的交互功率远小于 MPC 优化前的交互功率，即保证了本地的风电在本地消纳最大化。从图 11.13(a)、11.14(a)可知，未优化的交互功率变化范围为 -13.33~18.21 MW，跨度 31.54 MW，而优化后的交互功率变化范围较小，在 -6.21~7.02，跨度仅有 13.23 MW。夏季由于风电大多时候大于负荷的缘故，用不完的风电给储能系统充电，再剩余直接并入大电网，未优化时系统与大电网的交互功率变化幅值为 31.35 MW，优化后为 11.63 MW，具体如图 11.13(b)和 11.14(b)所示。秋季与夏季类似，风

电大多时候大于负荷，仅在 1：00—3：00 未优化时系统并入电网的电较多，平均 10 MW 左右，而经 MPC 优化后，由于储能系统缓存风电能力增强，因此并入大电网的电较少，平均 2 MW 左右，如图 11.13(c)和图 11.14(c)所示。对于冬季来说，由于整日风电都小于负荷，因此系统整天都得向电网申请补电，但申请补电量在 MPC 优化前后出现明显差别，MPC 优化前申请补电量为 512.89 MW，MPC 优化后由于储能系统暂存风电能力增强，申请补电量则为 318.50 MW，优化前后申请补电量减少了 194.39 MW，如图 11.13(d)和图 11.14(d)所示。

因此，为了更好地看出春夏秋冬四季风电的消纳程度，接下来将选择四季实验数据进行具体风电消纳的分析，如表 11.3 所列。表 11.3 中 B 表示 MPC 优化前，A 表示 MPC 优化后；储能"+"为充电(电解水制氢)，储能"−"为放电(燃料电池放电)；交互功率"+"为并电入大电网，"−"为向大电网申请补电。

表 11.3 四季消纳风电结果对比分析

季节类型	优化方式	负荷/MW	风电/MW	交互量/MW	并入电网的风电/MW	风电局部消纳/%	提升消纳风电量/MW	提升率/%
春季	B	1041.69	1150.78	247.34	167.85	85.41	132.22	11.49
	A			58.57	35.63	96.90		
夏季	B	1052.46	1171.08	142.54	124.48	89.37	118.05	10.08
	A			8.82	6.43	99.45		
秋季	B	1047.76	1254.84	236.60	216.80	82.72	171.78	13.69
	A			55.57	45.02	96.41		
冬季	B	1047.13	528.24	512.89	0	100	0	0
	A			318.50	0	100		
总计	/	4189.04	4104.94	/	/	/	422.05	10.28

从表 11.3 可知，四季总负荷 4189.04 MW，总风电 4104.94 MW，系统优化后提升系统消纳风电量为 422.05 MW，提升率为 10.28%，其中，通过 MPC 方法优化后系统消纳风电的能力在不同程度地提高，局部消纳风电率达 96.41%~100%，且春夏秋冬四季提升消纳风电率分别为 11.49%、10.08%、13.69% 和 0，除了冬季以外，其他三季所提升的消纳风电能力较为明显，而冬季无提升是因

为风电整天远小于负荷(风电完全本地消纳)的缘故。

综合以上数据图表结果分析知道,采用 MPC 优化多能流系统的方法在保证系统稳定运行的同时,还能够有效促使本地资源(风能)本地消纳最大化。

11.6 结论

针对风电大规模消纳困难的问题,本章在研究分析了各微源出力特性的前提下,建立实际分析模型,提出一种基于风氢耦合发电系统的模型预测控制方法。通过改进 PSO-BP 神经网络对 MPC 24 小时风电功率进行预测,实现最优调度。采用遗传算法在 24 小时的最优范围内滚动求解最优解,而 SSM 则将预测结果与实测数据进行比较以调整控制策略。

本工作的研究结果总结如下:

①提出的 MPC 优化方法使风能的消纳量增加了 10.28%。

②针对供需求端都是间歇随动的,匹配起来很困难的问题,本章通过充分使用由电解水装置、氢氧储罐和燃料电池组成的储能系统,在储能系统运行在安全范围内的同时平衡供需。

③在有限的仿真环境中,验证了该方法的有效性。在后续研究工作中,开发的策略将在一个具有燃料电池储能的实际风电场中实施。一个全面的试验台也在开发中。

该技术为间歇式可再生能源的有效利用提供了一种新的并网发电方式,这将促进风能、氢和燃料电池在发电中的应用。

第12章　基于模型预测控制的多能流耦合系统可再生能源消纳研究

◆ 12.1　概述

在碳达峰、碳中和的大目标导向下，我国国家层面提出了建设以可再生能源为主力军的新型电力系统的远景计划，2030年风电和太阳能发电总装机容量要达到12亿千瓦以上[184]，而以风电、光伏为代表的间歇性可再生能源发电产业得以步入了快车道，逐步形成了以可再生能源发电为主导的清洁、可持续的发电模式[185-186]。然而，多能流耦合系统中间歇性的可再生能源发电的强不确定和强波动性使得可再生能源发电成为新型电力系统主力军的地位面临复杂的技术挑战[187]，因此，提高多能流耦合系统中可再生能源的稳定消纳和降低可再生能源入网消纳波动性的技术研发迫在眉睫。

关于提高可再生能源的稳定消纳，不管是优化算法上，还是发电系统结构优化上，国内外的学者都做了大量研究。文献[188]针对可再生能源发电消纳受阻问题，构建了以风电、光电、水电、火电为主的新型发电系统，提出了一种多源联动提高风光电集群消纳模型，通过甘肃某地实际算例分析验证，该方法能够较好地促进可再生能源的高效消纳。文献[189]以风电、光电、光热构成的多能互补发电系统为研究基础，结合高载能负荷去参与整个系统的调度模型，采用NSGA-Ⅱ和二进制粒子群算法求解，最后通过算例分析，验证该方法在风、光消纳方面的可行性和有效性。文献[190]通过研究调峰裕度、多源调节极限与弃风、弃光之间的关系，以弃风、弃光量最小为优化目标，提出了一种电网多协调运行域调度策略，最后通过带入运行典型日实际数据，验证了该方法在提升清洁能源消纳具有优越性。文献[191]针对微电网中碱性电解水装置规模化运行效率低的问题，提出了一种以电解水装置最大化利用为目标函数的零碳园区式微电网电解水制氢优化调度策略，借助电解水装置能够在0至

100%额定功率期间内自适应风电、光电不稳定的功率输出情况，最终实现了可再生能源消纳最大化，微电网收益最大化。文献[192]在构建光伏-燃气一体化的能源系统下，以转化率较高的可再生能源转换设备取代传统的能源系统，采用考虑电网中可变可再生能源渗透率的变异系数和层次分析过程耦合决策方法，研究系统中各设备的优化配置和选型，最后通过算例分析，与传统方法相比，运行成本降低了8.5%。

此外，氢储能(hydrogen energy storage，HES)具有质量能量密度高、可长时间存储、充放电过程无污染等优势，是极具潜力的新型大规模储能技术[193-195]，应用HES的多能流耦合系统优化是近年来的研究热点。文献[196]针对综合能源系统中可再生能源风能消纳受限的问题，基于风-氢-燃料电池的耦合发电系统，提出了一种MPC方法，通过引入电解水装置消纳不友好的风电，引入SSM表征系统中各微源能量的状态，分析了系统中各微源的数学模型，建立了以消纳风电最大化为目标，通过GA求解，最后通过算例分析得出，该方法确实能增大10.28%的风电在本地消纳。文献[197]在搭建的风能-氢储-燃料电池的多能流发电系统的基础上，以本地风能在本地消纳最大化为目标，通过GA优化求解，从系统的多种运行方案中给出最优调度策略，最后引入四种典型日的案例研究，该方法能够实现风能利用的最大化。文献[198]针对我国偏远地区新疆弃风弃光严重的问题，构建了一套完备的涵盖风能发电-储备氢能-煤炭的利用-太阳能的合理使用等多方面的多能耦合系统，基于新疆哈密市独特的地理位置优势，以氢储能系统中ESOC一直处在安全范围(0.1~0.9)为前提，构建了以最大化消纳风能和太阳能的优化模型，经算例深度分析与验证，成功达成了风电、光电于当地消纳最大化的目标。文献[199]针对多能流耦合系统中可再生能源消纳困难的问题，通过建立大规模水-风-光-储互补互济、打捆外送的消纳可再生能源方式，并提出了一种考虑输电功率平稳性的水-风-光-储互补日前鲁棒调度方法，最后，以黄河上游清洁能源基地"青-豫"直流输电工程为例进行研究，表明了该方法能够提升可再生能源13.3%~46.0%的消纳。

关于降低多能流耦合系统中可再生能源入网消纳波动性的方法，国内外学者也做了大量的研究，文献[200]提出以电-氢构成混合储能的形式去协调平抑并网功率波动。文献[201]以加入超级电容的混合储能形式去平抑可再生能源入网消纳的波动性。文献[202]提出以超导磁储能和蓄电池储能的形式组成混合储能去平抑并网功率波动，并建立了一种分层控制策略，以蓄电池SOC一直处在合理范围，避免蓄电池"深充深放"，为补偿风电功率波动流盈余空间。文献[203]通过结合绝热压缩空气储能和飞轮储能的方法去应对风电的高频分量和低频分量，以缓解风电的波动，增强风电入网消纳的渗透率。文献[204]针对混合储能平抑风电功率波动时储能系统成本过高的问题，提出一种基于卡尔曼滤波和模型预测控制的风电波动平抑控制策略，最后通过算例分析验证该方法能有效改善混合储能系统 SOC 合理性，同时提高了储能系统的经济性。文献[205]首先构建蓄电池和氢储能的混合储能系统，以蓄电池来事先平抑光伏和短期负荷的波动，当蓄电池的 SOC 达到 99.5%时，控制算法再将盈余部分给电解水装置消纳，以实现平抑波动功率的同时最大化的消纳光伏。文献[206]为了解决风机低压穿越和风电功率波动的问题，构建了一种氢-超导磁储能混合储能系统，并提出了一种基于上述模型的系统协调控制策略。文献[207]为了解决母线波动和电压波动的问题，提出了一种计及微电网经济性和稳定性的电-氢耦合混合储能的微电网容量配置方案。文献[208]提出了一种包含超级电容、蓄电池及氢储能的混合储能系统，经算例验证可以实现微电网直流母线电压支撑及并网功率的平抑。

在解决多能流耦合系统中可再生能源发电强不确定和强波动性问题的众多方法中，一种具有前瞻性的解决方案是 MPC 策略。模型预测控制被广泛认为是处理高不确定性、多干扰性和多未知参数系统的一种很有效的方法，其被广泛应用在食品加工、灌溉系统、机器人、建筑通风、无人车等领域。MPC 通过在闭环控制系统中在线连续检测预测值与真实值之间误差来修正误差，从而保证了控制系统的稳定性。针对风光氢耦合的多能流系统来说，MPC 的在线滚动优化方式中的每一步优化都建立在系统最新状态信息的基础上，以最大程度地降低系统中风光等不确定因素对优化结果（系统预测得出的最优调度策略）的影响，及时弥补系统中由于存在不确定因素的缺陷，从而保证系统优化结果更加贴近实际运行策略，以提高系统平衡这些不确定性的能力。此外，MPC 和 GA 的结合可以实现不同能量形式之间的优化[209-210]，而且作为研究电力系统优化控制的方法受到广泛的重视[211-214]。

文献[215]提出了一种基于家庭能源局域网的模型预测控制方法，以通过优化分配家庭局域网中各微源有效组合的方式，来提高可再生能源的消纳。文献[216]为了获取电-氢耦合系统的最优经济调度策略，提出了日前多时间尺度优化和日内 MPC 分层滚动优化的最优调度模型，最后通过算例验证该最优调度模型在系统经济调度方面的可行性和优越性。文献[217]提出了一种新的多时间尺度的调度方案,以日内电价的不同去转移负荷,然而,此多时间尺度调度法因为未包含反馈部分以及缺乏 MPC 的滚动优化机制,导致整个调度过程呈现出较为僵硬的状态。文献[218]针对社区综合能源系统中多种能源耦合存在灵活性不足的问题,构建了包含能源、管网和负荷的统一调度模型,提出了一种基于 MPC 的鲁棒调度策略,通过夏季典型日的算例分析,结果表明,统一调度策略可以发挥各能源间的灵活性,促进可再生能源消纳,同时表明基于 MPC 的优化能够很好地适应滚动预测的不确定性。文献[219]由以钠硫电池构成储能系统的微电网作为基础,构建了旨在使系统运行成本达至最低的目标函数,进而提出一种涉及多目标优化多时间尺度的能量管理策略,随后借助 PSO 针对各个时间尺度模型展开求解操作。文献[220]为了降低系统运行成本,同时提高可再生能源的利用率,首先把电力系统、天然气系统和区域供暖系统集成为一个系统,然后为了实时修正系统中多个不确定源的预测误差,即为了实时修正系统决策误差,提出了基于 MPC 的实时调度策略,最后仿真结果表明,基于 MPC 的实时调度策略在经济性和风电利用方法都优于传统的实时调度策略。文献[221]在开展微电网能源优化调度时,借助多时间尺度的预测控制的控制方式,在对应的时间尺度呈现为上慢尺度时,运用的是最优的成本控制方法,在对应时间尺度呈现为下快尺度时,主要遵循满足整体电量需求的原则来开展相应控制工作。文献[222]为了解决系统中可再生能源的不确定性问题,在具有可再生能源微电网运行的三阶段能量管理系统中引入了 MPC,为验证该方法的有效性,以一个实际的离网微电网进行算例研究,结果表明,该方法能够做到最佳、可靠和安全地运行。文献[223]借助分布式预测控制的调控手段提出了一种依据每时段电价参数来执行调度的策略性方法,于微电网调控管理过程中采用对偶分析的方式,将系统整体结构规划成上下两层的调度架构,依托拉格朗日协调因子以获取最优解。文献[224]为了以微电网的形式给独立的社区供电,提出了一种基于 MPC 的能量管理系统。文献[225]采用模型预测控制方法对微网储能装置和柴油发电机进行协调优化,提高微网系统最大风能消耗,使微网系统弃风量最小化。文献[226]为了满足用户室温舒适度,在提出电网交互社区这一种新兴解决方案的同时,应用了实时 MPC 方法,最小化能源调配误差和系统调配对室内舒适度的损害。文献[227]运用 MPC 技术去求解一个由光伏发电、风力发电和柴油发电组成的混合系统最优调度策略,最后通

第12章 基于模型预测控制的多能流耦合系统可再生能源消纳研究

过仿真验证了该 MPC 技术模型的有效性。文献[228]针对传统调度方法已无法适应 IES 中多种不确定因素需求的问题,做了大量的研究,提出了一种基于 MPC 动态时间间隔的 IES 调度方法,最后实验和仿真结果验证了该方法的有效性。

总之,上述文献基于 MPC 的研究主要集中在微电网运行、家庭局域网和社区能源调配上,针对涵盖可再生能源的多能流耦合系统的研究较少。为此,为了真正最大化地消纳可再生能源,最大化地降低并网功率波动,本章构建了基于风电-光伏与氢储能的多能流耦合系统结构,提出了一种基于风光氢耦合发电系统的模型预测控制方法。本章工作的主要贡献总结如下:

①构建了一种风电-光伏-氢储能-燃料电池的多能流耦合并网发电系统。通过风机、光伏板消纳间歇性的风能、太阳能互补发电,电解槽消纳盈余电能制氢,燃料电池消纳盈余氢能发电,能实现最大化的缓存风电、光电。

②搭建了准确的风电功率和光伏功率的预测模型。通过风电、光伏功率与气象特征的相关度分析,进行了特征选取;通过分析多种算法和模型的优劣性,进行了组合预测模型的搭建;该模型能够实现高精度的预测。

③提出了一种基于 MPC 的多能流耦合系统实时调度方案。该方案中 MPC 控制器由遗传算法和状态空间模型组成,以预测量和系统状态量作为输入,控制器滚动优化求解,以最优调度方案为输出,作用于实际系统,通过实际的反应去修正预测误差,能够实现该系统的稳定运行,最大化地消纳可再生能源。

◆◇ 12.2 风电-光伏与氢储能的多能流耦合系统构建

为进一步促进新型农村中可再生能源风电、光伏的大规模消纳,本章构建的基于风电-光伏与氢储能的多能流系统结构如图 12.1 所示。该系统实质上是一个新型的电-气耦合互补发电系统,电能产生端由风机与光伏板组成,盈余电能缓存端由电解水装置、储气罐和燃料电池组成,其作用类似于蓄电池,充电等同于电解水装置消纳风光电制氢储存,放电等同于燃料电池吸收氢氧放电,用能端是本地负荷,直流母线电压由大电网维持稳定,MPC 控制器控制着整个系统功率流的流向。当风电、光伏出力大于本地负荷时,风电、光伏通过 DC-AC 逆变器优先供本地负荷消纳,紧接着控制系统控制电解槽 DC-DC 变流器，消纳系统中盈余功率产生氢气进行储存，如若储气罐已越限，电解水装置停止工作，则控制系统控制 DC-AC 逆变器将盈余功率并网消纳。当风电、光伏出力小于本地负荷时，风电、光伏通过 DC-AC 逆变器优先供本地负荷消纳，紧接着 MPC 控制器控制燃料电池的 DC-DC 变流器消纳氢气发电补充本地负荷所需的缺额功率，如若储氢罐已越下限，则燃料电池停止工作，由大电网接着补充本地负荷所需的缺额功率。

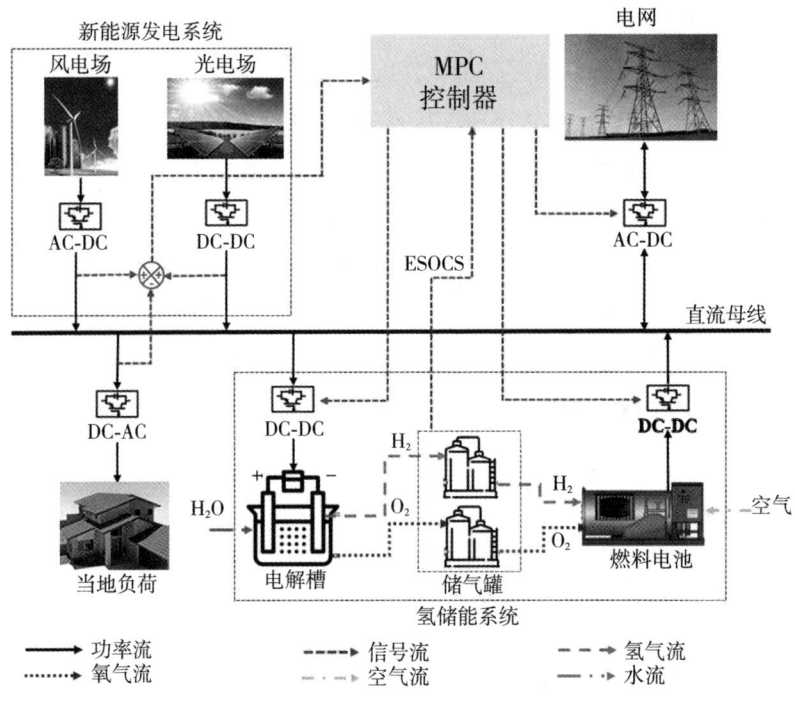

图 12.1　多能流耦合系统结构图

◆ 12.3　风电-光伏与氢储能的多能流耦合系统模型

MPC 控制器控制下，整个多能流耦合系统内部功率流的具体流向如何描述、流量如何，都需要通过对系统内部各个微源进行数学建模，定量分析系统内部各微源之间功率平衡关系，以此来制订整个系统调度运行策略，进而针对整个多能流耦合系统进行建模。所建模型中包括风电出力模型、光伏出力模型和氢储能系统模型,其中氢储能系统模型包含电解槽制氢模型、储气罐荷电状态模型和燃料电池出力模型。

12.3.1 风电出力数学模型

风力发电的原理是根据空气动力学的原理,即把风力吹动风机叶片产生的机械能转化为电能的过程,关于风电具体定量出力如式(12.1)所列:

$$\begin{cases} P_{\text{wind}} = \omega_{\text{wind}} T_{\text{wind}} = \frac{1}{2}\rho\pi R^2 \cdot v_{\text{wind}}^3 \cdot C_f \\ C_f(\chi, \zeta) = C_1\left(\frac{C_2}{\chi_i} - C_3\zeta - C_4\right)e^{-\frac{c_5}{\chi_i}} + C_6\chi \\ \frac{1}{\chi_i} = \frac{1}{\chi + 0.008\zeta} - \frac{0.035}{\zeta^3 + 1} \\ \chi = \frac{\omega_{\text{wind}} R}{v_{\text{wind}}} \end{cases} \quad (12.1)$$

式中,P_{wind},ω_{wind},T_{wind},v_{wind}——风机输出功率、风机叶片的转速、风机的机械转矩和风机轮毂高度处的风速;

ρ,R——风机叶片周围的空气密度、风机叶片半径;

C_f——风机对风能的吸收系数,最大值可取 0.593;

χ,ζ——风机的叶尖速比、风机叶片桨距角。

12.3.2 光伏出力数学模型

光伏阵列通常是由一系列具有光生伏打效应原理的半导体光伏电池组串并联组成,利用光伏效应,将太阳辐射能直接转换成电能。光伏具体输出的多少如式(12.2)所列:

$$\begin{cases} I_{pv} = N_p I_{sc} \cdot \left\{ 1 - C_1 \left[\exp\left(\dfrac{U_{pv} - dU}{C_2 N_s U_{oc}}\right) - 1 \right] \right\} + dI \\ C_1 = \left(1 - \dfrac{I_m}{I_{sc}}\right) \cdot \exp\left(-\dfrac{U_m}{C_2 U_{oc}}\right) \\ C_2 = \left(\dfrac{U_m}{U_{oc}} - 1\right) \Big/ \ln\left(1 - \dfrac{I_m}{I_{sc}}\right) \\ dI = -\alpha \cdot \dfrac{G}{G_{ref}} \cdot (T_c - T_{ref}) + \left(\dfrac{G}{G_{ref}} - 1\right) \cdot N_p I_{sc} \\ dU = \beta dT - R_s dI \end{cases} \quad (12.2)$$

式中，U_{pv}，U_{oc}，U_m——光伏电池输出电压、光伏组件开路电压及最大功率点电压；

I_{sc}，I_m——光伏组件电流和最大功率电流；

N_p，N_s——光伏组件阵列中光伏组件的串联、并联个数；

G，G_{ref}——太阳辐射强度和太阳辐射强度的标压值；

T_c，T_{ref}——光伏阵列的电池表面温度和电池表面温度的标压值；

R_s——光伏组件中的串联电阻；

α，β——标准状态下电流和电压温度系数变化系数；

C_1，C_2——修正系数。

12.3.3 氢储能系统数学模型

(1)电解槽制氢模型

在标况下，电解槽在电解水制氢的过程中，物质的流量遵循物料守恒定律，具体氢气和氧气的物质的量如式(12.3)所列，而氢气和氧气的流量如式(12.4)所列：

$$\begin{cases} n_{H_2} = \dfrac{\lambda_{ref} \cdot n_{ele} \cdot I_{ele}}{zF} \\ \lambda_{ref} = 96.5 \cdot e^{\left(\dfrac{0.09}{I_{ele}} - \dfrac{75.5}{I_{ele}^2}\right)} \\ n_{O_2} = \dfrac{1}{2} n_{H_2} \end{cases} \quad (12.3)$$

$$\begin{cases} V_{H_2} = 2V_{O_2} = 418 \cdot P_{ele} \cdot \dfrac{\lambda_{ref}}{U_{ele}} \\ U_{ele} = U_{rev} + \dfrac{R_1+R_2 \cdot T_k}{A} \cdot I_{ele} + (S_1+S_2 \cdot T_{ele}^{\ 2}) \cdot \log\left(\dfrac{T_1+T_2/T_k+T_3/T_k^{\ 2}}{A} \cdot I_{ele}+1\right) \\ U_{rev} = \dfrac{\Delta G}{zF} \end{cases}$$

(12.4)

式中，n_{H_2}，n_{O_2}，n_{ele}——电解槽电解水后制得的氢气、氧气物质的量和电解液物质的量；

V_{H_2}，V_{O_2}——电解水过程中制取的氢气和氧气的流量；

U_{ele}，U_{rev}——电解槽两端的端电压和电解槽两端的反向电压；

I_{ele}——电解槽的等效电流；

P_{ele}——通入电解槽的功率；

R_1，R_2——电解槽的电阻；

A——电解槽中电极的截面积；

T_{ele}——电解液温度；

S_1，S_2，S_3，T_1，T_2，T_3——电解槽中电极过电压系数；

λ_{ref}——电解槽电解效率；

ΔG——电解水过程中吉布斯自由能的变化量；

z——电解水过程中电子转移数；

F——法拉第常数，且 $F = 96485$ C/mol。

(2)储气罐中的等效荷电状态模型

在本章所构建的风电-光伏与氢储能多能流耦合系统中，储气罐有用来存储氢气的氢气罐和用于存储氧气的氧气罐，而电解槽、储气罐和燃料电池组成整个多能流耦合系统中的储能系统，其作用类比于蓄电池的功能，蓄电池的充放电状态是用 SOC 来衡量，所以，本章中所构建放电系统中的储能系统状态可以用 ESOC 来度量[229]，即可以用式(12.5)至式(12.7)来描述。同时，考虑到储气罐的安全性问题，因此储气罐的等效荷电状态的安全范围为 0.1~0.9。

$$E_H = \dfrac{P_{H_{re}}}{P_{H_{cap}}} \times 100\%$$

(12.5)

$$E_O = \frac{P_{O_{re}}}{P_{Ocap}} \times 100\% \tag{12.6}$$

$$E_S = \frac{E_H \cdot V_{Hcap} + E_O \cdot V_{Ocap}}{V_{Hcap} + V_{Ocap}} \tag{12.7}$$

式中，E_H，E_O，E_S——氢气罐、氧气罐和氢储能系统的等效荷电状态；

$P_{H_{re}}$，$P_{O_{re}}$——氢氧储气罐当前剩余压强；

P_{Hcap}，P_{Ocap}——氢氧储气罐满压强值；

V_{Hcap}，V_{Ocap}——氢氧储气罐的体积。

（3）质子交换膜燃料电池模型

质子交换膜的燃料电池（PEMFC）模块[229-233]输出电压为：

$$\begin{cases} V_{cell} = E_{nernst} - U_{act} - U_{ohm} - U_{conc} \\ V_{fc} = N_{fc} \times V_{cell} \end{cases} \tag{12.8}$$

式中，V_{cell}，V_{fc}——模块输出电压和 PEMFC 电池组电压；

E_{nernst}——热力学电动势；

U_{act}，U_{ohm}，U_{conc}——活化过电压、欧姆过电压和浓差过电压。

PEMFC 模块活化过电压为：

$$\begin{cases} U_{act} = [\xi_1 + \xi_2 T_{fc} + \xi_3 T_{fc} \ln(C_{O_2}) + \xi_4 \times T_{fc} \times \ln(I_{fc})] \\ C_{O_2} = \dfrac{P_{O_2}}{5.08 \times 10^6 \exp(-498/T_{fc})} \end{cases} \tag{12.9}$$

式中，ξ_1，ξ_2，ξ_3，ξ_4——经验参数；

I_{fc}——FC 模块电流；

C_{O_2}——阴极气液面的氧气浓度；

P_{O_2}——燃料电池界面分压。

PEMFC 模块欧姆过电压为：

$$\begin{cases} U_{\text{ohm}} = I_{\text{fc}} R_{\text{ohm}} = I_{\text{fc}} \left(\dfrac{R_M l}{A_k} + R_c \right) \\ R_M = \dfrac{181.6 \left[1+0.03\left(\dfrac{I_{\text{fc}}}{A_k}\right) + 0.062 \left(\dfrac{T_{\text{fc}}}{303}\right)^2 \left(\dfrac{I_{\text{fc}}}{A_k}\right)^{2.5} \right]}{\left[\lambda - 0.634 - 3\left(\dfrac{I_{\text{fc}}}{A_k}\right) \right] \exp\left[4.18\left(\dfrac{T_{\text{fc}} - 303}{T_{\text{fc}}}\right) \right]} \end{cases} \quad (12.10)$$

式中，l，A_k——膜的厚度和膜的有效面积；

R_M，R_c——膜的电阻率和阻碍质子通过膜的阻抗。

PEMFC 模块浓度差过电压为：

$$U_{\text{conc}} = -B\ln\left(1 - \dfrac{J}{J_{\max}}\right) \quad (12.11)$$

式中，J，$J_{\max}$——电流密度和最大电流密度；

B——方程常数，由电池运行状况决定。

N 节 PEMFC 的输出功率 P_{fc} 为：

$$P_{\text{fc}} = N I_{\text{fc}} V_{\text{cell}} \quad (12.12)$$

12.3.4 多能流耦合系统功率流

系统中功率流分三级优先级，即先本地消纳（P_{dir}），然后电解槽消纳制氢储存（$P_{\text{H}_2\text{O}}$），最后并网消纳（P_{grid}），如若风电、光伏不能满足本地负荷需求，则先由燃料电池吸收氢气发电补充缺额功率，最后由大电网补充缺额功率。具体功率流如图 12.2 所示。

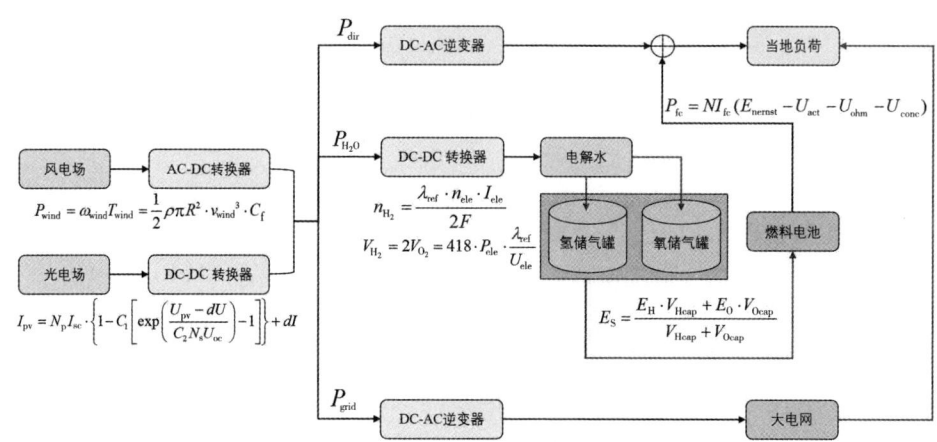

图 12.2　多能流耦合系统功率流程图

12.4　风电-光伏与氢储能的多能流耦合系统 MPC 策略实现

MPC 是一种基于内部预测模型的闭环在线优化控制策略，它倚靠预测模型、滚动优化和反馈校正三个核心环节。实现过程总的是通过建立优化问题的模型，求解该优化问题来得到控制器的输出，即首先倚靠系统内部模型对系统状态进行预测，其次采用优化算法对系统优化目标进行求解，经过循环再预测再求解，得出一些系统的控制动作，直接作用于被控对象，使被控对象做出一些的实际反应，从而把这些反应反馈给控制器，控制器以此来修正预测值与实际值之间的误差。其本质上是外壳套着控制，内涵是一种优化方法，通过这种滚动优化的方法，使得多输入多输出系统稳定运行。MPC 具备诸多显著优势，一方面对系统模型的预测精度无严苛要求，另一方面能够将诸多约束条件纳入考量范围，还可增效应对多目标优化问题，展现出良好的动态控制性能，被认为是处理高不确定、多干扰性和未知参数系统的一种有效的方法。

基于 MPC 策略控制原理，针对前文构建的多能流耦合系统，本章拟定的 MPC 控制策略具体如图 12.3 所示。该控制策略主要由数据预测、MPC 控制器和实际被控对象组成，预测部分包含风电预测模型 EMD-KPCA-LSTM 和光伏预

▶ 第12章 基于模型预测控制的多能流耦合系统可再生能源消纳研究

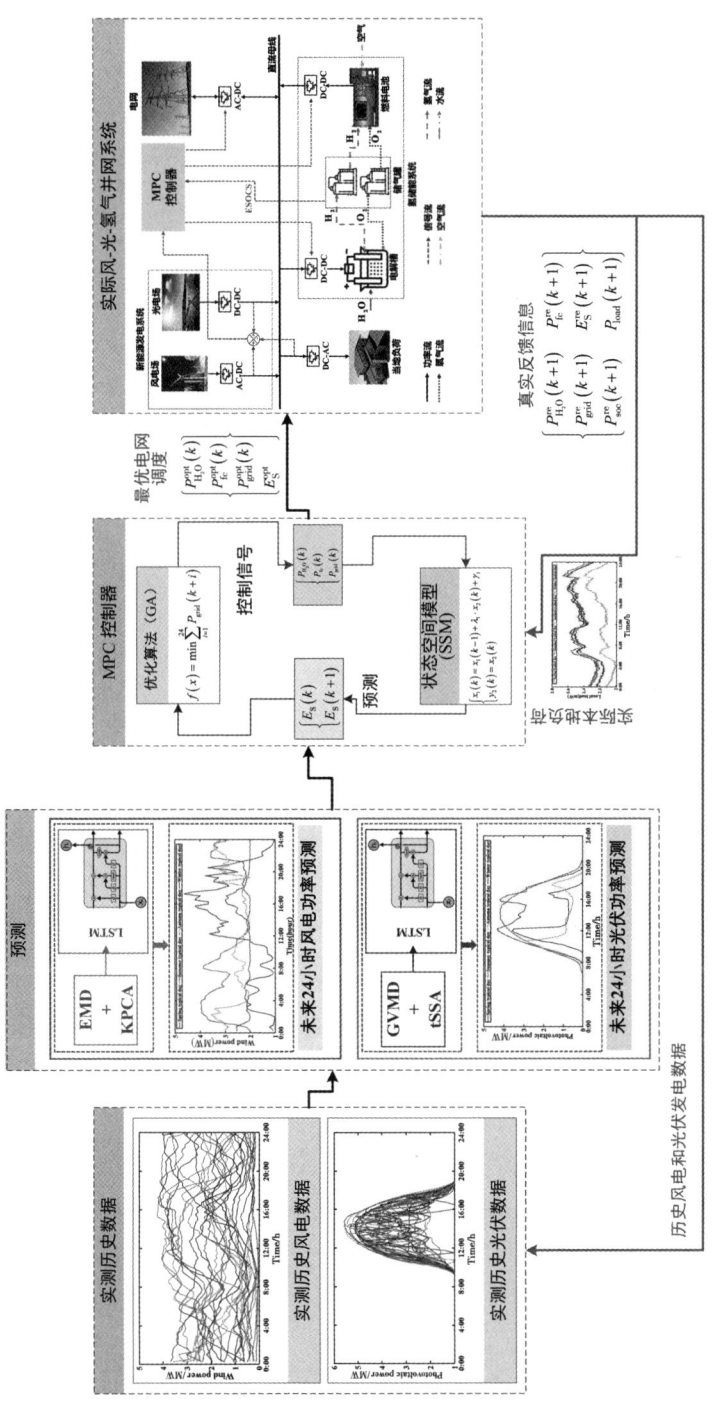

图12.3 MPC策略实现过程

测模型 GVMD-tSSA-LSTM，MPC 控制器包括滚动优化算法 GA 和预测状态空间模型 SSM，实际被控对象可指新型农村本地小型风光氢发电系统（可离网运行亦可并网运行，如图 12.1 所示）。

MPC 控制策略的控制流程：首先，预测模型根据实际被控系统提供的风电和光伏数据做预测，预测出实际系统未来一天 24 h 的风电和光伏功率；然后，MPC 控制器以未来 24 h 风电和光伏功率值、E_s 和未来 24 h 的真实当地负荷值作为输入，通过"SSM+GA"的滚动求解，得到未来 24 h 系统的最优控制策略（燃料电池功率、电解水功率、储能系统荷电状态及与大电网交互情况等）；接着，仅以 24 h 中的第一个最优控制策略作用于实际被控系统，结合系统运行过程中的小扰动，实际被控系统运行后得出一些真实的反馈（真实燃料电池功率、真实电解水功率、真实储能系统荷电状态及真实与大电网交互情况等）；最后，MPC 控制器再以下一轮 24 h 的预测风光功率、真实当地负荷以及反馈作为输入，通过"SSM+GA"滚动优化求解，再去作用实际系统，再得反馈，依次循环，实现多时间尺度的在线优化控制。

12.4.1　预测模型

风力和光伏发电受多维环境因素影响较大，其预测的准确性关乎整个多能流耦合系统的合理调度、安全运行和系统稳定性。因此，本章在分析风电和光伏发电特性，充分考虑 EMD、VMD、KPCA、SSA 和 GWO 算法优缺点的基础上，采用多种算法有机结合的方法进行预测模型搭建，即采用 EMD 方法和 KPCA 方法对各种环境因素数据进行处理，然后采用 LSTM 进行风电预测；采用改进的 VMD 对光伏的历史相关数据进行分解，依据改进的 SSA 对 LSTM 的参数进行寻优，最后进行光伏功率预测。此外，风电和光伏发电受环境因素影响较大，因此，环境因素的正确选取很有必要。

(1) 发电功率影响因素分析

环境因素影响分析其实就是计算环境因素对发电功率的相关性，这里引入皮尔逊相关系数公式(12.13)，通过该式可以计算得到各环境因素与发电功率之间的相关关系，如表 12.1 和表 12.2 所列。

$$r = \frac{\sum_{i=1}^{n}(x_i - \bar{x})(y_i - \bar{y})}{\sqrt{\sum_{i=1}^{n}(x_i - \bar{x})^2 \sum_{i=1}^{n}(y_i - \bar{y})^2}} \tag{12.13}$$

式中，r——各因素之间的相关系数，$|r|\leqslant 1$；

x_i，y_i——第 i 个数据点的两个因素的值；

$\bar{x}$，$\bar{y}$——两个因素的均值；

n——数据点的个数。

表 12.1 风电功率与环境因素相关系数

环境因素	风速	风向	温度	气压	湿度
相关系数	0.87	-0.19	0.85	-0.72	-0.78

表 12.2 光伏功率与环境因素相关系数

环境因素	辐射度	气温	气压	湿度	组件温度
相关系数	0.98	0.49	-0.16	-0.57	0.56

由表 12.1 和表 12.2 可知，风速与风电功率正相关性最高，温度与风电功率呈正相关性，风向、气压和湿度与风电功率呈负相关性，都符合专家常识；辐射度与光伏功率正相关性最高，组件温度与光伏功率呈正相关性，气压、湿度与光伏功率呈负相关性，对光伏功率的输出有一定影响，气温对光伏功率影响相对小，也都符合专家常识。因此，选取相关度大于 0.50 的环境因素作为模型的最初输入，即选取风速、温度、气压、湿度 4 个环境因素作为风电功率预测模型的最初输入特征，选取辐射度、湿度、组件温度 3 个环境因素作为光伏功率预测模型的最初输入特征。

(2) EMD-KPCA-LSTM 风电预测模型

EMD 的本质是将实测的原始环境数据特征在多个时间尺度上进行分解，以获取不同的 IMF[235]，每个 IMF 代表不同的环境因素在不同频率波段的波动特征序列，这样分解的目的是使环境因素特征在仍能够反映原始环境因素序列的波动性的同时，更具有特征多样性。

在经过 EMD 分解原始环境因素特征得到的特征序列虽然充实了特征序列的数量，但是随之而来的是导致预测模型输入变量的维度陡然增加，预测难度加大。为了解决这个问题，本章采用了 KPCA 算法对 EMD 分解出来的多维特征量进行必要的降维处理，实现了在保留原始数据特征的基础上提高了计算效率和计算精度。

EMD-KPCA-LSTM 预测算法流程如图 12.4 所示，具体算法实现步骤如下：

①将采集到的现场风电功率数据 f 和环境因素风机轮毂高度风速 a、温度 b、气压 c、湿度 d 进行数据清洗，以天为单位剔除实际生产中由于通讯故障等原因而导致的"坏数据"。

②通过 EMD 算法，将环境数据分解为不同频率的本征模分量 $\{IMF_1, IMF_2, \cdots, IMF_m\}$ 和剩余分量 r_n，目的是将原始数据特征中重要相关联的特征量逐级挖掘出来。

③对②中分解得到的数据进行 KPCA 降维，基于 KPCA 算法对 EMD 算法分解出来的多维特征量进行筛选，筛选出与风电输出功率直接相关联的关键因子，去除经 EMD 算法处理得到的无关因素。

④基于 KPCA 算法处理后得出的数据，将其与历史风电功率数据进行归一化处理，以适于 LSTM 网络训练的数据集，并进行训练集和测试集的划分。

⑤初始化 LSTM 模型参数，将样本的训练集输入到之前所搭建的 LSTM 模型中进行训练，直至获得模型的目标准确率。

⑥模型训练结束，保存训练文件，输入测试集进行测试。

⑦输出模型评估指标 RMSE、MAE、R^2，结束算法。

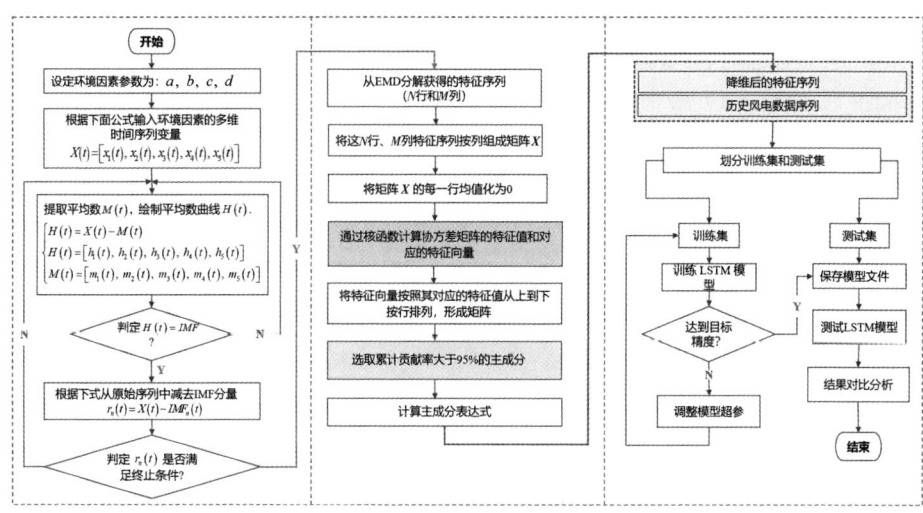

图 12.4　EMD-KPCA-LSTM 算法流程图

(3) GVMD-tSSA-LSTM 光伏预测模型

变分模态分解(VMD)[236]的本质是一个自适应变分问题,其优点是能很好地处理非线性数据问题,即能够根据不同情况下分解模态的个数,并通过交替方向乘子法(ADMM)和迭代更新去计算最优解,从而将复杂的原始信号进行分解,分解为不同振幅不同频率可调的信号(IMF)。

VMD 旨在把实值输入信号 $f(t)$ 拆解为一个个离散的子信号(模态)u_k。通过式(12.14)至式(12.16)可实现分解。分解的判断终止条件如式(12.17)所列:

$$\begin{cases} \min_{\{u_k\},\{\omega_k\}} \left\{ \sum_k \left\| \partial_t \left[\left(\partial_t + \frac{j}{\pi t} \right) * u_k(t) \right] e^{-j\omega_k t} \right\|_2^2 \right\} \\ \text{s.t.} \sum_{k=1}^{K} u_k = f(t) \end{cases} \tag{12.14}$$

$$L(\{u_k\},\{\omega_k\},\lambda) = \alpha \sum_k \left\| \alpha_t \left[\left(\delta(t) + \frac{j}{\pi t} \right) * u_k(t) \right] e^{-jw_k t} \right\|_2^2 + \left\| f(t) - \sum_k u_k(t) \right\|_2^2 + \langle \lambda(t), f(t) - \sum_k u_k(t) \rangle \tag{12.15}$$

$$\begin{cases} \overline{U}_k^{n+1}(\omega) = \dfrac{f(\omega) - \sum_{i \neq k} \overline{U}_i(\omega) + \dfrac{\overline{\lambda}(\omega)}{2}}{1 + 2\alpha(\omega - \omega_k)^2} \\ \omega_k^{n+1} = \dfrac{\int_0^\infty \omega |u_k^{n+1}(\omega)|^2 d\omega}{\int_0^\infty |u_k^{n+1}(\omega)|^2 d\omega} \\ \overline{\lambda}^{n+1}(\omega) = \overline{\lambda}^n(\omega) + \gamma(f(\omega) - \sum_k \overline{U}_k^{n+1}(\omega)) \end{cases} \tag{12.16}$$

$$\sum_k \dfrac{\left\| \overline{U}_k^{n+1} - \overline{U}_k^n \right\|_2^2}{\| U_k^n \|_2^2} < \varepsilon \tag{12.17}$$

式中，$K, \alpha, \lambda, \gamma, *$——分解模态的数量、二次惩罚参数、拉格朗日惩罚算子、噪声容忍及卷积运算；

$\{u_k\}, \{\omega_k\}, \partial_t, f(t)$——分解得到的 k 个模态分量、中心频率、梯度运算及原始信号；

$u_k^{n+1}(\omega), U_i(\omega), f(\omega), \bar{\lambda}(\omega)$——$u_k^{n+1}(t), U_i(t), f(t), \lambda(t)$ 对应的傅里叶变换；

ε——终止判断精度，$\varepsilon>0$。

VMD 的惩罚因子 α 和模态分解个数 K 是算法分解性能和重构性能得到保障的关键因子，以往的算法对于这两个因子的设置是通过经验法和中心频率观察法，这些方法都具有偶然性。为了消除人为设置 VMD 参数给光伏预测结果的影响，本章将采用全局搜索能力强且效率高的 GWO 去优化 VMD(GVMD)中参数 α 和 K，采用如式（12.18）的样本熵为适应度函数，以取得参数 α 和 K 的最佳组合。

$$\langle K, \alpha \rangle = \text{argmin}\left\{\frac{1}{k}\text{SampEn}(i)\right\} \quad (12.18)$$

本章中的麻雀优化算法(SSA)，作为最近出现的一种智能优化算法，设计的灵感来自麻雀的觅食行为和反捕行为。优化过程由发现者、追随者和警戒者的位置更新来实现，三者的位置更新式依次如式（12.19）、式（12.20）、式（12.21）所列。但该算法在种群更新时采用随机生成的方法，该方法存在一些不定因素，会导致种群分布不均，进而导致全局搜索能力不足。为了解决上述问题，在本章中，运用了基于自适应 t 分布的麻雀搜索算法(tSSA)。该方法通过引入自适应 t 分布变异因子，并将算法的迭代次数视作自由度参数，这一举措有效提升了种群的多样性，进而增强了算法的收敛能力。优化后的麻雀位置如式（12.22）所列：

$$x_{i,d}^{n+1} = \begin{cases} x_{i,d}^n \times \exp\left(-\dfrac{i}{k \times iter_{\max}}\right), & R_2 < S \\ x_{i,d}^n + Q \cdot \boldsymbol{L}, & R_2 > S \end{cases} \quad (12.19)$$

第12章 基于模型预测控制的多能流耦合系统可再生能源消纳研究

$$x_{i,d}^{n+1} = \begin{cases} Q \times \exp\left(\dfrac{x_{\text{worst}} - x_{i,d}^n}{i^2}\right), & i > \dfrac{n}{2} \\ x_p^{n+1} + |x_{i,d} - x_p^{n+1}| \times \boldsymbol{A}^+ \times \boldsymbol{L}, & \text{其他} \end{cases} \quad (12.20)$$

$$x_{i,d}^{n+1} = \begin{cases} x_{\text{best}}^n + \beta \times |x_{i,d}^n - x_{\text{best}}^n|, & f_i > f_g \\ x_{i,d}^n + K \times \left(\dfrac{|x_{i,d}^n - x_{\text{worst}}^n|}{f_i - f_\omega + \varepsilon}\right), & f_i = f_g \end{cases} \quad (12.21)$$

$$x_{i,d}^t = x_{i,d} + x_{i,d} \times t(I_{iter}) \quad (12.22)$$

式中，$x_{i,d}^n$，x_p^{n+1}——第 i 个麻雀在 d 维当中的位置、当前追随者占据的最优位置；

$x_{i,d}$，x_{worst}，x_{best}——当前迭代时追随者 d 维位置、当前全局最差位置及当前全局最优位置；

n，Q，k，β——迭代次数、服从正态分布的随机数、[0, 1] 之间的随机数及符合标准正态分布的随机数；

ε——避免分母为零的最小常数；

f_i，f_g，f_ω——此时麻雀适应度值、当前全局最佳适应度值、当前最差适应度值；

$iter_{\max}$——最大迭代次数；

R_2——警戒值，$R_2 \in [0, 1]$；

S——安全值，$S \in [0.5, 1]$；

K——均匀随机数，$K \in [-1, 1]$；

$\boldsymbol{L}$——结构为 $1 \times d$ 且元素为 1 的矩阵；

$\boldsymbol{A}$——满足 $\boldsymbol{A}^+ = \boldsymbol{A}^\mathrm{T}(\boldsymbol{A}\boldsymbol{A}^\mathrm{T})^{-1}$ 的矩阵；

$x_{i,d}^t$，$x_{i,d}$——优化后 tSSA 中第 i 个麻雀在 d 维当中的位置和优化前 SSA 中第 i 个麻雀在 d 维当中的位置；

t——当前迭代次数；

$t(I_{iter})$——以迭代次数作为自由参数的 t 分布。

GVMD-tSSA-LSTM 预测算法流程如图 12.5 所示，具体算法实现步骤如下：

①选定前 n 个光伏功率信息(辐射度、湿度、组件温度)作为模型输入。

②借助 GVMD 方法,针对原始的光电功率信息序列展开分解,由此得到 k 个 IMF 分量与残差分量 Re。

③参数配置。初始阶段,对麻雀种群规模设定为 N,同时设定最大迭代次数为 M,紧接着运用 tSSA 针对 LSTM 的最优学习参数展开优化搜索(包括隐含层单元个数 H、训练周期 E 和初始学习率 η),随后在优化算法中选定均方误差(M_{MSE})作为目标函数,以此为基础,最终成功构建起麻雀搜索算法与长短期神经网络相耦合模型(tSSA-LSTM)。

④将各分量逐次输入至 tSSA-LSTM 预测模型,从而获取相应的 k 个预测模型。

⑤对各个不同序列模型预测值进行叠加,最终得到总功率值。

⑥进行误差分析。

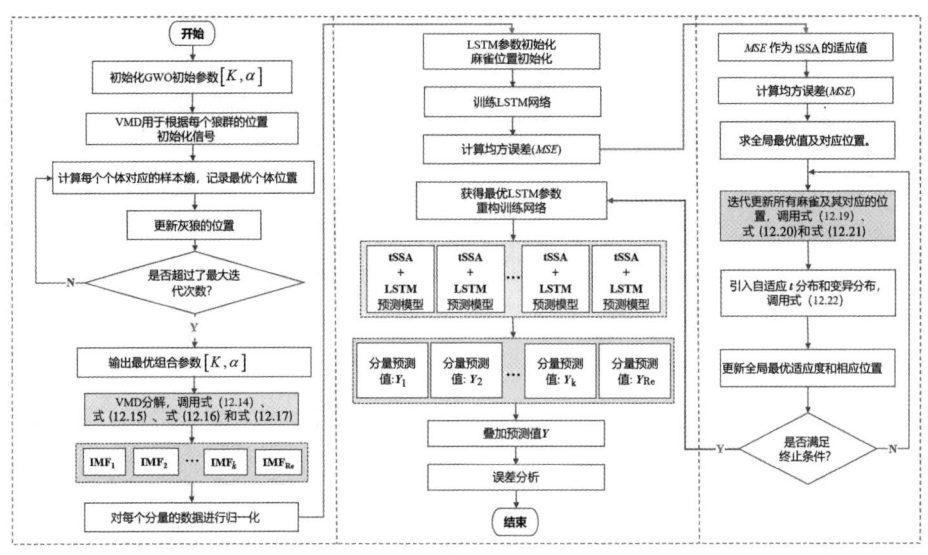

图 12.5 GVMD-tSSA-LSTM 算法流程图

12.4.2 多能流耦合系统模型建立

在前文构建的风-光与氢储能多能流耦合系统中,功率流之间的状态存在多时间尺度关系,因此,未来更好地描述系统中这些功率流之间的状态转换关系，本章引入了较为传统的描述复杂多能流系统的状态空间模型(SSM)。风-光与氢储能耦合系统功率平衡关系如式(12.23)所列：

$$P_{\text{load}}(k)+P_{\text{H}_2\text{O}}(k)=P_{\text{fc}}(k)+P_{\text{grid}}(k)+P_{\text{pv}}(k)+P_{\text{wind}}(k) \quad (12.23)$$

倘若把电解槽和氢氧燃料视为一个整体，即为氢储能系统(P_{soc})，则同类相合并后得到式(12.24)：

$$P_{\text{load}}(k)+P_{\text{soc}}(k)=P_{\text{pv}}(k)+P_{\text{grid}}(k)+P_{\text{wind}}(k) \quad (12.24)$$

式中，$P_{\text{wind}}(k)$，$P_{\text{pv}}(k)$，$P_{\text{grid}}(k)$，$P_{\text{fc}}(k)$，$P_{\text{H}_2\text{O}}(k)$，$P_{\text{load}}(k)$——$k$ 时段风电功率、光电功率、电网功率、燃料电池、电解水消耗功率及本地负荷。

当 $P_{\text{grid}}(k)>0$ 时，表明系统需向大电网送电；当 $P_{\text{grid}}(k)<0$ 时，表明系统需大电网补充缺额功率。当 $P_{\text{soc}}(k)>0$ 时，表示储能系统充电，则 $|P_{\text{soc}}(k)|=P_{\text{H}_2\text{O}}(k)$；当 $P_{\text{soc}}(k)<0$ 时，表示储能系统放电，则 $|P_{\text{soc}}(k)|=P_{\text{fc}}(k)$。

为了构造状态空间，接下来将定义两个状态变量和一个输出变量，具体如式(12.25)所列：

$$\begin{cases} x_1(k)=E_{\text{S}}(k) \\ x_2(k)=P_{\text{wind}}(k)+P_{\text{pv}}(k)-P_{\text{grid}}(k)-P_{\text{load}}(k) \\ y(k)=P_{\text{wind}}(k)+P_{\text{pv}}(k)-P_{\text{grid}}(k)-P_{\text{load}}(k) \end{cases} \quad (12.25)$$

则状态空间模型可以表示为：

$$\begin{cases} x_1(k)=x_1(k-1)+\lambda_1 \cdot x_2(k)+\gamma_1 \\ y_2(k)=x_2(k) \end{cases} \quad (12.26)$$

式中，λ_1——换算率(即电与气之间的转换率)；

γ_1——常数。

12.4.3 控制器模型的求解

控制器模型的建立是以实现本地可再生能源(风电和光伏)在本地消纳最高为目标,换而言之,就是要实现本地风电和光伏功率以最低量入网,以最高在本地消纳。因此,目标函数及约束可用式(12.27)表示:

$$\begin{cases} f(x) = \min \sum_{i=1}^{24} P_{\text{grid}}(k+i) \\ \text{s.t.} \begin{cases} P_{\text{load}}(k) + P_{\text{grid}}(k) + P_{\text{soc}}(k) = P_{\text{pv}}(k) + P_{\text{wind}}(k) \\ 0.1 \leqslant E_{\text{S}}(k) \leqslant 0.9 \\ 0 \leqslant P_{\text{pv}}(k) \leqslant P_{\text{pvmax}}(k) \\ 0 \leqslant P_{\text{wind}}(k) \leqslant P_{\text{windmax}}(k) \\ 0 \leqslant P_{\text{soc}}(k) \leqslant P_{\text{socmax}}(k) \\ 0 \leqslant P_{\text{grid}}(k) \leqslant P_{\text{pv}}(k) + P_{\text{wind}}(k) \end{cases} \end{cases} \quad (12.27)$$

式中, $f(x)$ ——k 时刻的目标函数;

$P_{\text{windmax}}(k)$, $P_{\text{pvmax}}(k)$, $P_{\text{socmax}}(k)$ ——k 时刻风电功率最大值、光伏功率最大值及储能系统等效荷电状态最大值。

基于前期搭建好的优化模型,结合系统多个约束条件,把风电和光电本地消纳最高换成是系统与大电网交互最低来考虑,采用 GA 来寻优求解。寻优的核心环节是调用 ga 函数,通过 ga 来求解得出系统的最优控制方案,而 ga 的实现是确保 E_s 处于安全范围(0.1~0.9)的先决条件下,实现适应度函数值的最小。适应度函数编写的目标是实现系统与大电网的交互量最小化,编写的思路是以满足当地负荷需求为大前提,风电和光电优先给当地负荷供电,其次供电解槽使用,最后才能入网消纳。通过多层条件语句的判别,得出当前风电和光电下,最适宜的能量流走向,设置其最小的惩戒因子,其他情况下的能量流走向设置较大的惩戒因子,目的是使适应度函数值最小。具体实现的策略如图 12.6 所示。

> 第12章 基于模型预测控制的多能流耦合系统可再生能源消纳研究

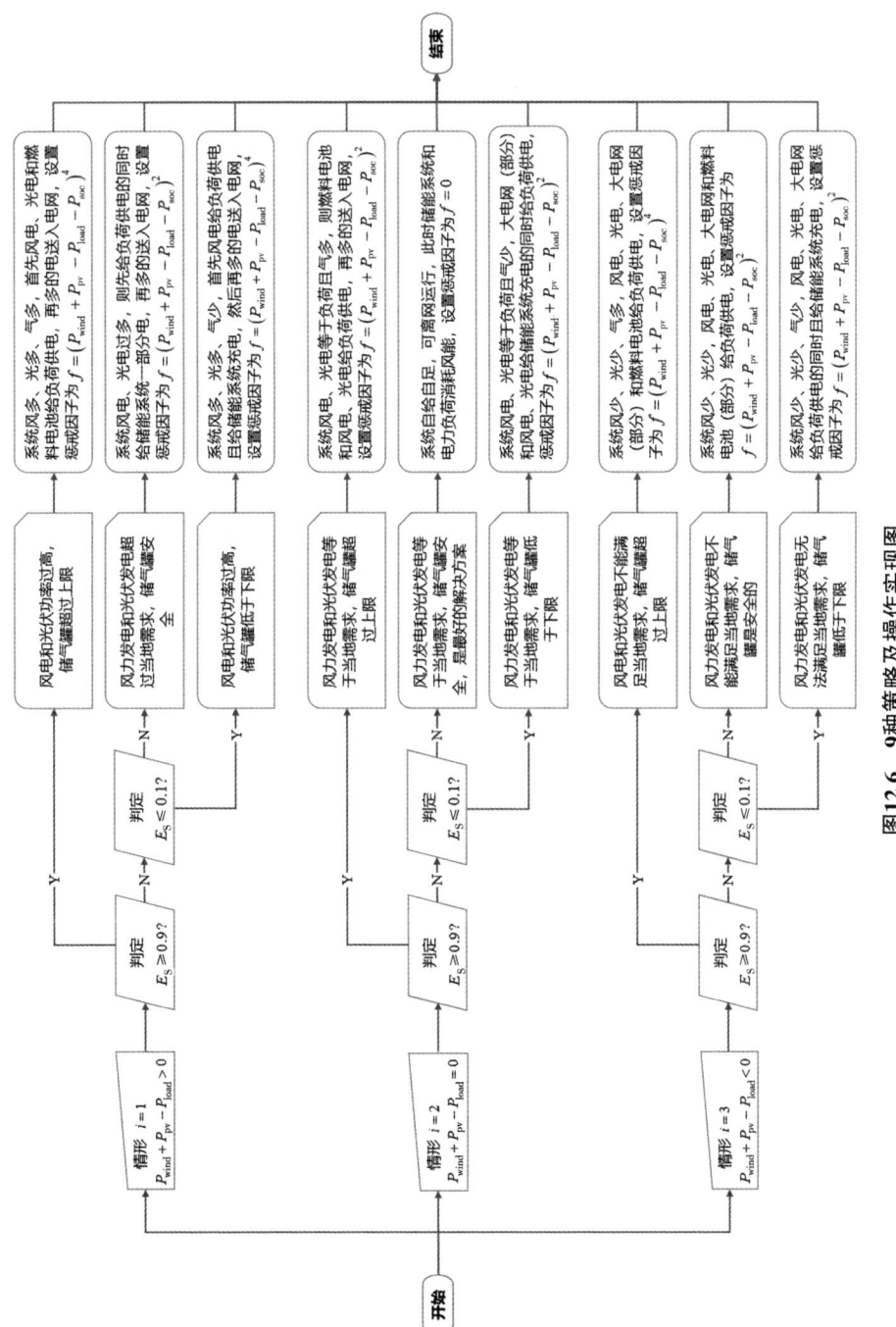

图12.6 9种策略及操作实现图

搭建好控制器模型,基于 9 种控制策略及操作思路编写好适应度函数,接下来采用 GA 对该控制器进行求解。GA 借助选择、交叉和变异等操作算子在解空间内进行搜索,遵循适应度函数的指引下去搜索最优解,具体情况如图 12.7 所示,求解步骤如下。

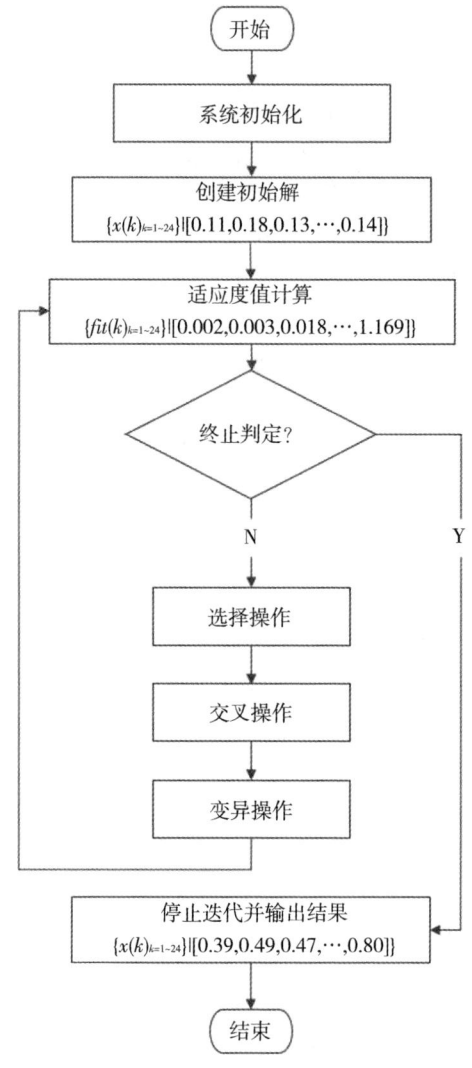

图 12.7 GA 优化流程图

①初始解的生成。在储气罐等效荷电状态所规定的安全范围 0.1~0.9 内,

通过随机化的方式生成初始解。例如，在 SSM 中，状态变量能够以如下形式进行呈现，具体为 $\{x(k)_{k=1\sim24}|[0.11,0.18,0.13,\cdots,0.14]\}$。

②适应度值的计算。当满足所有的既定约束条件时，借助适应函数，针对每一个候选解进行适应度核算操作，本章所涉及的适应函数由 SSM 函数以及一系列约束条件共同构成，一个 SSM 函数能够体现出变量 $x(k)$、$x(k-1)$ 和 $y(k)$ 三者之间存在的相关性特征。

③终止条件的判定。当候选解既满足结束条件又满足目标函数要求时，便终止循环过程，输出最优方案，否则运用交叉算子与变异算子来生成新的候选解集合，紧接着运用 GA 生成新群体，产生新解，直至找到满足终止条件的最优解为止。

12.4.4　反馈校正的实现

本章构建的多能流耦合系统中，不管是发电端的风力和光伏发电，还是用能端的本地负荷，都具有随动性，模型预测控制方法凭借将滚动优化和反馈校正的有机融合方式，在应对模型含有诸多不确定因素的优化问题时表现优异，能够解决此类难题，去修正由于这些不确定因素所带来的决策误差，因此，本章引入反馈校正环节很有必要。

在系统的实际运行过程中，控制器的输入量是基于 EMD-KPCA-LSTM 和 GVMD-tSSA-LSTM 的预测值，使得控制器的输出量(控制策略)与系统实际运行的最优运行方案存在一定偏差，且系统运行过程中小扰动的存在，最后使得控制器计算得出的控制策略不能很好地作用于实际系统。为了让控制器的输出更加接近实际系统最优运行策略，利用控制器的输出作用于实际系统，得到实际系统的一个真实反馈值，作为下一个时刻控制器的输入值，去修正控制器下一个时刻的输出值，以此循环，反复优化，形成闭环的控制优化系统，最终得到满足作用于实际系统要求的控制策略。其具体的操作办法为，对系统当下的实际状态值进行在线测量，并将其作为滚动优化的起点值，随后依据其作用于实际系统产出的实际输出值，不间断地对控制器的预测输出值开展滚动优化，进而构建闭环控制系统，以此促使预测输出值能够更为精准地反映真实系统情况。具体如式(12.28)所列：

$$\begin{cases} x_{\text{wind}}(k+1) = x_{\text{real}}^{\text{wind}}(k+1) \\ x_{\text{pv}}(k+1) = x_{\text{real}}^{\text{pv}}(k+1) \end{cases} \quad (12.28)$$

式中，$x_{\text{wind}}(k+1)$，$x_{\text{pv}}(k+1)$——$k+1$ 时刻风电和光伏功率初始值；

$x_{\text{real}}^{\text{wind}}(k+1)$，$x_{\text{real}}^{\text{pv}}(k+1)$——$k$ 时刻预测风电和光伏功率下通过实际量测系统采集到 $k+1$ 时刻风电和光伏功率值。

12.5 算例分析

12.5.1 EMD-KPCA-LSTM 算例分析

基于上文所搭建的组合预测模型，为了验证模型的可行性，需导入具体实测数据进行定量验证。本章拟采用新疆某地提供的 2019 年 1 月 1 日至 2019 年 3 月 31 日的实测数据进行研究分析，采样频率为 15 min，每天采样点 96 个。每组数据包含风机轮毂高度风速、风机轮毂处高度风向、温度、气压和湿度 5 个环境因素，以及风力发电数据，共计 8640 组数据。具体仿真实验参数如表 12.3 所列。

表 12.3 仿真实验参数

仿真参数名称	参数值
核参数	33
累计贡献率	95%
最大训练次数	100
学习率	0.01
输入层时间步数	1
输入层维数	9
隐藏层层数	1
隐藏层单元数	200
输出层变量维数	1
训练轮次	100
训练集数据	6048
测试集数据	2592

基于以上设置的参数，把研究样本导入相关设计程序，经 EMD 分解原始环境因素后得到 33 个 IMF 分量和 5 个剩余分量，共计 38 维的特征分量作为 KP-CA 的输入，经 KPCA 降维后得到 9 维输入分量，并以此作为预测模型的输入。为了更好展示本预测模型的预测效果，仅选取了一部分数据进行展示，即获得的预测风电功率曲线和实际风电功率曲线如图 12.8 所示。相对应的预测误差曲线如图 12.9 所示。

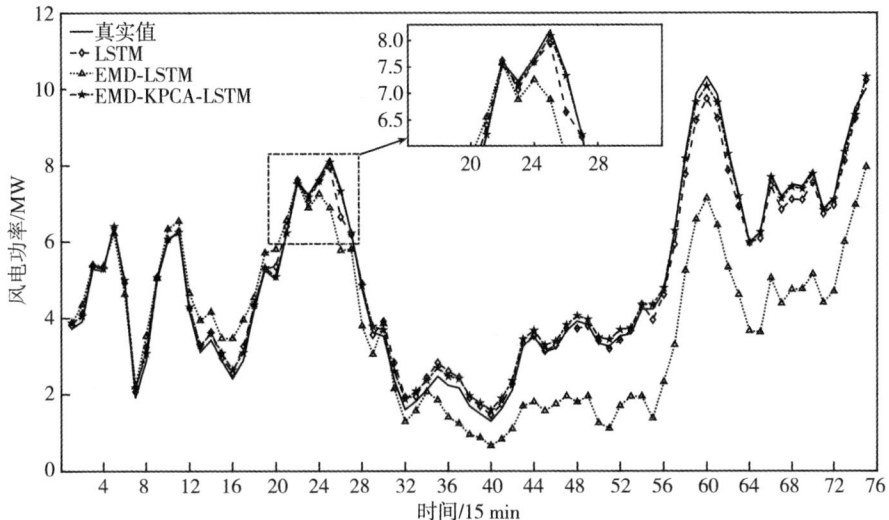

图 12.8 风电功率预测输出对比曲线图

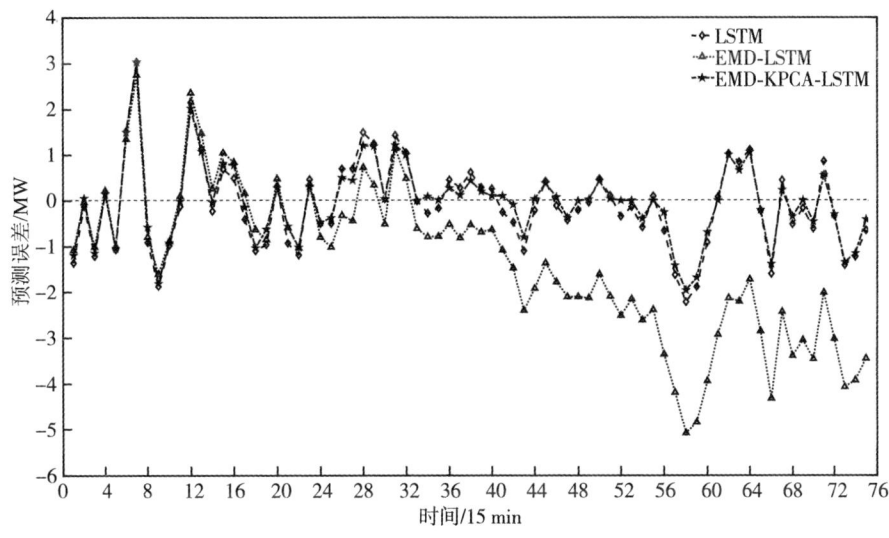

图 12.9 风电电功率预测误差对比曲线图

通过图 12.8 和图 12.9 可以大致得出 EMD-KPCA-LSTM 模型预测效果最好，LSTM 模型次之，EMD-LSTM 模型预测效果最差，但为了更好区别各预测模型的预测精度，本章采用均方根误差(RMSE)、平均绝对误差(MAE)和拟合优度(R^2)对预测值进行评价分析。具体评价方式如式(12.29)至式(12.31)所列。

$$\text{RMSE} = \sqrt{\frac{1}{n} \cdot \sum_{k=1}^{n}(O(k) - T(k))^2} \qquad (12.29)$$

$$\text{MAE} = \frac{1}{n} \sum_{k=1}^{n} |O(k) - T(k)| \qquad (12.30)$$

$$R^2 = 1 - \frac{\sum_{k=1}^{n}(O(k) - T(k))^2}{\sum_{k=1}^{n}(O(k) - \overline{O}(k))^2} \qquad (12.31)$$

式中，k——时间节点；

n——测试样本集数量；

$T(k)$——风电输出功率的预测值；

$O(k)$——风电输出功率的真实值；

$\overline{O}(k)$——风电输出功率的平均值。

代入式(12.29)至式(12.31)，预测出的具体预测性能如表 12.4 所列。

表 12.4　各预测模型效果对比表

对比模型	MAE/MW	RMSE/MW	R^2/%
LSTM	0.20	0.24	98.85
EMD-LSTM	1.32	1.67	69.56
EMD-KPCA-LSTM	0.16	0.21	99.23

由上述图表分析可得，EMD-LSTM 模型预测效果最差，MAE、RMSE、R^2 分别为 1.32 MW、1.67 MW、69.56%。原因是通过 EMD 算法的分解，使得输入特征序列增多，模型出现了过拟合的现象，而 EMD-KPCA-LSTM 模型的预测效果最佳，仅 R^2 就比 LSTM 模型提高了 29.67%，证明 KPCA 降维处理的必要性。

12.5.2　GVMD-tSSA-LSTM 算例分析

与 12.5.1 节类似，本节拟采用新疆某地提供的 2019 年 1 月 1 日至 3 月 31 日的实测数据进行研究分析，采样频率为 15 min，每天采样点 96 个，但由于可能数据在信号传输过程中出现故障，出现了一些"坏"数据，如环境因素中出现为 0 的数据，需要剔除，再因为光伏发电主要以白天为主，因此本节的重点研究时段放在 07：30—19：00，采样频率为 15 min，每天采样点 47 个。每组数据包含辐射度、气温、气压、湿度和组件温度 5 个环境因素，以及光伏发电数据，共计 4230 组时间断面数据。具体仿真实验参数如表 12.5 所列。

表 12.5　仿真实验参数

仿真参数名称	参数值
灰狼个数	10
维度	2
迭代次数	9
采样频率	1000 Hz
中心频率	1
收敛准测	10^{-7}
直流分量	0
噪声因子	0
模态数	4
惩罚参数	196
种群数量	30
预警值	0.6
发现者比例	0.7
警戒者比例	0.2
输入层时间步数	1
输入层维数	11
隐藏层层数	1
输出层变量维数	1
训练轮次	10
训练集数据	2961
测试集数据	1269

基于以上设置的参数，把研究样本导入相关设计程序，经 tSSA 优化后确定，隐藏单元的最优数目为 293，最大训练周期的最优取值为 298，初始学习率

的最优取值为 0.0051；GWO 优化 VMD 的惩罚参数为 196，模态分解数为 4。为了更好展示本预测模型的预测效果，仅选取了一部分数据进行展示，即获得的预测光伏功率曲线和实际光伏功率曲线如图 12.10 所示。相对应的预测误差曲线如图 12.11 所示。

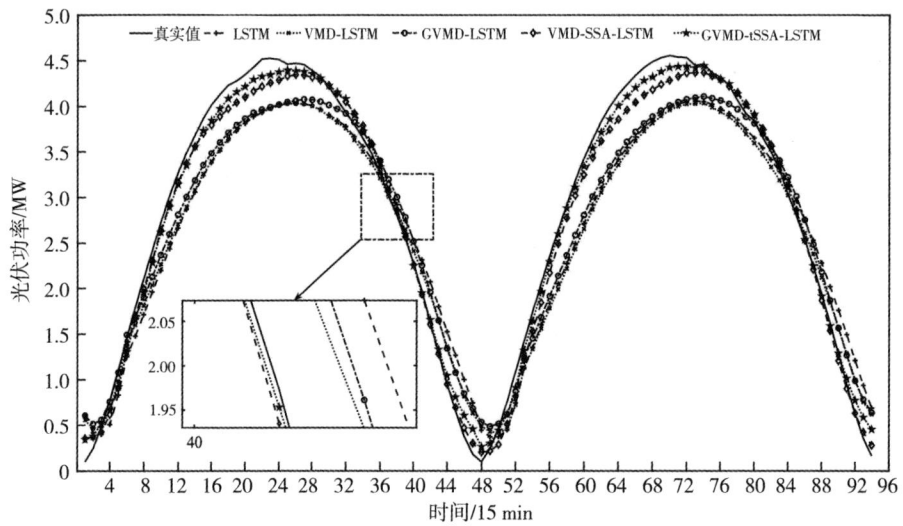

图 12.10 光伏功率预测输出对比曲线图

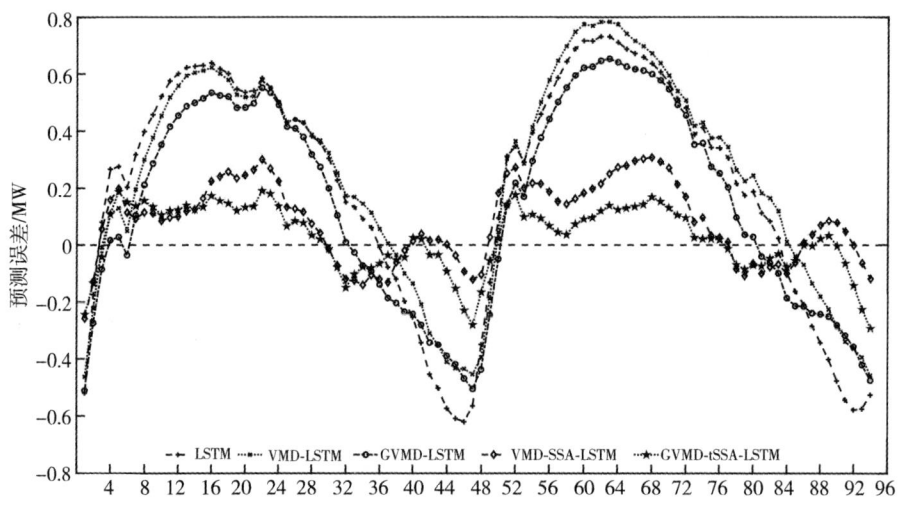

图 12.11 光伏电功率预测误差对比曲线图

第12章 基于模型预测控制的多能流耦合系统可再生能源消纳研究

通过图 12.10 和图 12.11 可以大致得出 GVMD-tSSA-LSTM 模型预测效果最好,VMD-SSA-LSTM 模型次之,VMD-LSTM 和 GVMD-LSTM 预测效果差别不大,LSTM 模型预测效果最差,但为了更好区别各预测模型的预测精度,接下来继续采用均方根误差(RMSE)、平均绝对误差(MAE)和平均相对百分误差(MAPE)[234]对预测值进行评价分析。预测出的具体预测性能如表 12.6 所列。

表 12.6 各预测模型效果对比表

对比模型	MAE/MW	RMSE/MW	MAPE/%
LSTM	0.42	0.49	13.78
VMD-LSTM	0.38	0.44	11.79
GVMD-LSTM	0.32	0.37	9.84
VMD-SSA-LSTM	0.11	0.14	3.54
GVMD-tSSA-LSTM	0.07	0.09	2.12

根据上述图表综合三个评价指标可由知道,GVMD-tSSA-LSTM 模型的 MAE、RMSE、MAPE 分别仅有 0.07 MW、0.09 MW、2.12%,仅 MAPE 就比 LSTM 模型提高了 11.66%,预测效果最好。

12.5.3 MPC 策略算例分析

(1)算例描述

基于前文 EMD-KPCA-LSTM 模型预测出的风电功率和 GVMD-tSSA-LSTM 模型预测出的光伏功率,本章采用新疆某地区四季典型日(4 天)的实测数据为研究对象(风电、光伏和负荷是同一个地方),对本章提出的多能流耦合系统控制方法的可行性和有效性给以验证。具体方式为借助预测模型预测得到的风电、光电以及实际的当地负荷数据,如图 12.12 所示。

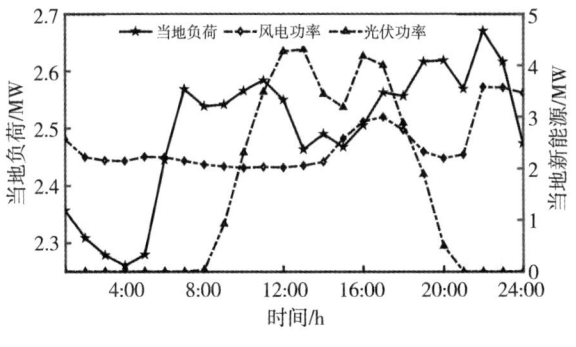

(a)春季典型日

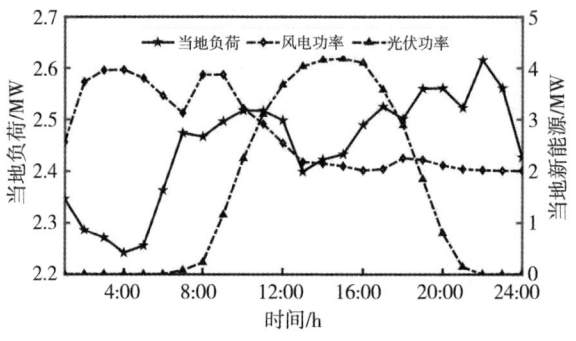

(b)夏季典型日

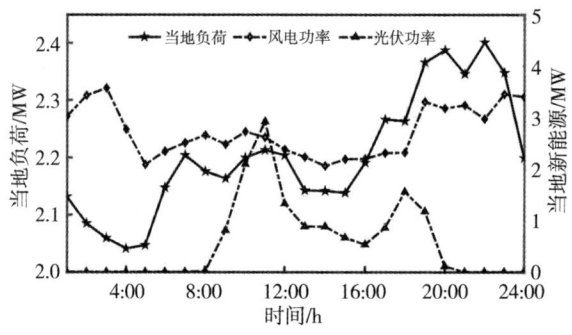

(c)秋季典型日

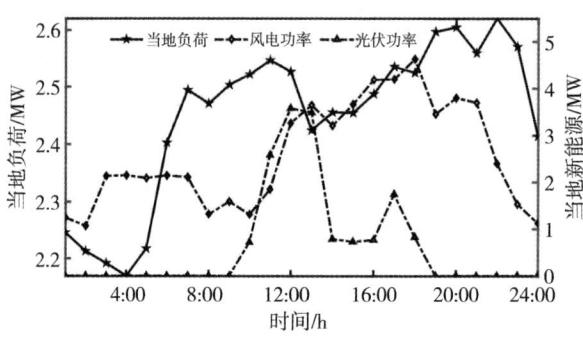

(d)冬季典型日

图 12.12　四季典型日数据图

由图 12.12 可得,在时间跨度 24 h 内,四季典型日的风电功率和本地负荷都在波动,而光伏功率主要集中在 8:00—20:00,其余时候几乎为 0,功率的缺额由风电功率补充,这也在定性的可得风电与光伏功率具有互补性。图 12.12(a)中,本地负荷在 4:00 到达用电低谷,用电高峰主要集中在 7:00—

12:00和19:00—23:00时段,负荷波动跨度是0.42 MW;风电功率24 h内在2.20~3.60 MW内波动,波动跨度是1.40 MW;光伏功率波动跨度很大,最大达到4.40 MW,最小到0,波动跨度达4.40 MW。图12.12(b)中,本地负荷与春季典型日类似,也在4:00到达用电低谷,用电高峰主要集中在7:00—12:00和19:00—23:00时段,负荷波动跨度是0.36 MW;风电功率24 h内在2.00~4.00 MW内波动,波动跨度是2.00 MW;光伏功率波动跨度依然很大,最大达到4.10 MW,最小到0,波动跨度达4.10 MW。图12.12(c)中,本地负荷依旧在4:00到达用电低谷,用电高峰主要集中在7:00—12:00和19:00—23:00时段,但前一个时段用电量明显较春夏典型日降低,后一个时段也降低了一些,负荷波动跨度是0.34 MW;风电功率24 h内波动不大,较为平稳,波动跨度是1.30 MW;光伏功率波动跨度较前两个季节典型日降低很多,最大仅达到2.80 MW,最小到0,波动跨度达2.80 MW。图12.12(d)中,本地负荷与春夏两季典型日类似,负荷波动跨度是0.44 MW;风电功率24 h内波动很大,波动跨度是3.70 MW;光伏功率波动跨度较前两个季节典型日有所降低,最大仅达到3.60 MW,最小到0,波动跨度达3.60 MW。

从发电时长来看,四季典型日风电24 h发电,而光伏发电仅集中在白天,仅发电12 h;从发电量稳定性来看,四季典型日风电发电量稳定,而光伏发电在春夏两季发电量稳定,秋冬两季由日照强度较低,发电量小,且可能受天气多变的影响,发电不稳定。

综上可得,风电、光伏的发电量与当地用户的需求量明显存在不匹配现象,随时存在供不应求或者供大于求的问题,从而导致满足不了当地用户用能需求的同时还导致新型能源风能、太阳能浪费的现象。因此,本章为解决这些问题,充分考虑风-光的互补性前提下,引入电解槽+燃料电池组成的氢储能系统去平衡供需之间的差异,引入模型预测控制方法去实现用户需求得到满足的同时,实现当地新型能源风能、太阳能当地消纳最高,也平抑了具有随动性的风电、光伏功率并网波动的问题。

(2)结果分析

为充分的证明本章所构建的系统和所提出的MPC优化方法具有切实的可行性与显著的有效性,具体表现为最大程度地实现本地风电与光电本地消纳目标,实现平抑可再生能源并网功率波动的问题。接下来为了充分定量分析出结果,分层次地层层递进,采用"图形+表格"有机组合的方式进行。

①为了证实文中所提出的MPC优化方法具备优势,在风电、光电以及当地

负荷均相同的条件下,以未对氢储能系统进行优化的多能流耦合系统运行结果作为对照,具体控制效果如图 12.13 至图 12.16 所示。

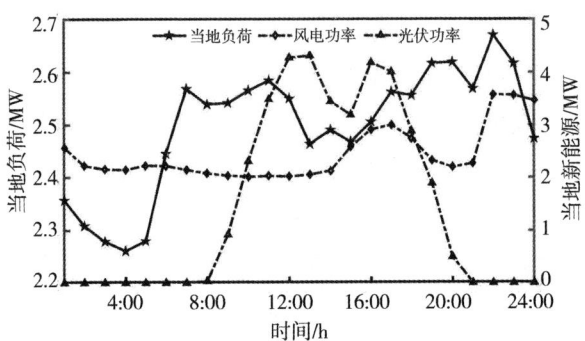

(a) 24 h 内当地需求和可再生能源

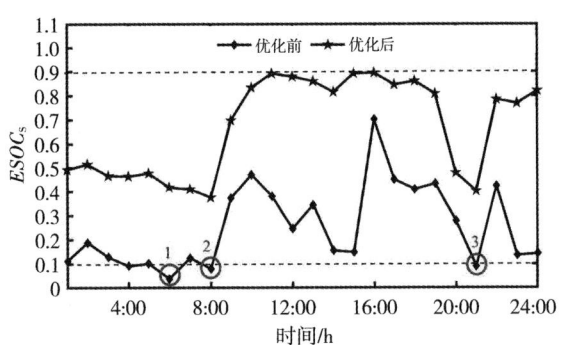

(b) MPC 优化前后 $ESOC_S$

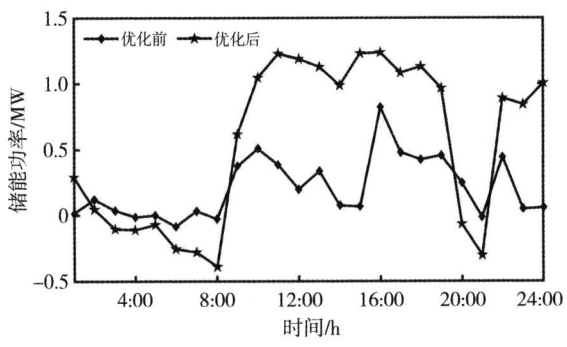

(c) MPC 优化前后氢储能系统功率

第12章 基于模型预测控制的多能流耦合系统可再生能源消纳研究

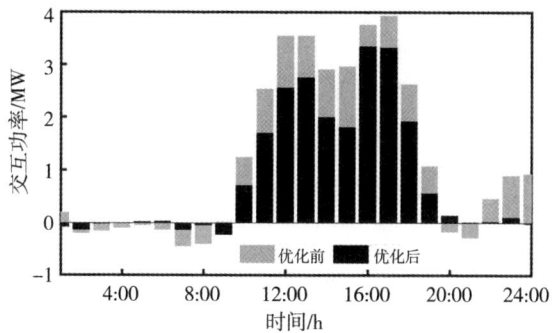

(d) MPC优化前后并入/来自大电网功率

图12.13 春季典型日优化结果对比图

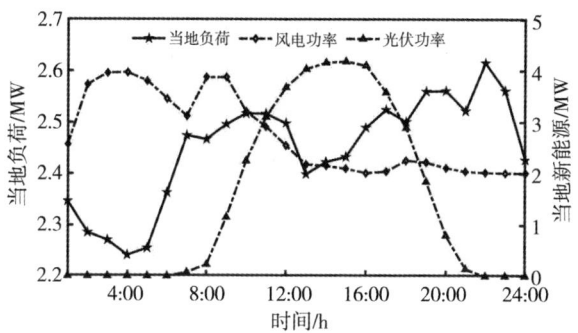

(a) 24 h内当地需求和可再生能源

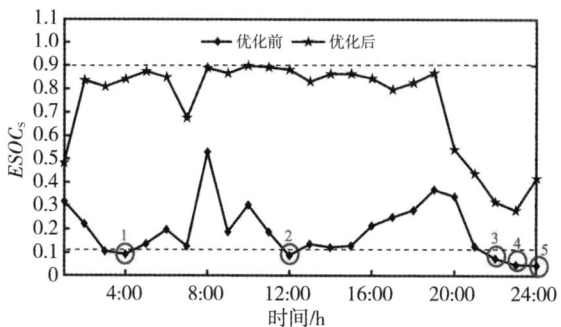

(b) MPC优化前后 $ESOC_S$

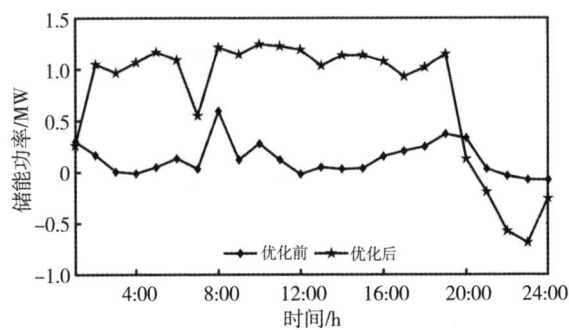

(c) MPC 优化前后氢储能系统功率

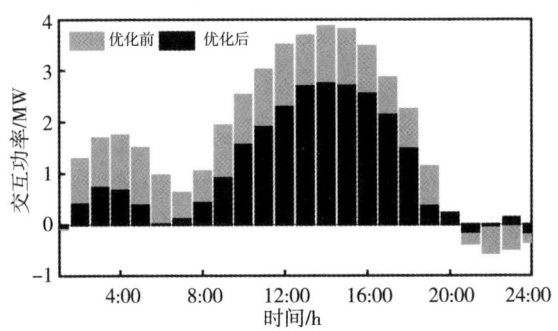

(d) MPC 优化前后并入/来自大电网功率

图 12.14　夏季典型日优化结果对比图

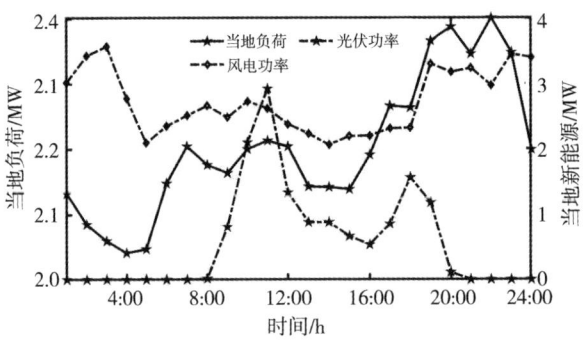

(a) 24 h 内当地需求和可再生能源

> 第12章 基于模型预测控制的多能流耦合系统可再生能源消纳研究

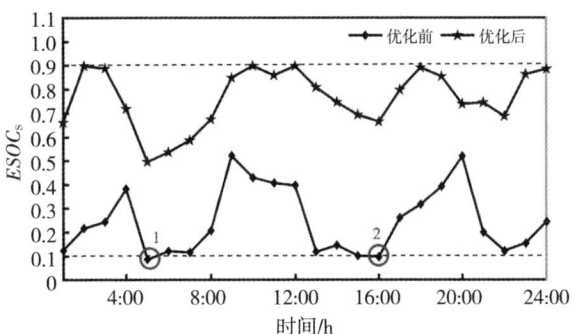

(b) MPC 优化前后 $ESOC_S$

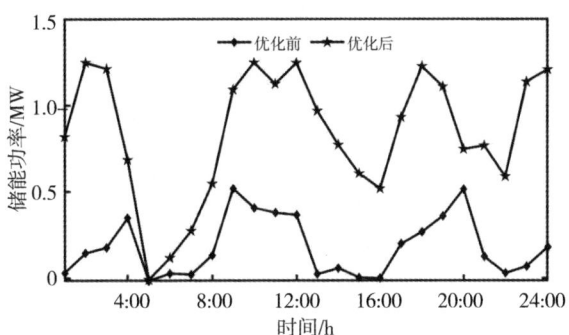

(c) MPC 优化前后氢储能系统功率

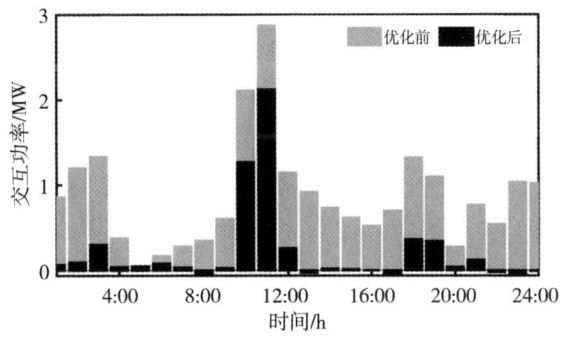

(d) MPC 优化前后并入(来自)大电网功率

图 12.15 秋季典型日优化结果对比图

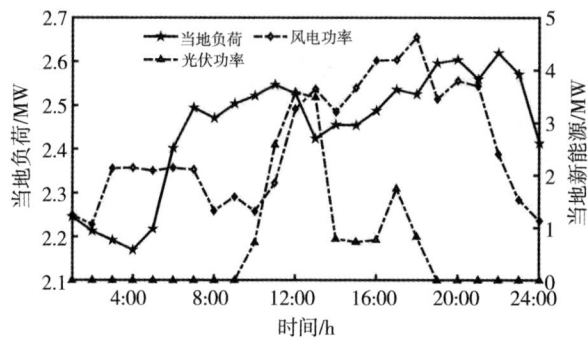

(a) 24 h 内当地需求和可再生能源

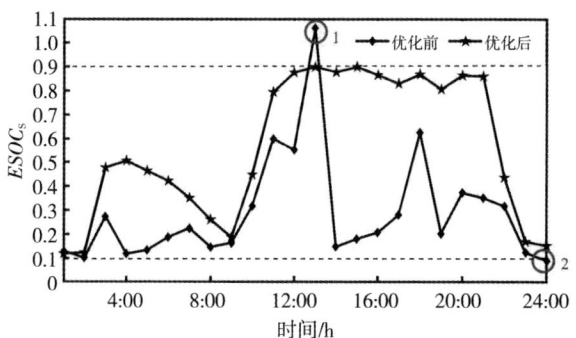

(b) MPC 优化前后 $ESOC_S$

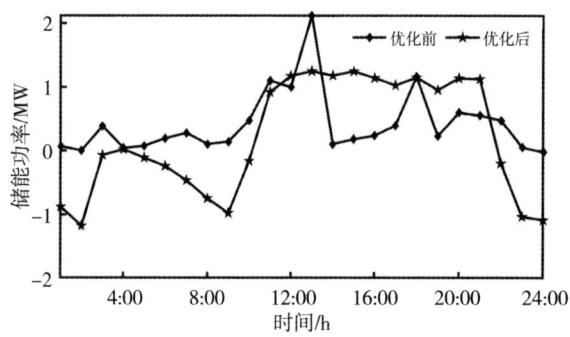

(c) MPC 优化前后氢储能系统功率

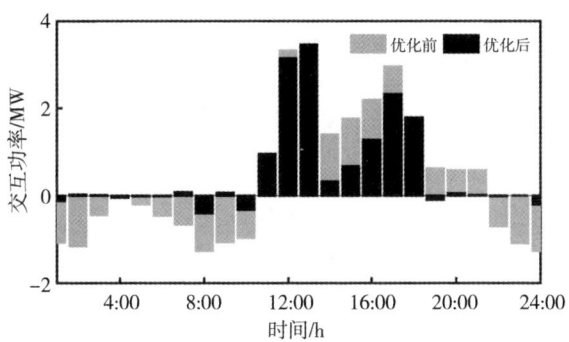

(d) MPC 优化前后并入/来自大电网功率

图 12.16　冬季典型日优化结果对比图

从图 12.13 可得，春季典型日 24 h 内本地需求和本地可再生能源都在波动，风电和光伏功率比较大，则盈余功率较多，除了氢储能系统缓存了一部分外，其余的部分并入了大电网。图 12.13(a)中，本地负荷用电高峰主要集中在 7：00—12：00 和 19：00—23：00 时段，而光伏功率主要集中在 8：00—20：00，其余时候由风电功率来补充缺额。图 12.13(b)中，经 MPC 优化前后，$ESOC_S$ 的变化很明显，MPC 优化前，$ESOC_S$ 波动跨度很大，为 0.68，且氢储能系统中的储气罐出现了 3 次危险状态($ESOC_S<0.1$)，而经 MPC 优化以后，$ESOC_S$ 在 0.40~0.89 之间变化，跨度为 0.48，且未出现超限的危险情况，实现了氢储能系统"浅充浅放"的好状态。图 12.13(c)中可以知道储能系统中功率的变化情况，经 MPC 优化以后，氢储能系统可以缓存的风电、光伏功率更多，表明经 MPC 优化后氢储能系统的储能深度明显增强。图 12.13(d)中，系统并入大电网功率主要集中在白天光伏发电过多的时候，向大电网申请补电功率主要在凌晨和晚上，因为此时几乎无太阳能发电，依靠风电去补充本地用电需求，经 MPC 优化以后，所构建的本地系统与大电网的交互功率(并入大电网功率+向大电网申请补电的功率)减少。

从图 12.14 可得，夏季典型日特征与春季典型日最大的区别在于凌晨风电很大，产生的盈余功率较多，因此 MPC 优化后使得 $ESOC_S$ 的状态大多时候在 0.8~0.9 之间变化，氢储能系统充电较多，最后考虑到氢储能系统安全问题，盈余的功率不得不并入大电网进行消纳，即导致凌晨 2：00—6：00 间并入电网功率较多。而未经 MPC 优化以前，$ESOC_S$ 变化较小，在 0.2 左右波动，还出现了5次超限的危险情况,氢储能系统缓存功率能力较小[由图12.14(c)可知],交互功率较大[由图12.14(d)可知]。

从图12.15(a)可知,秋季典型日虽然白天光伏功率较小,但是整体的风电功率都较大,都在2.5 MW以上,使得该系统中本地负荷消纳不尽,存在较多的盈余功率。结合图12.15(b)和图12.15(c)可知,优化前出现了2次超限的危险情况,经MPC优化以后,$ESOC_S$在保证不超限的前提下,氢储能系统储能功率变大,表明经MPC优化后氢储能系统的储能深度明显增强。从图12.15(d)可知,由于整天盈余功率较大,几乎整天本地系统都向大电网输送消纳不了的功率,但是经MPC优化后,并入大电网的功率明显减少。

从图12.16(a)可知,冬季典型日一天的本地需求除了凌晨1:00—5:00小于2.4 MW,其余时候大都在2.5 MW以上,风电集中在12:00—21:00,其余时候都是低于3 MW,而光伏功率整天较小,最大也才2.5 MW,相比于秋季典型日,冬季典型日系统的盈余功率较少。结合图12.16(b)和图12.16(c)可知,经MPC优化前,$ESOC_S$波动跨度为1,且在13:00出现了第1次超上限的极危险情况,24:00出现了第2次超限的极危险情况,而经MPC优化后,氢储能系统在保证不超限的前提下,氢储能系统储能功率变大,且实现了"浅充浅放"理想状态。从图12.16(d)中可知,由于整天盈余功率较小,几乎整天大多时候本地系统满足不了本地负荷需求的情况,因此相比于前三个季节典型日,冬季典型日向大电网申请补电较多,但是经MPC优化后,向大电网申请补充的功率明显减少。

总的来说,MPC优化后氢储能系统储能深度明显增强,当地用电系统与大电网交互量减少了,即MPC优化后使得本地风电、光伏功率在本地消纳最高。

上述图文分析能够笼统地得出经MPC优化后能够实现本地光电在本地消纳最高的目标,但针对四季典型日中每个典型日具体弃风量、弃光量以及消纳量,上述图文中没有具体体现,因此,接下来将通过数据表格的形式呈现该系统中经MPC优化前后的各种功率流关系,四季典型日的实验数据分析如表12.7所列。表12.7中B表示MPC优化前,A表示MPC优化后;储能"+"为充电(电解水制氢),储能"-"为放电(燃料电池放电);交互功率"+"为并电入大电网功率,"-"为来自大电网功率。

▶ 第12章 基于模型预测控制的多能流耦合系统可再生能源消纳研究

表12.7 四季典型日的实验数据分析表

季节类型	优化方式	负荷/MW	风电/MW	光伏/MW	储能系统/MW	电解水制氢功率/MW	燃料电池释放功率/MW	交互量/MW	并入电网功率/MW	来自电网功率/MW	减少的交互量/MW	局部消纳率/%	减少的弃风弃光量/MW	提升可再生能源消纳率/%
春季典型日	B	59.89	58.71	35.44	5.25	5.12	0.13	32.64	30.67	1.97	10.95	33.55	9.65	10.25
	A				16.45	14.88	1.57	21.69	21.02	0.67		50.48		
夏季典型日	B	58.75	66.19	36.25	3.50	3.29	0.21	42.74	40.89	1.85	17.98	42.05	16.51	16.12
	A				21.54	19.83	1.71	24.76	24.38	0.38		72.62		
秋季典型日	B	52.87	65.41	13.85	4.36	4.34	0.02	20.89	20.89	0	15.44	73.91	15.62	19.71
	A				20.15	20.14	0.01	5.45	5.27	0.18		100		
冬季典型日	B	58.75	61.84	15.24	10.01	9.99	0.02	28.91	18.56	10.35	13.45	46.52	4.34	5.63
	A				19.50	12.34	7.16	15.46	14.22	1.24		87.00		
合计	B	230.26	252.15	100.78	23.12	22.74	0.38	125.18	111.01	14.17	57.82	46.19	47.72	13.52
	A				77.64	67.19	10.45	67.36	64.89	2.47		85.84		

从表 12.7 中可得，四季典型日（四天）总的本地负荷为 230.26 MW，总的风电功率为 252.15 MW，总的光伏功率为 100.78 MW，经 MPC 优化后，本地可再生能源（风能、太阳能）局部消纳率为 85.84%，四季典型日中本地系统风电、光伏功率消纳率依次为 10.25%、16.12%、19.71%、5.63%，降低本地系统与大电网交互量为 57.82 MW，减少的弃风、弃光的量为 47.72 MW，提升可再生能源消纳率为 13.52%，与文献［196］相比较，全年可再生能源消纳率提升了 3.24%。

综合上述图表可以表明，本章所提出的模型预测控制消纳方法能够有效地减少弃风弃光，能够提高本地新型能源在本地消纳。

②为了验证本章所构建的多能流耦合系统的可行性与优越性，接下来分别设置了 6 种方案进行分析，具体方案如下。

方案 1：风电的发电模式。

方案 2：风电-氢储能的发电模式。

方案 3：光伏的发电模式。

方案 4：光伏-氢储能的发电模式。

方案 5：风电-光伏的发电模式。

方案 6：风电-光伏-氢储能的发电模式。

在本地负荷相同，优化方法相同的前提下，进行系统中各能流之间关系分析，为了更直观地分析验证清楚本章构建的多能流耦合系统的优越性，仅选取系统与大电网的交互功率进行展示。具体控制效果如图 12.17 至图 12.20 所示。

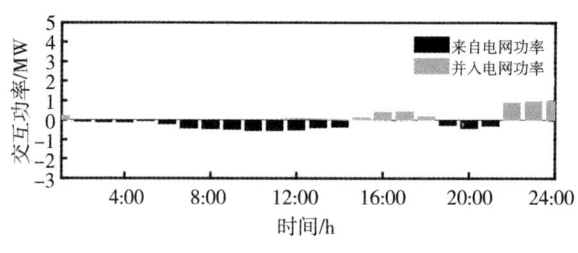

(a) 方案 1

第 12 章　基于模型预测控制的多能流耦合系统可再生能源消纳研究

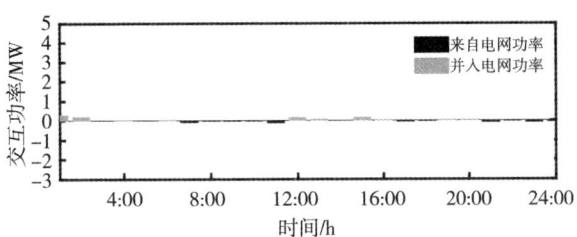

(b)方案 2

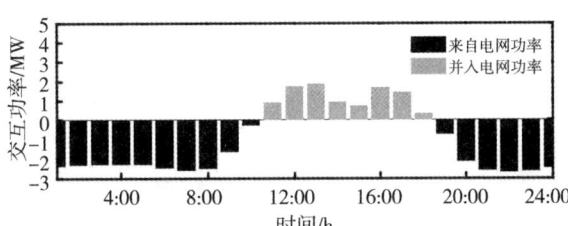

(c)方案 3

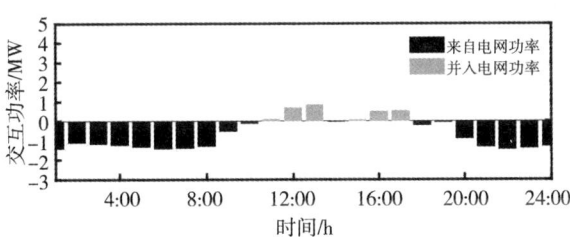

(d)方案 4

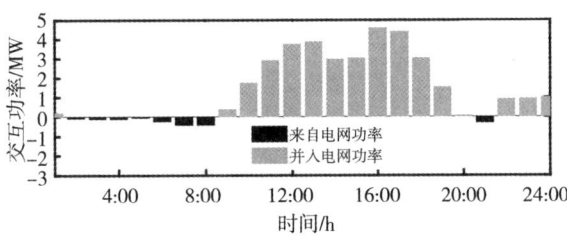

(e)方案 5

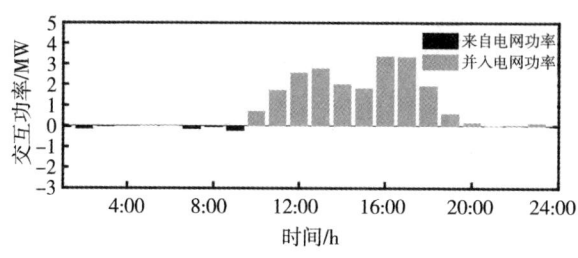

(f) 方案 6

图 12.17　春季典型日交互功率变化对比图

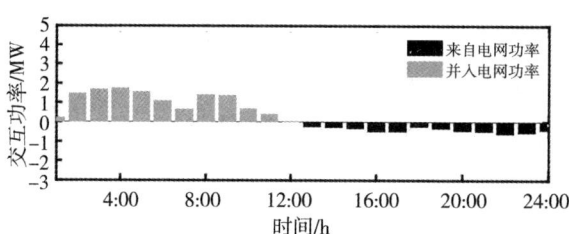

(a) 方案 1

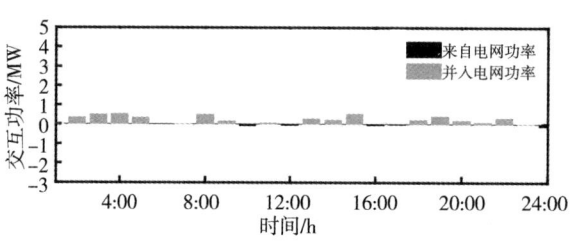

(b) 方案 2

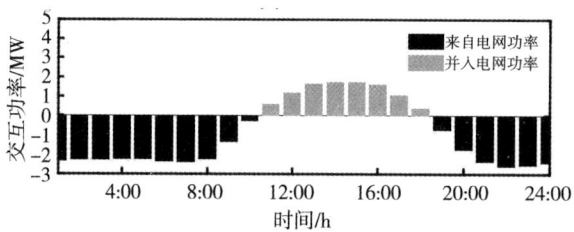

(c) 方案 3

第12章 基于模型预测控制的多能流耦合系统可再生能源消纳研究

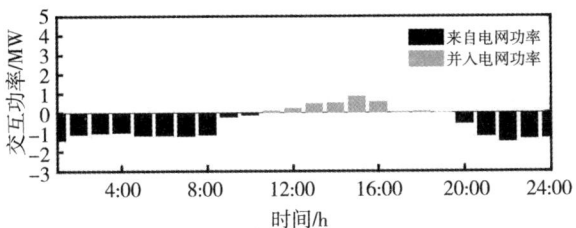

(d) 方案4

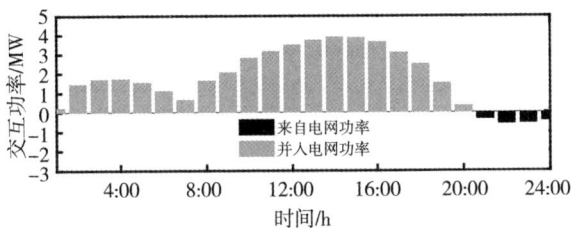

(e) 方案5

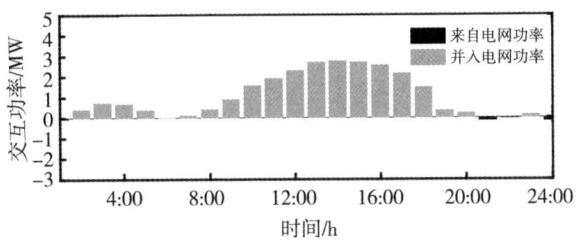

(f) 方案6

图 12.18 夏季典型日交互功率变化对比图

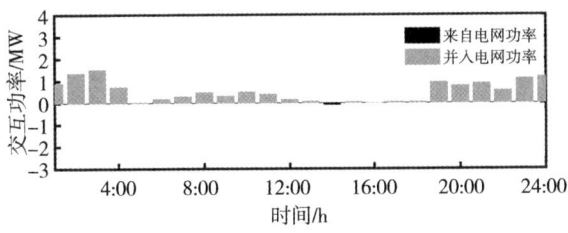

(a) 方案1

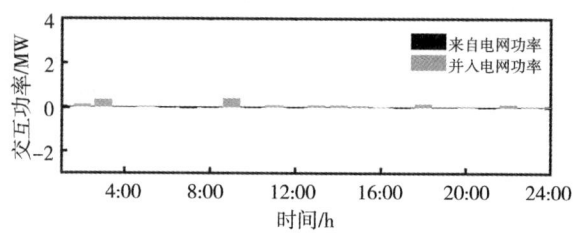

(b)方案2

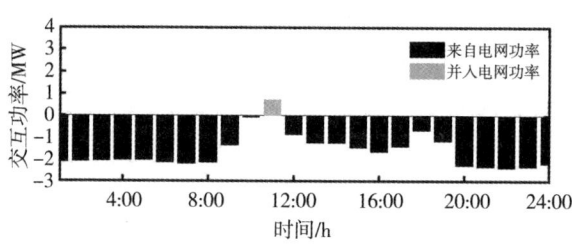

(c)方案3

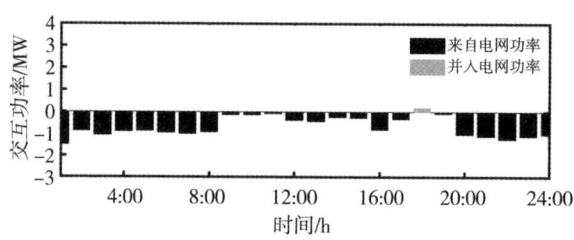

(d)方案4

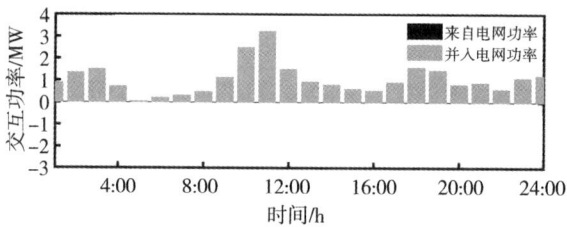

(e)方案5

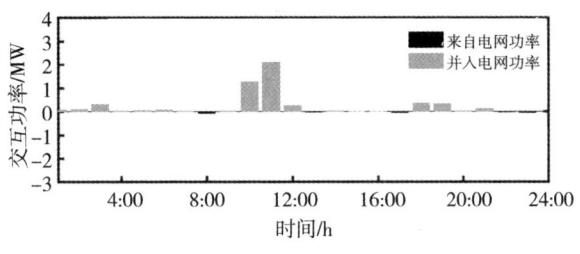

(f)方案6

图12.19　秋季典型日交互功率变化对比图

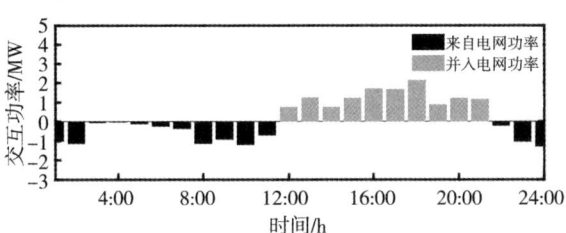

(a)方案1

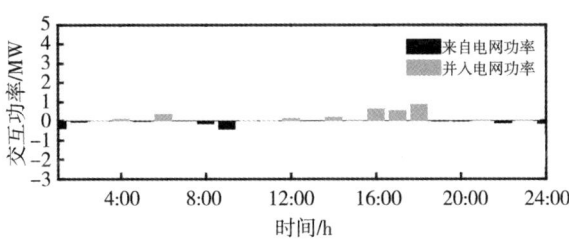

(b)方案2

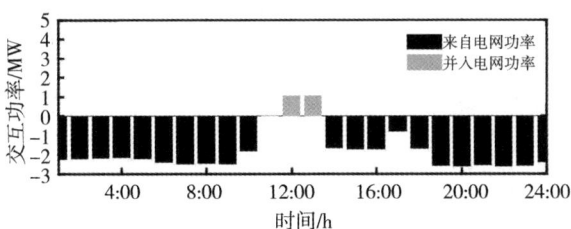

(c)方案3

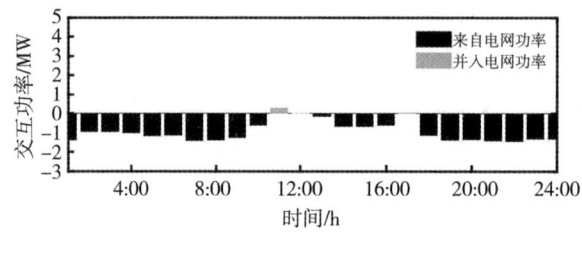

(d)方案 4

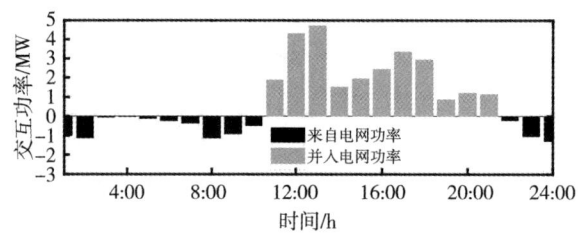

(e)方案 5

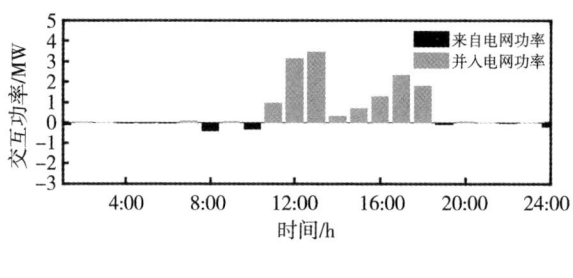

(f)方案 6

图 12.20　冬季典型日交互功率变化对比图

在图 12.17 中,横向对比分析风电发电系统(方案 1)与风电-氢储发电系统(方案 2)、光伏发电系统(方案 3)与光伏-氢储发电系统(方案 4)、风电-光伏互补发电系统(方案 5)与风电-光伏-氢储互补发电系统(方案 6)可知,所构建的系统结构中增加氢储能系统的发电系统与大电网交互更少[如图 12.17(c)中交互功率变化范围为-2.80~2.20 MW,而图 12.17(d)中的交互功率变化范围仅为-1.4~0.6 MW],在满足本地负荷运行需求的前提下,更能促进本地可再生能源在本地消纳最高的目标;纵向对比图 12.17(a)(c)(e)与图 12.17(b)(d)(f)可知,方案 6 中系统向大电网借电最少,借电时长为 8 h,且最大借电量不超过 0.3 MW,消纳可再生能源量最大。因此,春季典型日中,风电-光伏-

氢储互补发电系统(方案6)具有优越性。

在图12.18中，与春季典型日类似，横向对比分析图12.18(a)(b)、图12.18(c)(d)和图12.18(e)(f)可知，所构建的系统结构中增加氢储能系统的发电系统与大电网交互更少[如图(c)中交互功率变化范围为-2.80~1.50 MW，而图12.18(d)中的交互功率变化范围仅为-1.4~0.5 MW]，在满足本地负荷运行需求的前提下，更能促进本地可再生能源在本地消纳最高的目标；纵向对比图12.18(a)(c)(e)、图12.18(b)(d)(f)可知，方案6中系统向大电网借电最少，借电时长为3 h，且最大借电量不超过0.2 MW，消纳可再生能源量最大。因此，夏季典型日中，风电-光伏-氢储互补发电系统(方案6)具有优越性。

结合图12.19和图12.20分析可知，不管是风大、风小，还是光伏多、光伏少，这6个方案对比图都直观地表明若系统结构中增加氢储能系统，则发电系统与大电网交互更少，若电源侧是风电-光伏互补发电，则本地系统向大电网申请补电量最少，综合分析之下，不管是秋季典型日中还是冬季典型日中，仿真结果都表明风电-光伏-氢储互补发电系统(方案6)具有优越性。

由此可见，本章在充分考虑风-光互补性和电解槽特性的基础上，所构建的风电-光伏与氢储的多能流耦合系统在增大本地可再生能源在本地消纳方面具有可行性与优越性。

上述图文能够定性表明本章所构建的多能流耦合系统具有可行性和优越性，但从表12.8中可得出定量的优越程度。

表12.8 多能流耦合系统优越性分析表

季节类型	方案类型	负荷/MW	风电/MW	光伏/MW	氢储能系统/MW	交互量/MW	并入量/MW	补电量/MW	可再生能源消纳量/MW	提升的消纳量/MW	提升的消纳率/%
春季典型日	方案1	59.89	58.71	0	0	9.58	4.20	5.38	54.51	47.29	64.67
	方案2	59.89	58.71	0	9.72	1.65	0.98	0.67	57.73		
	方案3	59.89	0	35.44	0	43.65	9.60	34.05	25.84		
	方案4	59.89	0	35.44	23.86	20.25	2.70	17.55	32.74		
	方案5	59.89	58.71	35.44	0	37.17	35.42	1.75	58.73		
	方案6	59.89	58.71	35.44	16.45	21.69	21.02	0.67	73.13		

表12.8(续)

季节类型	方案类型	负荷/MW	风电/MW	光伏/MW	氢储能系统/MW	交互量/MW	并入量/MW	补电量/MW	可再生能源消纳量/MW	提升的消纳量/MW	提升的消纳率/%
夏季典型日	方案1	58.75	66.19	0	0	17.19	12.32	4.87	53.87	51.78	66.33
	方案2	58.75	66.19	0	16.99	5.00	4.67	0.33	61.52		
	方案3	58.75	0	36.25	0	42.44	9.97	32.47	26.28		
	方案4	58.75	0	36.25	24.20	18.25	2.78	15.47	33.47		
	方案5	58.75	66.19	36.25	0	45.94	44.03	1.91	58.41		
	方案6	58.75	66.19	36.25	21.54	24.76	24.38	0.38	78.06		
秋季典型日	方案1	52.87	65.41	0	0	12.71	12.63	0.08	52.78	60.86	82.24
	方案2	52.87	65.41	0	12.07	1.79	1.46	0.33	61.52		
	方案3	52.87	0	13.85	0	40.44	0.71	39.73	13.14		
	方案4	52.87	0	13.85	24.52	16.50	0.19	16.31	13.66		
	方案5	52.87	65.41	13.85	0	25.21	25.21	0	54.05		
	方案6	52.87	65.41	13.85	20.15	5.45	5.26	0.19	74.00		
冬季典型日	方案1	58.75	61.84	0	0	22.07	12.58	9.49	49.26	49.77	79.18
	方案2	58.75	61.84	0	18.86	4.26	2.84	1.42	59.00		
	方案3	58.75	0	15.24	0	47.82	2.15	45.67	13.09		
	方案4	58.75	0	15.24	25.58	23.14	0.33	22.81	14.91		
	方案5	58.75	61.84	15.24	0	34.33	26.25	8.08	50.83		
	方案6	58.75	61.84	15.24	19.50	15.46	14.22	1.24	62.86		
合计	方案1	230.26	252.15	0	0	61.55	41.73	19.82	210.42	209.70	72.80
	方案2	230.26	252.15	0	57.64	12.70	9.95	2.75	242.20		
	方案3	230.26	0	100.78	0	174.35	22.43	151.92	78.35		
	方案4	230.26	0	100.78	98.16	78.14	6	72.14	94.78		
	方案5	230.26	252.15	100.78	0	142.65	130.91	11.74	222.02		
	方案6	230.26	252.15	100.78	77.64	67.36	64.88	2.48	288.05		

从表12.8中可得,四季典型日(四天)中每一个季节典型日都是方案6下本地系统消纳的可再生能源量最多,依次分别是73.13 MW、78.06 MW、74.00 MW

和62.86 MW，而方案3下本地系统消纳可再生能源的量最少，依次分别为25.84 MW、26.28 MW、13.14 MW和13.09 MW，则本章所构建的系统四季典型日可分别提升可再生能源的消纳量为47.29 MW（73.13−25.84＝47.29 MW）、51.78 MW、60.86 MW和49.77 MW，四季典型日总的可提升可再生能源在本地消纳的消纳量为209.70 MW，提升率为72.80%。且文献[54]与方案2结构方法相同，本章所提结构方法（方案6）比文献[237]还要提升可再生能源的消纳率为15.92%。

综合上述图表可以表明，本章所构建的多能流耦合系统能够有效地提高本地可再生能源在本地消纳，从而减少弃风弃光，该系统具有较好的可行性与优越性。

③为了验证本章所构建的多能流耦合系统和所提出的MPC优化方法在平抑并网功率波动方面的可行性与优越性，接下来分别设置了4种方案进行分析，具体方案如下。

方案1：风电-光伏互补的发电模式，未结合MPC优化方法。

方案2：光伏的发电模式，未结合MPC优化方法。

方案3：光伏-氢储能的发电模式，结合MPC优化方法。

方案4：风电-光伏-氢储能互补的发电模式，结合MPC优化方法。

在本地负荷相同，优化方法不同的前提下，进行系统中各能流之间关系分析，要研究系统中的并网功率波动实则是研究系统与大电网的交互功率，但为了更直观地看出并网功率波动的波动量的大小，对交互功率进行处理，把各种方案下得出的交互功率都平移到横坐标以上，便于观察。并网功率波动的波动量＝交互功率的最大值−交互功率的最小值。具体控制效果如图12.21所示。

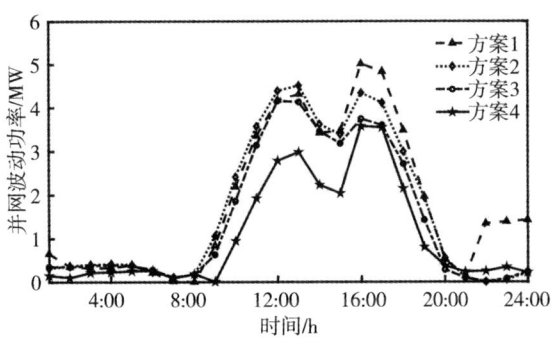

(a) 春季某一天

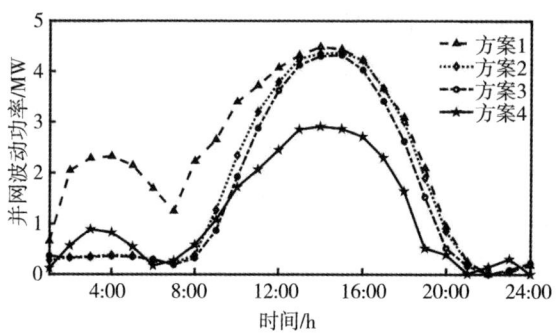

(b)夏季某一天

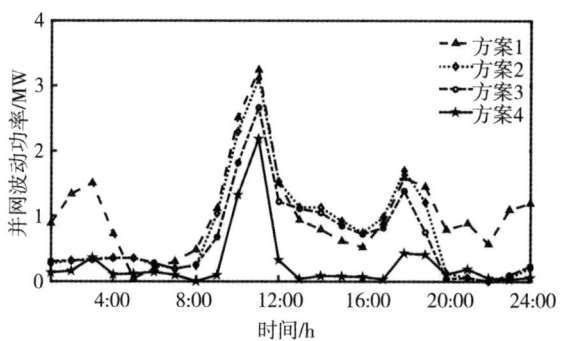

(c)秋季某一天

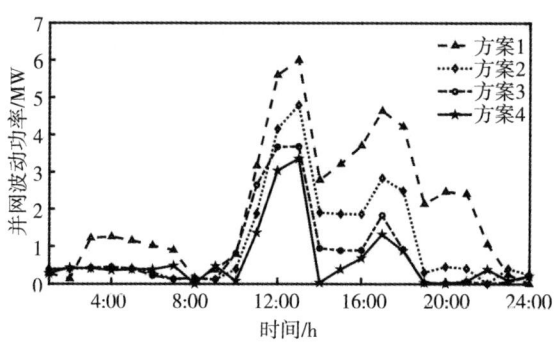

(d)春季某一天

图 12.21　平抑并网功率波动对比图

从图 12.21 可得，四季每一天 24 h 内的交互功率都在波动，原因是电源侧和负荷侧都是时变变量，因此本地系统与大电网之间的交互时刻在发生。如图 12.21(a)所示，本地系统结构为风电-光伏互补的发电系统(方案 1)的功率波动量最大,在16:00超过5 MW,风电-光伏-氢储能互补发电系统(方案4)的功率波动量最小,16:00并网功率波动量为3.2 MW,光伏发电系统(方案2)和光伏-氢储能发电系统(方案3)的功率波动量在两者之间,方案3在12:00并网功率波动量为4.2 MW。如图12.21(b)所示,方案1的功率波动量最大,在14:00超过4.4 MW,方案2的并网功率波动率在15:00最大且为4.2 MW,方案3的并网功率波动量在15:00最大且为4.2 MW,方案4的并网功率波动量最小,在14:00并网功率波动量为2.5 MW。如图12.21(c)所示,三种方案下并网功率波动量最大都在11:00,波动量依次为3.4 MW、3.2 MW、2.6 MW、2.1 MW,仍旧是方案4的并网功率波动量最小。如图12.21(d)所示,冬季典型日中的实验结论与前三季典型日一样,三种方案下并网功率波动量最大都在13:00,大小依次为6.0 MW、3.6 MW、4.7 MW、3.2 MW,依旧是方案4的并网功率波动量最小。

总的来说,分别对比分析方案1与方案4、方案2与方案3可知,本章所提出的MPC优化方法在平抑并网功率波动方面具有优越性,对比分析方案3和方案4可得出,风电-光伏互补发电特性在平抑并网功率波动方面也有一定优越性,利用了风能和太阳能的周期性的互补和波动性来降低风光耦合的波动性。综上所述,充分表明本章所构建的多能流耦合系统和所提出的MPC优化方法在平抑并网功率波动方面的可行性与优越性。

上述图文能够定性表明本章所构建的多能流耦合系统具有平抑功率波动的可行性和优越性,但从表12.9中可得出定量的优越程度。

表12.9 平抑并网功率波动量分析表

季节类型	方案类型	总波动量/MW	降低的波动量/MW	降低的波动率/%
春季典型日	方案1	44.09	18.32	41.55
	方案2	39.62		
	方案3	35.06		
	方案4	25.77		
夏季典型日	方案1	56.24	28.36	50.43
	方案2	40.25		
	方案3	37.14		
	方案4	27.88		

表12.9(续)

季节类型	方案类型	总波动量/MW	降低的波动量/MW	降低的波动率/%
秋季典型日	方案1	25.21	18.62	73.86
	方案2	18.59		
	方案3	15.86		
	方案4	6.59		
冬季典型日	方案1	48.94	33.82	69.11
	方案2	26.73		
	方案3	19.34		
	方案4	15.12		
合计	方案1	174.48	99.12	56.81
	方案2	125.19		
	方案3	107.40		
	方案4	75.36		

从表12.9中可得,四季中每个典型日都是风电-光伏互补发电系统(方案1)所产生的总并网功率波动量最大,依次为44.09 MW、56.24 MW、25.21 MW和48.94 MW,光伏发电系统(方案2)和光伏-氢储能发电系统(方案3)产生的并网功率波动量次之,其中方案3中总的并网功率波动量依次为35.06 MW、37.14 MW、15.86 MW和19.34 MW,风电-光伏-氢储能互补发电系统(方案4)产生的总并网功率波动量最小,依次是25.77 MW、27.88 MW、6.59 MW和15.12 MW,且四季四个方案降低的总波动量依次为174.48 MW、125.19 MW、107.40 MW和75.36 MW,四季总的降低的波动量为99.12 MW,降低的波动率为56.81%。全年中最大可降低的并网功率波动率为73.86%,与文献[200]的降低波动效果相近。

综合上述图表可以表明,本章所构建的多能流耦合系统和所提出的MPC优化方法能够有效地平抑并网功率波动。

综上所述,本章所构建的风电-光伏与氢储多能流耦合系统和所提出的MPC优化方法,能够在满足本地负荷需求的前提下,有效地促进本地可再生能源(风能、太阳能)在本地消纳最高,同时也能有效地平抑并网功率的波动。

12.6 结论

针对可再生能源因具有强不确定性和强波动性而大规模消纳困难的问题，本章构建了基于风电-光伏与氢储能的多能流耦合系统结构，建立了耦合系统的状态空间，以本地可再生能源本地消纳最高为优化目标，提出了一种模型预测控制的多能流耦合系统可再生能源消纳方法，通过算例分析验证了本章所构建系统和所提方法具有可行性和优越性。主要结论如下：

①搭建的风电和光伏预测模型预测精度较高，风电预测模型拟合优度提高了 29.67%，光伏预测模型平均相对百分误差提高了 11.66%。

②基于风光氢耦合发电系统的模型预测控制方法，实现了本地可再生能源（风能、太阳能）本地消纳最高的目标，消纳率最大可提升 19.71%。

③为了充分验证本章所构建的系统在进一步消纳可再生能源的优越性，设置了 6 种方案，最后通过对比试验分析，得出本章所构建的系统（方案 6）能够最大提升可再生能源消纳率达 82.24%。

④针对可再生能源并网消纳功率波动的问题，基于本章所构建的多能流耦合系统和所提出的 MPC 优化方法，设置了 4 种方案，实验对比分析得出，本章所构建的系统和所提出的方法（方案 4）能够有效地降低并网功率的波动，最大降低的并网功率波动率达 73.86%。

在后续的研究工作中，将进一步研究系统结构的构建（如加入煤化工系统）对可再生能源的消纳的影响，以及进一步研究具有随动性的可再生能源并网消纳功率波动的原因及消波动的方法。

参考文献

[1] 董文校,任洪波,皇甫艺,等.基于实测数据的工业企业光-沼-气-电多能耦合系统综合评价[J].科学技术与工程,2024,24(19):8099-8108.

[2] 王卫国.基于产业园区地源热泵等多能耦合系统的经济性分析[J].建筑科技,2024,8(5):87-90.

[3] 刘继哲.考虑灵活性资源参与多能耦合系统的安全协调优化[D].吉林:东北电力大学,2024.

[4] 潘超,杨铖,唐华,等.考虑氨能与广义储能的多能耦合系统低碳协调运行[J].电力建设,2024,45(7):122-133.

[5] 胡长斌,蔡晓钦,赵鑫宇,等.含光热电站及碳交易机制下的电气热多能流耦合系统分层优化运行[J].电力建设,2024,45(3):27-38.

[6] 严少刚,朱明峰.基于区域能源的多能互补耦合系统优化配置研究[J].中国战略新兴产业,2024(2):81-83.

[7] 王进君,郭建华.风煤富集区域的风-氢-煤化工多能耦合系统碳排放核算与低碳效益评估[J].高电压技术,2023,49(1):94-104.

[8] 李恩奇,侯雲鹏,韩俊,等.考虑太阳能-沼气组合模式优选的养殖场多能耦合系统优化规划[J].供用电,2023,40(1):33-40.

[9] 马康超.考虑共享储能与综合需求响应的多区域多能流耦合系统优化调度研究[D].西安:西安理工大学,2023.

[10] 许康平.数据驱动的电-气耦合系统最优能流计算与运行风险评估[D].北京:华北电力大学,2023.

[11] 刘志坚,余宸昕,梁宁,等.考虑碳排放金融市场的风-氢-火多能耦合系统交易模型[J].电力自动化设备,2023,43(5):138-144.

[12] 伍文聪.基于压缩空气储能及其衍生结构的冷热电多能耦合系统设计研究[D].南宁:广西大学,2022.

[13] 张萌.电-气综合能源系统多能流计算与最优能流分析[D].济南:山东大

学, 2022.

[14] 赵超恩.基于多能互补的风光储氢一体化可再生系统设计[J].节能, 2022, 41(8): 51-54.

[15] 郭明星, 吕冉, 费斐, 等.考虑电动汽车和需求响应的电-热-水多能耦合系统经济调度[J].中国电力, 2022, 55(12): 105-111.

[16] 施旭, 高松, 刘帅, 等.基于人工智能技术的智慧烟草农业发展探究[J].浙江农业科学, 2024, 65(4): 942-948.

[17] 杨达, 鲁大伟.基于数字孪生技术的城市绿色治理路径探析[J].湖南大学学报(社会科学版), 2023, 37(5): 64-72.

[18] 刘建丽, 李娇.智能制造: 概念演化、体系解构与高质量发展[J].改革, 2024(2): 75-88.

[19] 王玉峰, 华灯鑫.激光遥感斜程能见度探测技术研究进展[J].光学学报, 2024, 44(6): 1-19.

[20] 刘峻伯.自动气象监测预报系统的设计与实现[D].哈尔滨: 黑龙江大学, 2021.

[21] 朱敏, 信艺阳, 赵阳光, 等.基于STM32单片机控制的老年人跌倒警报系统[J].大学物理实验, 2023, 36(5): 72-76.

[22] 张艺龄, 张正华, 肖胜川, 等.基于分布式控制的多无人机协作喷洒技术[J].信息技术, 2024(4): 59-63.

[23] 张启龙, 陈湘萍.OneNET云平台WiFi远程控制的智能家居系统[J].现代电子技术, 2020, 43(14): 25-29.

[24] 王莉静, 陈广胜.基于ZigBee的森林火灾预警监测系统的研究[J].机械工程与自动化, 2024(2): 121-123.

[25] 乔社娟, 高文.基于PLC和触控屏的远程变频调速监控系统设计[J].工业仪表与自动化装置, 2024(2): 21-24.

[26] 李克靖, 雷志强, 张继.基于STM32的无位置传感器无刷直流电机矢量控制系统[J].电子设计工程, 2024, 32(9): 75-79.

[27] 左宁, 胡奇威, 袁丽娟.基于Modbus通讯协议的PLC运动控制研究[J].电子工业专用设备, 2024, 53(2): 1-7.

[28] 袁建国, 翟少秋, 贺京杰, 等.基于改进分段CRC码校验模式的极化码EPre-Fast-SCL译码算法[J].光电子·激光, 2025, 36(1): 87-92.

[29] 罗长洲,马梦宇,李萌,等.CRC校验码软件生成技术原理分析[J].计算机仿真,2024,41(3):158-161.

[30] Sawyer S, Teske S, Fried L, et al.Global Wind Energy Outlook 2014[C].Washington:GWEC Greenpeace,2014.

[31] WATANABE C, HIRAMATSU K, KASHINO K.Modular representation of layered neural networks[J].Neural networks,2018,97:62-73.

[32] 琚垚,祁林,刘帅.基于改进乌鸦算法和ESN神经网络的短期风电功率预测[J].电力系统保护与控制,2019,47(4):58-64.

[33] 王德明,王莉,张广明.基于遗传BP神经网络的短期风速预测模型[J].浙江大学学报(工学版),2012,46(5):837-904.

[34] 刘瑞叶,黄磊.基于动态神经网络的风电场输出功率预测[J].电力系统自动化,2012,36(11):19-22.

[35] 丁明,张立军,吴义纯.基于时间序列分析的风电场风速预测模型[J].电力自动化设备,2005,25(8):32-34.

[36] 何廷一,田鑫萃,李胜男,等.基于蜂群算法改进的BP神经网络风电功率预测[J].电力科学与技术学报,2018,33(4):22-28.

[37] 李伟超,李志刚,杨旭海.遗传算法在人工神经网络中的应用[J].电子测量与仪器学报,2008,22(S2):170-173.

[38] AMJADY N, KEYNIA F, ZAREIPOUR H.Short-term wind power forecasting using ridgelet neural network[J].Electric power systems research,2011,81(12):2099-2107.

[39] MA Y, CHANG Y, XIA C Y.Applied research on stockforcasting model based on BP neural network[C]//Proceedings of 2011 International Conference on Electronic & Mechanical Engineering and Information Technology.Piscataway:IEEE,2011(9):4578-4580.

[40] 杨钎,许益民.基于改进PSO-BP神经网络的回弹预测研究[J].现代电子技术,2019,42(1):161-165.

[41] 杨春霞,王耀力.ACPSO-WFLN算法在短期风电功率预测中的应用[J].电测与仪表,2019,56(13):76-80.

[42] 殷豪,董朕,孟安波.基于VMD-SE-IPSO-BNN的超短期风电功率预测[J].电测与仪表,2018,55(2):45-51.

[43] 赵睿智,丁云飞.基于粒子群优化极限学习机的风功率预测[J].上海电机学院学报,2019,22(4):187-192.

[44] 叶小岭,刘波,邓华,等.基于小波分析和PSO优化神经网络的短期风电功率预测[J].可再生能源,2014,32(10):1486-1492.

[45] 李操.基于IPSO-BP神经网络模型的风电功率预测研究[D].武汉:武汉科技大学,2016.

[46] 徐敏,袁建洲,刘四新,等.基于改进粒子群优化算法的短期风电功率预测[J].郑州大学学报(工学版),2012,33(6):32-35.

[47] 雷蕾潇,张新燕,孙珂.基于关联规则及BP神经网络的风电场输出功率预测[J].安徽大学学报(自然科学版),2021,45(5):72-76.

[48] 张靠社,罗钊.基于RBF-BP组合神经网络的短期风功率预测研究[J].可再生能源,2014,32(9):1346-1351.

[49] 方江晓.短期风速和风电功率预测模型的研究[D].北京:北京交通大学,2011.

[50] 涂智福,丁坚勇,周凯.基于VMD和GP的短期风电功率置信区间预测[J].电测与仪表,2020,57(1):84-88.

[51] 张国强,张伯明.基于组合预测的风电场风速及风电机功率预测[J].电力系统自动化,2009,33(18):92-95.

[52] 杨志凌,刘永前.应用粒子群优化算法的短期风电功率预测[J].电网技术,2011,35(5):159-164.

[53] 曾鸣,吕春泉,田廓,等.基于细菌群落趋药性优化的最小二乘支持向量机短期负荷预测方法[J].中国电机工程学报,2011,31(34):93-99.

[54] 杨秀媛,肖洋,陈树勇.风电场风速和发电功率预测研究[J].中国电机工程学报,2005,(11):1-5.

[55] 罗潇远,刘杰,杨斌,等.基于改进鱼鹰优化算法与VMD-LSTM的超短期风电功率预测[J].太阳能学报,2015,46(3):652-660.

[56] 张锐,饶欢,徐睿烽,等.多运行目标下的分布式光伏接入配电网极限容量多模型评估方法[J].电力科学与技术学报,2023,38(4):143-150.

[57] 程启明,徐聪,程尹曼,等.基于混合储能技术的光储式充电站直流微网系统协调控制[J].高电压技术,2016,42(7):2073-2083.

[58] 徐其春,李良杰,卢泽汉.电网接入光伏发电功率的实时调度与预测研究

[J].电网与清洁能源,2023,39(12):141-147.

[59] 张晓英,段赛赛,吴丽珍.基于跟踪偏差角和改进迭代误差修正的光伏功率预测优化策略[J].智慧电力,2023,51(4):84-91.

[60] 赵晋斌,张建平,毛玲,等.基于PSO-Soft attention双向LSTM算法的光伏发电量预测研究[J].智慧电力,2022,50(3):1-7.

[61] 张培霄,尹晓红,李少远,等.基于VMD-CNN-LSTM的农业大棚园区用电负荷短期预测[J].信息与控制,2024,53(2):238-249.

[62] 张淑清,杨振宁,姜安琦,等.基于EN-SKPCA降维和FPA优化LSTMNN的短期风电功率预测[J].太阳能学报,2022,43(6):204-211.

[63] 白星振,赵康,葛磊蛟,等.基于EWT-GRU-RR的配电网短期电力负荷预测模型[J].山东科技大学学报(自然科学版),2023,42(5):77-87.

[64] 张雲钦,程起泽,蒋文杰,等.基于EMD-PCA-LSTM的光伏功率预测模型[J].太阳能学报,2021,42(9):62-69.

[65] 于秀君.稀疏主成分分析与BP神经网络结合算法及其在心脏病临床数据分析中的应用[D].昆明:云南师范大学,2022.

[66] 孔德明,陈红杰,陈晓玉,等.三维荧光光谱结合稀疏主成分分析和支持向量机的油类识别方法研究[J].光谱学与光谱分析,2021,41(11):3474-3479.

[67] 席语莲,凌周玥,许晓敏.短期风电功率CEEMDAN-SMA-LSSVM预测模型研究[J].科学技术与工程,2024,24(6):2396-2404.

[68] 马君,万俊杰.基于健康特征筛选与GWO-LSSVM的锂电池健康状态预测[J].电气技术,2024,25(2):37-44.

[69] 任俞霏,李磊,过加锦.基于CEEMDAN-GWO-LSSVM的高铁沿线短期风速预测模型[J].交通科技与经济,2023,25(2):68-73.

[70] 范新桥,朱永利,尹金良.基于经验模态分解和基因表达式程序设计的电力系统短期负荷预测[J].电力系统保护与控制,2011,39(3):46-51.

[71] 杨茂,朱亮.基于FA-PCA-LSTM的光伏发电短期功率预测[J].昆明理工大学学报(自然科学版),2019,44(1):61-68.

[72] 朱玥,顾洁,孟璐.基于EMD-LSTM的光伏发电预测模型[J].电力工程技术,2020,39(2):51-58.

[73] AHMAD M W,MOURSHED M,REZGUI Y.Tree-based ensemble methods

for predicting PV power generation and their comparison with support vector regression[J].Energy, 2018, 164: 465-474.

[74] YADAV H K, PAL Y, TRIPATHI M M.Short-term PV power forecasting using empirical mode decomposition in integration with back-propagation neural network[J].Journal of information and optimization sciences, 2020, 41(1): 25-37.

[75] MONTEIRO C, SANTOS T, FERNANDEZ-JIMENEZ L A, et al.Short-term power forecasting model for photovoltaic plants based on historical similarity[J].Energies, 2013, 6(5): 2624-2643.

[76] CAI M M, PIPATTANASOMPORN M, RAHMAN S.Day-ahead building-level load forecasts using deep learning vs.traditional time-series techniques[J].Applied energy, 2019, 236: 1078-1088.

[77] 朱雯琪,冯陈,周宇轩,等.基于EMD-KPCA-LSTM的抽水蓄能机组振动预测[J].水电能源科学,2024,42(8):160-163.

[78] 付小叶.傅里叶变换与小波分析[J].数学建模及其应用,2016,5(2):83-84.

[79] 张平,潘学萍,薛文超.基于小波分解模糊灰色聚类和BP神经网络的短期负荷预测[J].电力自动化设备,2012,32(11):121-125.

[80] 孙祥晟,陈芳芳,贾鉴,等.基于经验模态分解的神经网络光伏发电预测方法研究[J].电气技术,2019,20(8):54-58.

[81] 李芳,高翔.局部线性嵌入和深度自编码网络的降维方法的比较[J].中国海洋大学学报(自然科学版),2018,48(S2):215-222.

[82] 孟醒,邵剑飞.基于深度学习的电力负荷预测方法综述[J].电视技术,2022,46(1):44-51.

[83] WANG Y, ZHANG N.A novel approach for short-term load forecasting in smart grids[J].IEEE transactions on smart grid, 2018, 9(3): 1826-1834.

[84] CHEN X, WANG J.Load forecasting in power systems: a review of the state-of-the-art[J].Renewable and sustainable energy reviews, 2017, 79: 1240-1254.

[85] LIU Y, WANG C.Impact of accurate short-term load forecasting on power system operation and economics[J].IEEE transactions on power systems,

2016, 31(4): 2787-2795.

[86] ZHAO J, DONG Z Y, ZHANG X, et al.A review of load forecasting and its applications in powersystems[J].Energy conversion and management, 2015, 96: 427-439.

[87] ZHANG Y, WANG P, DONG Z Y.Short-term load forecasting based on deep learning models[J].IEEE access, 2019, 7: 124819-124828.

[88] LIAO J, KANG C Q, XIA Q, et al.Deep learning for short-term load forecasting: a review[J].IEEE transactions on smart grid, 2020, 11(5): 4270-4283.

[89] SHI H, LI Y, XU M, et al.Deep learning basedspatio-temporal data analytics for power load forecasting[J].IEEE transactions on industrial informatics, 2019, 15(4): 2445-2454.

[90] 肖威, 方娜, 邓心.基于 VMD-LSTM-IPSO-GRU 的电力负荷预测[J].科学技术与工程, 2024, 24(16): 6734-6741.

[91] 孟衡, 张涛, 王金, 等.基于多尺度时空图卷积网络与 Transformer 融合的多节点短期电力负荷预测方法[J].电网技术, 2024, 48(10): 4297-4311.

[92] 张丽, 李世情, 艾恒涛, 等.基于改进 Q 学习算法和组合模型的超短期电力负荷预测[J].电力系统保护与控制, 2024, 52(9): 143-153.

[93] 刘杰, 从兰美, 夏远洋, 等.基于 DBO-VMD 和 IWOA-BILSTM 神经网络组合模型的短期电力负荷预测[J].电力系统保护与控制, 2024, 52(8): 123-133.

[94] 尹元亚, 潘文虎, 赵文广, 等.基于 CEEMDAN 和 BiLSTM-AM 的超短期风速预测方法[J].电测与仪表, 2024, 61(9): 77-84.

[95] 马志侠, 张林鋗, 巴音塔娜, 等.基于自适应二次分解与 CNN-BiLSTM 的超短期风电功率预测[J].太阳能学报, 2024, 45(6): 429-435.

[96] 郑睿程, 顾洁, 金之俭, 等.数据驱动与预测误差驱动融合的短期负荷预测输入变量选择方法研究[J].中国电机工程学报, 2020, 40(2): 487-500.

[97] 葛磊蛟, 赵康, 孙永辉, 等.基于孪生网络和长短时记忆网络结合的配电网短期负荷预测[J].电力系统自动化, 2021, 45(23): 41-50.

[98] KOPRINSKA I, RANA M, AGELIDIS V G.Correlation and instance based

feature selection for electricity load forecasting[J].Knowledge-based systems,2015,82:29-40.

[99] 孔祥玉,郑锋,鄂志君,等.基于深度信念网络的短期负荷预测方法[J].电力系统自动化,2018,42(5):133-139.

[100] 凌立文.数据驱动的时间序列分解集成预测及应用研究[D].广州:华南农业大学,2020.

[101] LAOUAFI A,MORDJAOUI M,LAOUAFI F,et al.Daily peak electricity demand forecasting based on an adaptive hybrid two-stage methodology[J].International journal of electrical power & energy systems,2016,77:136-144.

[102] 严通煜,杨迪珊,项康利,等.基于时间分解技术的中远期逐时负荷预测模型[J].电力系统保护与控制,2019,47(6):110-117.

[103] 朱清智,董泽,马宁.基于即时学习算法的短期负荷预测方法[J].电力系统保护与控制,2020,48(7):92-98.

[104] 杨海柱,田馥铭,张鹏,等.基于CEEMD-FE和AOALSSVM的短期电力负荷预测[J].电力系统保护与控制,2022,50(13):126-133.

[105] LI C,TANG M,ZHANG G,et al.A hybrid short-term building electrical load forecasting model combining the periodic pattern,fuzzy system,and wavelet transform[J].International journal of fuzzy systems,2020,22(1):156-171.

[106] 姜建,刘海琼,李衡,等.基于XGBoost的配电网线路峰值负荷预测方法[J].电力系统保护与控制,2021,49(16):119-127.

[107] 孙超,吕奇,朱思瞳,等.基于双层XGBoost算法考虑多特征影响的超短期电力负荷预测[J].高电压技术,2021,47(8):2885-2898.

[108] 彭曙蓉,黄士峻,李彬,等.基于深度学习分位数回归模型的充电桩负荷预测[J].电力系统保护与控制,2020,48(2):44-50.

[109] 王剑锋,郑剑,王旭东,等.基于改进深度信念网络的短期电力负荷预测方法[J].电力系统及其自动化学报,2021,33(10):125-130.

[110] WANG L,LEE E W M,YUEN R KK.Novel dynamic forecasting model for building cooling loads combining an artificial neural network and an ensemble approach[J].Applied energy,2018,228:1740-1753.

[111] LI B, ZHANG J, HE Y, et al.Short-term load-forecasting method based on wavelet decomposition with second-order gray neural network model combined with ADF test[J].IEEE access, 2019：16324-16331.

[112] 段秦尉, 何祥针, 潮铸, 等.基于集合经验模态分解和 Q 学习策略的短期负荷预测模型[J/OL].现代电力, 2025(2)：360-368.

[113] 方娜, 陈浩, 邓心, 等.基于 VMD-ARIMA-DBN 的短期电力负荷预测[J].电力系统及其自动化学报, 2023, 35(6)：59-65.

[114] 王杨, 罗抒予, 姚凌翔, 等.面向大型新能源基地的太阳能光热发电规划研究综述：场景、模型与发展方向[J/OL].电网技术, 2024：1-19[2025-01-10].https：//doi.org/10.13335/j.1000-3673.pst.2024.0882.

[115] 李鹏, 余涛, 李立涅, 等.电力人工智能的演变与展望：从专业智能走向通用智能[J].电力系统自动化, 2024(16)：1-17.

[116] 王小君, 窦嘉铭, 刘曌, 等.可解释人工智能在电力系统中的应用综述与展望[J].电力系统自动化, 2024, 48(4)：169-191.

[117] 孙强, 赵珂.嵌入多阶泰勒微分知识的多尺度注意力循环网络深度时空序列预测方法[J].电子与信息学报, 2024, 46(6)：2605-2618.

[118] 赖小玲, 贺嫚嫚, 胡伟, 等.基于改进变分模态分解与深度学习的多因素电力负荷预测[J].计算机工程, 2025, 51(2)：375-386.

[119] 薛贵军, 牛盼, 谢文举, 等.基于 SVMD-ISSA-CNN-TGLSTM 的供热负荷预测模型[J].现代电子技术, 2024, 47(11)：131-139.

[120] 王继东, 于俊源, 孔祥玉.基于双重分解和双向长短时记忆网络的中长期负荷预测模型[J].电网技术, 2024, 48(8)：3418-3426.

[121] 钟吴君, 李培强, 涂春鸣.基于 EEMD-CBAM-BiLSTM 的牵引负荷超短期预测[J].电工技术学报, 2024, 39(21)：6850-6864.

[122] 石卓见, 冉启武, 徐福聪.基于聚合二次模态分解及 Informer 的短期负荷预测[J].电网技术, 2024, 48(6)：2574-2583.

[123] 林彦旭, 高辉.基于 SSA-VMD-BiLSTM 模型的充电站负荷预测方法[J].广东电力, 2024, 37(6)：53-61.

[124] 易雅雯, 娄素华.基于序列成分重组与时序自注意力机制改进 TCN-BiLSTM 的短期电力负荷预测[J].电力系统及其自动化学报, 2025, 37(4)：78-87.

[125] 钱恩丽,黄国勇,何冬,等.ICEEMD 和 HD 的单向阀早期故障信号降噪方法[J].机械科学与技术,2022,41(5):729-736.

[126] 任爽,杨凯,商继财,等.基于 CNN-BiGRU-Attention 的短期电力负荷预测[J].电气工程学报,2024,19(1):344-350.

[127] 秦天宝.人与自然和谐共生的现代化与环境法的转型[J].比较法研究:2024(3):19-37.

[128] 熊兴,徐秀军.高质量共建"一带一路"能源合作伙伴关系的实践价值与路径选择[J].亚太经济,2024(2):19-27.

[129] 滕杰,刘会家,肖懂.基于自适应图注意力网络的多时间尺度配电网重构与无功功率协同优化[J/OL].南方电网技术,2024,18:1-13[2025-01-10].https://link.cnki.net/urlid/44.1643.TK.20240523.0831.004.

[130] 闫照康,马刚,冯瑞,等.基于改进 LSTM 算法的综合能源系统多元负荷预测[J].分布式能源,2024,9(2):30-38.

[131] 葛众,隆交凤,李健,等.结合 CNN 与软共享机制的综合能源系统多元负荷预测[J].电力建设,2024,45(12):162-173.

[132] 于润泽,窦震海,张志一,等.基于二次分解重构与多任务学习的综合能源系统多元负荷短期预测[J].电力建设,2024,45(12):149-161.

[133] 徐聪,胡永锋,张爱平,等.基于特征筛选的综合能源系统多元负荷日前-日内预测[J].综合智慧能源,2024,46(3):45-53.

[134] 王永利,刘泽强,董焕然,等.基于 VMD-CSO-RF 的综合能源系统短期负荷预测[J/OL].华北电力大学学报(自然科学版),2024:1-10[2025-01-10].https://link.cnki.net/urlid/13.1212.TM.20240314.1850.002.

[135] 蔡屹,张薇.基于 STL-Crossformer 的综合能源系统多元负荷预测[J].东北电力大学学报,2024,44(1):34-41.

[136] 宋朋,张智晟.基于 QWCIFGLSTM 的综合能源系统多元负荷短期预测模型研究[J].电气工程学报,2024,19(4):308-315.

[137] 韩宝慧,陆玲霞,包哲静,等.基于多头概率稀疏自注意力模型的综合能源系统多元负荷短期预测[J].电力建设,2024,45(2):127-136.

[138] 刘金虎,张河宜,李斌,等.基于 VMD-MTL-TCN 的综合能源系统多元负荷预测[J].电气时代,2024,(1):90-93.

[139] 李云松,张智晟.考虑综合需求响应的 Trans-GNN 综合能源系统多元负

荷短期预测[J/OL].电工技术学报,2023:1-11[2025-01-10].https://doi.org/10.19595/j.cnki.1000-6753.tces.231267.

[140] 王丽娜,齐致远,张红春,等.基于CNN-STLSTM-CNN模型的有效波高预测[J].海洋环境科学,2024,43(3):417-429.

[141] 邱冶,袁有明,伞冰冰.基于改进经验模态分解与BiLSTM神经网络的低矮房屋脉动风压时程预测[J].湖南大学学报(自然科学版),2025(3):82-93.

[142] 潘志松,黎维.基于深度学习的时空序列预测方法综述[J].数据采集与处理,2021,36(3):436-448.

[143] Hydrogen Roadmap Europe.A sustainable pathway for the European energy transition[R].Luxemburg:Publications Office of the European Union,2019.

[144] LU J, ZAHEDI A, YANG C, et al.Building the hydrogen economy in China: drivers, resources and technologies[J].Renewable and sustainable energy reviews, 2013, 23:543-556.

[145] LIU B, LIU S, GUO S, et al.Economic study of a large-scale renewable hydrogen application utilizing surplus renewable energy and natural gas pipeline transportation in China[J].International journal of hydrogen energy, 2020, 45(3):1385-1398.

[146] LU S, SAMAAN N, DIAO R, et al.Centralized and decentralized control for demand response[C]//ISGT 2011. Piscataway: IEEE, 2011:1-8.

[147] APOSTOLOU D, ENEVOLDSEN P.The past, present and potential of hydrogen as amultifunctional storage application for wind power[J].Renewable and sustainable energy reviews, 2019, 112:917-929.

[148] ROMERO J G, ORTEGA R, DONAIRE A.Energy shaping of mechanical systems via PID control and extension to constant speed tracking[J].IEEE transactions on automatic control, 2016, 61(11):3551-3556.

[149] RAY P K, PAITAL S R, MOHANTY A, et al.A hybrid firefly-swarm optimized fractional order interval type-2 fuzzy PID-PSS for transient stability improvement[J].IEEE transactions on industry applications, 2019, 55(6):6486-6498.

[150] MOGHADDAM E A, AHALGREN S, HULTEBERG C, et al.Energy balance and global warming potential of biogas-based fuels from a life cycle perspective[J].Fuel processing technology, 2015, 132: 74-82.

[151] LUND P D, LINDGREN J, MIKKOLA J, et al.Review of energy system flexibility measures to enable high levels of variable renewable electricity [J].Renewable and sustainable energy reviews, 2015, 45: 785-807.

[152] KLUSKA J, ŻABIŃSKI T.PID-like adaptive fuzzy controller design based on absolute stability criterion[J].IEEE transactions on fuzzy systems, 2019, 28 (3): 523-533.

[153] YUAN T, LI G, ZHANG Z, et al.Optimal modeling on equipment investment planning of wind power-hydrogen energy storage and coal chemical pluripotent coupling system[J].Transactions of China electrotechnical society, 2016, 31(14): 21-30.

[154] KOHSRI S, MEECHAI A, PRAPAINAINAR C, et al.Design and preliminary operation of a hybrid syngas/solar PV/battery power system for off-grid applications: a case study in Thailand[J].Chemical engineering research and design, 2018, 131: 346-361.

[155] 胡开永,赵培羽,王志明.光伏-PEM 制氢系统建模及不同耦合方式性能对比分析[J].综合智慧能源, 2024, 46(9): 37-44.

[156] 王舜彦,任永峰,张小龙,等.基于混合电解槽自适应控制的光伏制绿氢系统研究[J].太阳能学报, 2024, 45(7): 20-28.

[157] 刘国永,任永峰,薛宇,等.基于 PEM 电解槽的风氢耦合系统能量管理研究[J].太阳能学报, 2024, 45(7): 240-248.

[158] 刘硕,吴旭,马速良,等.基于模型预测控制的光-氢-储耦合系统的功率优化分配方法研究[J].高压电器, 2024, 60(7): 23-33.

[159] 王冉旭.光伏光热耦合 PEM 制氢多能联供系统性能研究[D].北京:华北电力大学, 2024.

[160] 苏星宇.新能源电解水制氢电源并联控制策略研究[D].北京:北方工业大学, 2024.

[161] DONG L, CHEN H, PU T, et al.Multi-time scale dynamic optimal dispatch in active distribution network based on model predictive control[J].Proceed-

ings of the CSEE, 2016, 36(17): 4609-4617.

[162] 刘元, 肖碧涛, 卢昂, 等.面向波动可再生能源的质子交换膜电制氢系统最优压强运行[J].电力自动化设备, 2024, 44(8): 210-217.

[163] LU Q, ZHANG X, YANG Y, et al.Multi-time-scale energy storage optimization configuration for power balance in distribution systems[J].Electronics, 2024, 13(7): 1379.

[164] FEI Q, DENG Y, LI H, et al.Speed ripple minimization of permanent magnet synchronous motor based on model predictive and iterative learning controls[J].IEEE access, 2019, 7: 31791-31800.

[165] 李思颖, 易俊, 林伟芳.质子交换膜电制氢负荷协同储能参与电力系统调峰能力评估[J].电网技术, 2025, 49(2): 552-561.

[166] 张智泉, 陈晓杰, 符杨, 等.含海上风电制氢的综合能源系统分布鲁棒低碳优化运行[J/OL].电网技术, 2025, 49(1): 1-11[2025-01-10]https://10.13335/j.1000-3673.pst.2023.1726.

[167] 杨胜, 樊艳芳, 侯俊杰, 等.考虑平抑风光波动的 ALK-PEM 电解制氢系统容量优化模型[J].电力系统保护与控制, 2024, 52(1): 85-96.

[168] YANG L, SUN Q, ZHANG N, et al.Indirect multi-energy transactions of energy internet with deep reinforcement learning approach[J].IEEE transactions on power systems, 2022, 37(5): 4067-4077.

[169] ZHANG G, ZHANG F, MENG K, et al. A fixed-point based distributed method for energy flow calculation in multi-energy systems[J].IEEE transactions on sustainable energy, 2020, 11(4): 2567-2580.

[170] LI Y, GAO D W, GAO W, et al.Double-mode energy management for multi-energy system via distributed dynamic event-triggered Newton-Raphson algorithm[J].IEEE transactions on smart grid, 2020, 11(6): 5339-5356.

[171] YU K, CEN Z, CHEN X, et al.Optimization of urban multi-energy flow systems considering seasonal peak shaving of natural gas[J].CSEE journal of power and energy systems, 2021, 8(4): 1183-1193.

[172] DUAN Q X, YUAN T J, MEI S W, et al.Energy coordination control of wind power-hydrogen energy storage and coal chemical multi-functional coupling system[J].High voltage engineering, 2018, 44(1): 176-186.

[173] YUAN T, DUAN Q, CHEN X, et al.Coordinated control of a wind-methanol-fuel cell system with hydrogen storage[J].Energies, 2017, 10(12): 2053.

[174] XING L, LIU X, ALAJE T, et al.A two-phase flow and non-isothermal agglomerate model for a proton exchange membrane (PEM) fuel cell[J].Energy, 2014, 73: 618-634.

[175] XING L, DAS P K, SONG X, et al.Numerical analysis of the optimum membrane/ionomer water content of PEMFCs: the interaction of Nafion® ionomer content and cathode relative humidity[J].Applied energy, 2015, 138: 242-257.

[176] XING L, DU S, CHEN R, et al.Anode partial flooding modelling of proton exchange membrane fuel cells: model development and validation[J].Energy, 2016, 96: 80-95.

[177] XING L.An agglomerate model for PEM fuel cells operated with non-precious carbon-based ORR catalysts[J].Chemical engineering science, 2018, 179: 198-213.

[178] XING L, SHI W, SU H, et al.Membrane electrode assemblies for PEM fuel cells: a review of functional graded design and optimization[J].Energy, 2019, 177: 445-464.

[179] 张启龙.基于模型预测控制的多源微网关键技术研究[D].贵阳: 贵州大学, 2020.

[180] YIN X, CAO F, WANG J, et al.Investigations on optimal discharge pressure in CO2 heat pumps using the GMDH and PSO-BP type neural network: part a: theoretical modeling[J].International journal of refrigeration, 2019, 106: 549-557.

[181] 张启龙, 陈湘萍.考虑风电消纳多向量流系统的遗传优化方法[J].电测与仪表, 2023, 60(3): 115-121.

[182] REYNOLDS J, AHMAD M W, REZGUI Y, et al.Operational supply and demandoptimisation of a multi-vector district energy system using artificial neural networks and a genetic algorithm[J].Applied energy, 2019, 235: 699-713.

[183] 张启龙,王立威.基于遗传算法优化 BP 神经网络模型的风电功率预测[J].电子测试,2021(1):41-43.

[184] HUANG Y, DING T, LI Y T, et al.Decarbonization technologies and inspirationsfor the development of novel power systems in the context of carbon neutrality[J].Proceedings of the CSEE, 2021, 41(S1):28-51.

[185] ZHOU X X, CHEN S Y, LU Z X, et al.Technology features of the new generation power system in China[J].Proceedings of the CSEE, 2018, 38(7):1893-1904.

[186] 杨策,孙伟卿,韩冬.考虑可再生能源消纳能力的电力系统灵活性评估方法[J].电网技术,2023,47(1):338-349.

[187] LI J X, ZHOU M, ZHU L Z, et al.Flexibility requirement quantifying and optimal dispatching for renewable integrated power systems[J].Power system technology, 2021, 45(7):2647-2655.

[188] 周强,马万里,吴悦,等.多类型电源提升风光电集群高效消纳的源网协调控制研究[J].电网与清洁能源,2022,38(4):135-142.

[189] 熊伟,马志程,张晓英,等.计及风、光消纳的风电-光伏-光热互补发电二层优化调度[J].太阳能学报,2022,43(7):39-48.

[190] 董辉,楚帅,葛维春,等."源-储-荷"多运行域协调控制提升清洁能源消纳能力策略[J].电测与仪表,2024,61(5):119-125.

[191] HUANG W, ZHANG B, GE L, et al.Day-ahead optimal scheduling strategy for electrolytic water to hydrogen production in zero-carbon parks type microgrid for optimal utilization of electrolyzer[J].Journal of energy storage, 2023, 68:107653.

[192] CHEN Y, XU J, WANG J, et al.Configuration optimization and selection of a photovoltaic-gas integrated energy system considering renewable energy penetration in power grid[J].Energy conversion and management, 2022, 254:115260.

[193] HAO J H, CHEN Q, HE K L, et al.A heat current model for heat transfer/storage systems and its application in integrated analysis and optimization with power systems[J].IEEE transactions on sustainable energy, 2020, 11(1):175-184.

[194] JING T, CHEN G, WANG Z H, et al.Research overview on the integrated system of wind-solar hybrid power generation coupled with hydrogen-based energy storage[J].Electric power, 2022, 55(1): 75-83.

[195] TAO Y C, QIU J, LAI S Y, et al.Integrated electricity and hydrogen energy sharing in coupled energy systems[J].IEEE transactions on smart grid, 2021, 12(2): 1149-1162.

[196] ZHANG Q, CHEN X, LI G, et al.Model predictive control method of multi-energy flow system considering wind power consumption[J].IEEE access, 2023.

[197] CHEN X, CAO W, XING L.GA optimization method for a multi-vector energy system incorporating wind, hydrogen, and fuel cells for rural village applications[J].Applied sciences, 2019, 9(17): 3554.

[198] FAN X, WANG W, SHI R, et al.Hybrid pluripotent coupling system with wind and photovoltaic-hydrogen energy storage and the coal chemical industry in Hami, Xinjiang[J].Renewable and sustainable energy reviews, 2017, 72: 950-960.

[199] 郭怿, 明波, 黄强, 等.考虑输电功率平稳性的水-风-光-储多能互补日前鲁棒优化调度[J].电工技术学报, 2023, 38(9): 2350-2363.

[200] 袁铁江, 郭建华, 杨紫娟, 等.平抑风电波动的电-氢混合储能容量优化配置[J].中国电机工程学报, 2024, 44(4): 1397-1406.

[201] MA W, WANG W, WU X, et al.Optimal allocation of hybrid energy storage systems forsmoothing photovoltaic power fluctuations considering the active power curtailment of photovoltaic[J].IEEE access, 2019, 7: 74787-74799.

[202] MUKHERJEE P, RAO V V.Superconducting magnetic energy storage for stabilizing grid integrated with wind power generation systems[J].Journal of modern power systems and clean energy, 2019, 7(2): 400-411.

[203] ZHANG Y, XU Y, GUO H, et al.A hybrid energy storage system with optimized operating strategy for mitigating wind power fluctuations[J].Renewable energy, 2018, 125: 121-132.

[204] 秦磊, 董海鹰, 王润杰.基于卡尔曼滤波和模型预测控制的混合储能平抑风电功率波动策略[J].电网技术, 2024, 48(10): 4286-4297.

[205] DASH V, BAJPAI P.Power management control strategy for a stand-alone solar photovoltaic-fuel cell-battery hybrid system[J].Sustainable energy technologies and assessments, 2015, 9: 68-80.

[206] HUANG C, ZONG Y, YOU S, et al.Cooperative control of wind-hydrogen-SMES hybrid systems for fault-ride-through improvement and power smoothing[J].IEEE transactions on applied superconductivity, 2021, 31(8): 1-7.

[207] LI Q, ZHAO S D, PU Y C, et al.Capacity optimization of hybrid energy storage microgrid considering electricity-hydrogen coupling[J].Transactions of China electrotechnical society, 2021, 36(3): 486-495.

[208] LI L Y, HAN Y, LI Q, et al.Economic droop control strategy of a hybrid electric-hydrogen DC microgrid considering efficiency characteristics[J].Power system protection and control, 2022, 50(7): 69-80.

[209] LUAN C, CAO J, CHENG C.Load control of heating unit based on model predictive control algorithm[J].Thermal power gener, 2022, 51: 114-121.

[210] MOLINA D, LU C, SHERMAN V, et al.Model predictive and genetic algorithm-based optimization of residential temperature control in the presence of time-varying electricity prices[J].IEEE transactions on industry applications, 2013, 49(3): 1137-1145.

[211] XU F, GUO Q, SUN H, et al.Automatic voltage control of wind farms based on model predictive control theory[J].Automation of electric power systems, 2015, 39(7): 59-67.

[212] XIE L, MARIJA D.Model predictive dispatch in electric energy systems with intermittent resources[C]//2008 IEEE international conference on systems, man and cybernetics.Piscataway: IEEE, 2008: 42-47.

[213] ZHANG B M, CHEN J H, WU W C.A hierarchical model predictive control method of active power for accommodating large-scale wind power integration[J].Automation of electric power systems, 2014, 38(9): 6-14.

[214] QU H, YANG F, LIN Q, et al.Active and reactive power coordinated optimal dispatch in active distribution network considering spatial-temporal correlation of wind power[C]//IOP conference series: earth and environmental science.Bristol: IOP publishing, 2021, 687(1): 012093.

[215] VEGA A M, SANTANMARIA F, RIVAS E. Modeling for home electric energy management: a review[J]. Renewable and sustainable energy reviews, 2015, 52: 948-959.

[216] ZHANG L, DAI W, ZHAO B, et al. Multi-time-scale economic scheduling method for electro-hydrogen integrated energy system based on day-ahead long-time-scale and intra-day MPC hierarchical rolling optimization[J]. Frontiers in energy research, 2023, 11: 1132005.

[217] LI X, WANG S. Energy management and operational control methods for grid battery energy storage systems[J]. CSEE journal of power and energy systems, 2019, 7(5): 1026-1040.

[218] LV C, YU H, LI P, et al. Model predictive control based robust scheduling of community integrated energy system with operational flexibility[J]. Applied energy, 2019, 243: 250-265.

[219] WU M, DU P, JIANG M, et al. An integrated energy system optimization strategy based on particle swarm optimization algorithm[J]. Energy reports, 2022, 8: 679-691.

[220] TURK A, WU Q, ZHANG M. Model predictive control based real-time scheduling for balancing multiple uncertainties in integrated energy system with power-to-x[J]. International journal of electrical power & energy systems, 2021, 130: 107015.

[221] AL-AMMAR E A, HABIB H U R, KOTB K M, et al. Residential community load management based on optimal design of standalone HRES with model predictive control[J]. IEEE access, 2020, 8: 12542-12572.

[222] NASR M A, RABIEE A, KAMWA I. MPC and robustness optimisation-based EMS for microgrids with high penetration of intermittent renewable energy[J]. IET generation, transmission & distribution, 2020, 14(22): 5239-5248.

[223] ZHANG Z, ZHANG J, WEN F D, et al. Research on economic optimal dispatching strategy of microgrid based on model predictive control[C]// MATEC web of conferences. Paris: EDP sciences, 2018, 232: 01058.

[224] BASANTES J A, PAREDES D E, LLANOS J R, et al. Energy management

system(EMS)based on model predictive control(MPC)for an isolated DC microgrid[J].Energies,2023,16(6):2912.

[225] MAYHORN E, KALSI K, ELIZONDO M, et al.Optimal control of distributed energy resources using model predictive control[C]//2012 IEEE power and energy society general meeting.Piscataway:IEEE,2012:1-8.

[226] XIAO T, YOU F.Physically consistent deep learning-based day-ahead energy dispatching and thermal comfort control for grid-interactive communities [J].Applied energy,2024,353:122133.

[227] MARY V B, NARMADHA T V.Optimization of integrated hybrid systems using model predictive controller[J].Electric power components and systems, 2023:1-17.

[228] DOU X, WANG J, WANG Z, et al.A dispatching method for integrated energy system based on dynamic time-interval of model predictive control[J]. Journal of modern power systems and clean energy,2020,8(5):841-852.

[229] 段青熙,袁铁江,梅生伟,等.风电-氢储能与煤化工多能耦合系统能量协调控制策略[J].高电压技术,2018,44(1):176-186.

[230] 李子晨,夏杨红,孙勇,等.考虑氢能长短周期储能特性的电氢综合能源系统容量配置方法[J].电网技术,2025,49(1):12-21.

[231] 梁忠豪,王丽芳,李建林.基于纳什均衡的光储耦合制氢系统优化控制方法[J].电力系统自动化,2025,49(3):125-134.

[232] 范新桥,张宽,赵波,等.面向PEM电解制氢的虚拟同步控制技术研究[J].储能科学与技术,2024,13(11):3949-3960.

[233] 袁先明,李黎明,王雪泽,等.高压PEM水电解制氢技术研究进展[J].现代化工,2024,44(S2):46-50.

[234] SWEETY N M, SALAM A M.Proton conductivity performance and its correlation with physio-chemical properties of proton exchange membrane(PEM) [J].Chinese journal of chemical engineering,2024,74(10):100-116.

[235] 王宇驰,赵延阳,张树军.基于EMD-KPCA-LSTM的光伏功率预测模型分析[J].现代工业经济和信息化,2024,14(02):89-91.

[236] 王维高,魏云冰,滕旭东.基于VMD-SSA-LSSVM的短期风电预测[J].太阳能学报,2023,44(3):204-211.

[237] CHEN X, CAO W, ZHANG Q, et al. Artificial intelligence-aided model predictive control for a grid-tied wind-hydrogen-fuel cell system[J]. IEEE access, 2020, 8: 92418-92430.

后 记

经过无数昼夜的研究和探索,这本关于《基于模型预测控制的多能流耦合系统关键技术研究》的专著终于出版了。在完成手稿的那一刻,我的心充满了复杂的情感,这不仅是对艰苦研究过程的回味,也是对研究成果的满足。

回顾这一研究过程,就像独自在知识的海洋中航行,充满了挑战和机遇。多能流耦合系统本身是一个复杂而前沿的研究领域,涉及多学科的交叉融合,需要不断学习和更新知识体系。从最初对多能流耦合系统概念的浅薄认知,到对其关键技术环节的逐步深入研究,每一步都体现了自己的努力和坚持。

为了获得更准确的数据和更有效的算法,我深入研究了各种气象因素对风力发电和光伏发电的影响,并尝试了不同的硬件设计和软件算法优化。面对海量数据和复杂模型,我曾多次陷入其中,但正是对学术研究的热爱和克服难题的毅力让我坚持不懈。在负荷预测方面,也面临着负荷特性复杂多变的问题。有必要从不同角度挖掘数据特征并建立预测模型。每当模型得到改进,例子成功时,我都觉得自己离真相又近了一步。

在研究基于模型预测控制的多能流耦合系统的运行策略时,需要考虑各种能源和各种约束的协调和优化,这无疑是对思维和耐心的巨大考验。通过不断地理论推导、仿真验证和实际案例,我逐步探索出一套有效的方法,可以在保证系统稳定运行的同时提高可再生能源的消耗能力。

这本书的付梓离不开许多老师和同事的支持和帮助。在此,我谨向我的导师(贵州大学陈湘萍教授)表达最崇高的敬意和衷心的感谢。导师以其渊博的学识、严谨的学术态度和无私的奉献精神,为我指引了学术研究的方向。在研究过程中,导师给予了我细致的指导和宝贵的建议。每当我遇到困难时,导师总是耐心地回答我的问题,并鼓励我勇敢地前进。正是导师的教诲和行为让我在学术道路上不断成长。

最后,我要感谢我的家人。他们在生活中给予我无微不至的关怀和支持,在我沉浸在研究中的时候默默地承担了很多家务,让我能够全身心投入学术研

后　记

究。他们的理解和宽容是我继续前进的动力之源。

虽然这本书的研究已经暂时结束，但我知道在多能流耦合系统领域仍有许多未知因素有待探索。未来，我将继续在这个充满挑战和机遇的领域工作，为多能流耦合系统技术的推广贡献自己的力量。我也希望这本书能为同事们提供一些有益的参考和借鉴，共同促进这一领域的进步和繁荣。

著　者

2025 年 5 月